数学教育的中国智慧丛书

华人如何教数学和改进教学

How Chinese Teach Mathematics and Improve Teaching

（美）李业平 YePing Li （美）黄荣金 RongJin Huang 主编

谢明初 张琳琳 谢维锶 李利霞 译

华东师范大学出版社

华人如何教数学和改进教学

"这本书要求我们要反思教学,并承诺每天都要为美国以及世界其他国家的每一个课堂进行改进。现在和未来的学生值得我们尽最大努力让他们探索数学,体验数学的美妙之处和实用性,以及让他们了解数学在世界各地人们生活中的地位。"

——格伦达·拉班(Glenda Lappan),密歇根州立大学特聘教授

《华人如何教数学和改进教学》是建立在现有研究基础上,研究中国的数学课堂教学。本书结合了中国学者的研究以及西方著名学者的观点,为我们研究和学习数学课堂教学中一些重要而鲜明的特点提供了多元化的视角。本书不仅涉及教师的课堂教学实践,同时考察了中国教师发展和改进教学的方法和做法。通过以上几个方面,《华人如何教数学和改进教学》对中国在提高和实施数学课堂教学方面的做法进行了深入的剖析。

本书是对中国数学教学实践感兴趣的人不可缺少的读物,也是教师教育工作者、学校管理者和政策制定者在帮助提高数学教师教学水平时的重要参考书籍。

李业平,数学教育学教授,任 Claude H. Everett, Jr. Endowed 教育主席,美国得克萨斯农工大学教学与文化系教授。

黄荣金,美国中田纳西州立大学数学科学学院数学教育副教授。

目 录

附　图

表　格

前　言

在过去几十年，中国在很多方面(至少是教育方面)并没有受到世界应有的重视。美国教育工作者对新加坡和日本等国家都给予了高度关注，但对中国的关注却甚少。这是现有资料的疏漏。

本前言讨论了人们试图利用其他国家的方法以及资料来改善自己国家的教育，在此，我想谈谈这项工作的作用和价值。有些人可能认为，这种做法是"他山之石，可以攻玉"。如果成功了，这不失为一个好主意，然而事实并非如此，至少，单纯地照搬其他国家行之有效的方法和资料这种方式，是难以获得成功的。

以课例研究为例，这是日本文化教育实践的一个重要方面(参见 Fernandez & Yoshida 2004)。在 20 世纪下半叶日本战后"经济奇迹"之后，一些美国教育家和政治家对日本教育体系的独特之处产生了兴趣。课例研究小组开始遍布美国，但是，如果没有对课例研究的背景和目标，或对课例研究起到积极作用的文化支持系统有清晰的认识，大多数试图组成课例研究小组的尝试很快就会失败。遗憾的是，虽然从课例研究中可以学到一些关于教学实践和教师合作的深刻经验，但仅在表面上"照搬"日本的做法并将其置于美国学校所处的背景，根本无法(也没有)"实施"。

我们再来看看新加坡的数学课程。由于新加坡的学生在各种 TIMSS 测试中取得了最佳成绩，因此新加坡的教育被全世界所青睐(见教育科学研究所 TIMSS 网站 http://nces. ed. gov/timss/，以获取全部数据；2011 年 10 月 16 日，维基百科)。新加坡的教科书专注于核心数学，坚持"至精至简"的理念。这些言简意赅的书(与那些冗长的、色彩斑斓的、充满娱乐的美国教科书形成鲜明对照)如果取得了良好的教学效果，那么使用这些被称为"奇迹数学"的书就应该能让我们取得成功。但情况并非如此，例如，见 Garelick，2006 年。

这两个例子体现了一种模式，即一个国家在教育或金融方面的迅速抑或意外崛起，会被称作一个"奇迹"，从而我们会尝试在本国实行他们的做法，希望借助这种"神奇的疗法"可以解决自己国家的问题。中国最近在经济方面所处的领先地位会被视为一种"奇迹",并将导致有的国家试图轻易地引进中国的做法。这显然不可能成功,并且这种行为也是不可取的——通过阅读本书,我们可以从对中国过去几十年教育实践的考察中吸取很多类似的经验教训。

上述例子所暴露的问题是:在不了解使它们能够有效地发挥作用的文化背景和环境的情况下,就试图利用另一种文化中的产物或实践。比如说,课例研究不仅仅是教师们聚在一起来设计和评价一个课例(尽管它包含了这一点),作为工作的一部分,课例研究发生在特定的工作环境中,教师需要在教学问题上相互协作。不同于美国孤立的"蛋箱"教室(Lortie,1977),日本的教室是"可渗透的",即每个教师的教学都对其他教师开放。专家教师因其专业知识而得到认可,并作为共同备课的资源。设计教案考虑的重点在于学生的理解:主要问题是针对学生现有的理解能力,哪个例子最适合学生,或者能帮助他们学习到最多的知识? 这种学习行为在美国并不典型。为了充分利用课例研究,要求建立公开的课堂文化而不是孤立的课堂文化,需要把重心放在作为思考者的儿童身上;它将一节课的重点放在对概念的理解上,其程度远远高于美国传统课堂。因此,培养适合开展课例研究的文化环境并不是一个简单的过程。如果我们对文化环境没有足够的重视,那么这个过程将难以获得成功。

同样地,比起"神奇"的教材,更为重要的是背后的教育体制,这些奇迹得以发生得益于在教学体系中成长起来的教师。新加坡的教材中,除了文字和例子,还有更多(隐含)的内容。新加坡的教师一般都是在这个教育系统中学习成长,知道他们"至精至简"的教科书中蕴含着什么。而不是成长于新加坡教育系统中的教师可能无法利用其潜藏的丰富性。我们需要用一套不同的教学实践(以及一套不同的数学和教学技巧)才能使新加坡教材发挥出它的作用。

那么,能从另一个国家(或者甚至是自己的国家,如下面的例子中所讨论的)的成功经验中学习什么? 我认为,有两种经验。首先,看看其他国家的情况会不会挑战我们原本的假设,特别是一些隐性的假设。多年来,美国的数学教育工作者认为,即使没有统一的课程大纲,美国高中的特定课程结构(一年学习其中一门:代数Ⅰ、几何、代数Ⅱ、三角函数和初级微积分)也是合理的。然而除了美国以外的大多数国家(包括在 TIMSS 和 PISA 上一直表现优于美国的国家),已经"整合"了这些课程,并且将代数的知识放在九年级之前。同样,把一个结构良好的数学问题(不同于20道练习)作为一个课时的重点,更容易引起学生的兴趣。常言道:"以人为镜,可以明得失。"

其次,存在文化背景和抽象合理水平的问题。正如上面的例子所表明的那样,我们不能将一个文化背景中的做法和成果原封不动地搬到另一个文化背景中。我们不需要站在自己的文化之外就可以看到这一点,比如说使用"FCL(Fostering Communities of Learning)"或称"FCL模型"的方法进行教学。"经典"的FCL模型在《设计实验:在课堂环境中创建复杂干预的理论和方法挑战》(Brown,1992)中提出,后在《心理学理论与创新学习环境的设计:程序、原则和系统》(Brown & Campione,1996)中进行了探讨,它因在课堂中组织"拼图"活动而闻名。但拼图并不是重点,当许多团队在课堂中运用FCL模型时,只有一部分团队成功了。因为重要的并不是特定的活动,而是FCL模型中的基本原则,它通过后续活动确定学生是否对这一主题有深入了解,并与同学分享想法和总结反思。当拼图适用于教学内容时,则可以采用"经典"的FCL模型。但是在其他情况下,为了遵守这些基本原则,我们必须采用其他的课堂教学方法(Schoenfeld,2004)。

那么,让我们回到你面前的这本书。它包含许多要学习和思考的内容。正如我们前面所提到的,它将使你们对自身的一些设定产生怀疑,并思考如何更好地理解甚至是模仿文化实践(这意味着要适应我们自己的文化背景,或者是以特定的方式改变这种背景)。

为了吸引读者的兴趣,我将谈谈以下两个重要的问题。第一个是以教师和学生的作用为论点的形式引入"文化冲突"。近年来,在西方,特别是美国,非常重视学生在数学课堂上的参与。"讲授"这一方式一直受到质疑,因此我们将重心放在如何最好地在课堂上引导和培养学生提出想法。这在很多方面与日本的课例研究和教学实践相一致:如日本代数和几何课堂的TIMSS录像研究,虽然课堂是由教师们精心安排的,但从根本上看还是依靠学生的参与。简而言之,这种教育方式让很多来美国访问过我的人产生了不解,例如韩国和中国。他们感到疑惑:"教授都是学识渊博的人,为什么还要听取学生的意见呢?"这反映了在他们的经历中,很大程度上都是听教师或教授的。而且,据我们所知,来自中国和韩国的学生在国际考试中都取得了优异的成绩。所以,我们陷入了一个困境,哪种方法是正确的?

　　显然,这并不是一个好问题。我们应该问的是:"什么原因使得中国课堂上的讲授如此富有成效?"这个问题在本书的许多章节中都有讨论。在中国,概念化数学(conceptualizing the mathematics)已有深厚的传统,而在另一方面,通过加深学生对数学的理解,使其复杂性得以展现的呈现方式也得到了很好的应用。这是值得我们学习,并可以从中获益的地方。

　　第二个与教师专业素养有关。一个困扰西方学者的难题是,中国教师接受的正规培训不如西方教师(不管是在培训时间还是教学准备方面),但中国的教师们似乎对他们所教的内容掌握得更好。本书的许多章节都指出了其中的原因,还指出在我们的体制中值得他们借鉴的做法。正如我在课例研究中所指出的,由于美国的"蛋箱"教室文化,在教室里,教师很大程度上可以自由地做自己想做的事,不需要接受其他人的观察。在我们的师资培训和认证系统下,大多数教师在经过一年左右的教育专业训练后"准备教学"(在授予本科学位之后或同时);接着,在试用期结束后,他们获得充分肯定并且拥有自主权。大多数学区的"专业发展"是可笑的——通常只是几天(如果是这样的话)可能与教师教授的内容没有很大联系的表面活动。教师工作日通常就是白天上课,晚上改作业,因此很少有专业成长的机会。

　　即使只是随便看看这本书,事情都将大不相同。教室为什么成为了私人保护区? 他们为什么不接受观察? 作为工作的一部分,教师为什么不经常比较和对比特定主题的不同教学方法,或者选择在彼此的课室或者一些场合(例如,公开课和教学比赛)作为示范性教学进行相互学习? 我们可以通过中国的一些案例,更好地反思我们自己的教学。

　　此外,必须以正确的方式阅读本书。本书有许多内在价值,并且可以从中学到很多东西。我们并不是要读者全盘接受书中所提到的思想,而是让读者判断这些思想有哪些可取的或者不可取的地方,并思考如何使这些思想成功运用到自己的课堂。这本书给我们提供了很多思路。

艾伦・H・熊菲尔德

(Alan H. Schoenfeld)

2011 年 10 月

参考文献

Brown，A. （1992）. Design experiments: Theoretical and methodological challenges in creating complex interventions in classroom settings. *Journal of the Learning Sciences*, 2(2),141－178.

Brown，A.，& Campione. J. （1996）. psychological theory and the design of innovative learning Environments: On procedures, principles, and systems. In L. Schauble & R. Glaser （Eds.），*Innovations in learning: New environments for education*. Mahwah, NJ: Erlbaum.

Fernandez，C.，& Yoshida，M. （2004）. *Lesson study: A Japanese approach to improving mathematics teaching and learning*. Mahwah, NJ Erlbaum.

Garelick，B. （2006）Miracle Math. *Education Next*, 6(4),38－45.

Institute of Educational Sciences （2011）. Trends in International Mathematics and Science Study (TIMSS) web site. http://nces. ed. gov/timss/.

Lortie D. C. （1977）*Schoolteacher A Sociological Study*. Chicago University of Chicago Press.

Schoenfeld，A. H. （2004）. Multiple learning communities: students, teachers, instructional designer and researchers. *Journal of curriculum Studies*, 36(2),237－256.

Wikipedia （200）. Trends in International Mathematics and Science Study. Downloaded October 16,2011 from http.//en. wikipedia. org/wiki/Trends_in_International_Mathematics_and_Science_Study.

致　谢

　　作为曾经在中国当学生和教师，现在在美国担任教授的我们，在这段跨国经历中受益匪浅。当我们第一次观察美国人在课堂上是如何教数学时，我们有新的收获，也有令人意外之处。在这许多的"发现"中，我们看到美国的课堂有包括小课题在内的更多活动，但数学内容的难度似乎没有我们在中国所知道和教授的那么大。美国的班级规模远远小于中国的班级规模，但令人惊讶的是，美国教师没有共同的办公室，每天也没有繁忙的教学时间表。我们的跨国经验不断提醒我们，不同教育体系之间的数学教育共享程度很低。我们了解到美国非常重视改进学校数学的教学和学习，这自然地引起了我们对自己在中国的教学经验的反思。虽然我们很清楚不同国家之间的教育政策和实践有所不同，但我们也知道这本书对于那些渴望向别人学习的读者来说有多宝贵。

　　本书以我们过去在中国当学生、数学教师和教育工作者的经历为基础。这些经历教会了我们如何学习和教授数学。非常感谢我们在中国的教师和同事致力于帮助我们学习数学和学习如何教数学。在中国的学习和工作生活中，我们知道了华人如何进行数学教学以及改进教学。从很多方面来说，我们很欣赏中国数学教学和改进教学，因为它们都非常重视学生和教师扎实的数学基础。但同时，我们也喜欢美国学生在学习过程中乐于创新和探索的精神。

　　对数学教师和课堂教学持续研究的兴趣促使我们完成了本书的写作。作为这本书的主编，我们在国内外数学课堂教学的研究和实践方面有着丰富的经验。与此同时，我们也不断地从这本书的写作过程中、从查阅的文献中、从我们的作者（32位数学教育家和教师）中获益良多。这使我们相信，本书中的一些章节将成为读者了解和反思中国数学教学及其发展的重要信息来源。

如果没有 32 位作者的支持，这本书将无法完成。可想而知，这些作者大多数是中国的数学教育工作者和教师，他们中的很多人都是中国数学教育界的著名学者。我们要感谢他们为本书做的一切工作。作者们也作为一个团队一起工作，帮助盲审章节。他们的努力有助于确保本书的质量，并得以按计划出版。您可能还会注意到，这本书还得到几位西方著名学者的支持。他们在前言和评论中提出了宝贵的看法，不仅成为本书的独特之处，而且也为不同教育体系的读者提供了一个重要的审阅角度。感谢他们的支持。

还要感谢外部审稿人花时间帮助审阅本书的许多章节。他们是林智中、盖伊·威廉姆斯（Gaye Williams）、Ji-Eun Lee、徐丽华、苏西·格罗夫斯（Susie Groves）和李旭辉。他们的意见和建议有助于提高本书的质量。我们还要感谢尼基·布彻（Nikki Butchers）帮忙校对了本书的许多章节。

特别感谢"数学思维与学习系列研究"的编辑艾伦·H·熊菲尔德（Alan H. Schoenfeld）为本书提供了一个"家"，并帮忙审查了整本书。和艾伦一起工作的经历让我们意识到不断提高工作质量的重要性。艾伦和凯瑟琳·伯纳德（Catherine Bernard，泰勒-弗朗西斯出版集团的资深出版商）的指导和支持，为本书的成功出版做出了贡献。

最后，我们要感谢我们的家人一直以来的爱与支持。事实上，他们已经习惯看到我们长时间与电脑待在一起。没有他们的支持和理解，这本书就无法完成。今天是 2011 年的感恩节，我们要再次感谢他们的耐心和支持，让我们勇往直前。

李业平

黄荣金

介绍和观点

第1章 介绍

李业平① 黄荣金②

1 背景和目的

　　一些大规模国际比较研究的结果导致人们都认为中国学生擅长数学。虽然很少人能真正了解其中的原因,但没有人会质疑数学课堂教学对学生学习的重要性。然而,中国数学课堂教学常常不被西方认可(e.g.,Wakins & Biggs,2001)。对于局外者来说,可以从中国数学教学中学到什么依旧是个谜。本书由一些拥有中国数学教学经验的人为大家展现中国数学教学实践。

　　必须指出,这本书并不是关于数学课堂教学的跨国比较[这个话题在过去的20年里已经被许多研究者探讨过(e.g.,Leung,1995;Stevenson & Lee,1997;Stigler & Hiebert,1999;Stigler & Stevenson,1991)],而是关于华人如何教数学并改进教学。中国数学课堂教学多年以来一直是不同教育体系的数学教育工作者和研究者感兴趣的课题(e.g.,Huang & Leung,2005;Li & Li,2009;Warkins & Biggs,2001)。即使现在已有许多对中国数学课堂教学的研究,但是我们对它的理解仍是碎片化的。为了在现有基础上更深入地研究中国数学课堂教学,本书基于以下三个方面的考虑进行设计和编写:

　　(1)本书以现有的研究为基础,对中国数学课堂教学进行了更深入的研究。特别是本书包含了一系列章节,这些章节的内容不仅包括对中国数学课堂教学的全面评论,还包括对数学课堂教学一些重要的、独有的特点进行深入研究。

　　(2)本书将课堂教学视为教师教学实践的一部分,因此并不局限于教师在课堂上的教学。具体而言,本书详细地考察了中国教师为提高课堂教学的常用方

---

① 李业平,美国得克萨斯农工大学。
② 黄荣金,美国中田纳西州立大学。

法,以及中国教师如何提高教师素质和教学质量。

(3)本书的某些章节是由中国的数学教育家或者数学教师编写的,他们的经历使本书关于华人对数学的教法以及提高教学质量的解读更具有权威性。此外,本书还邀请了几位西方学者为不同的部分以及全书提供其意见和观点。这种中西结合的方式使本书对中国数学教学实践有了多角度的观察和学习。因此,本书不仅适合于对华人教学实践感兴趣的局外者,而且对于中国的教育工作者和研究者来说也是一本重要读物。

综上所述,本书从中西结合的视角对中国数学教学的一些重要而独有的特点进行了系统考察。本书旨在为更好地理解华人如何教数学和改进教学做出独特的贡献。

2 当你阅读这本书时需要知道什么

本书以数学教学为重点,旨在对华人教数学和改进教学的做法进行系统、深入地考察。但是,对数学教学的关注很容易让读者误以为这只是一本关于课堂教学的书,只有对课堂教学感兴趣的人才能从中获益。为帮助读者更好地理解本书,我们强调以下六个方面:

本书除了关注课堂上的教学,还关注中国教师在课堂以外,为准备和改进课堂教学所做的工作。我们通常认为教学仅仅发生在课堂上,而不包括课堂外的一切准备工作,这种理解可能会限制读者从本书记录的中国教师的做法中得到更多启发。事实上,先前对中国数学教学的研究非常重视课堂上所发生的事(e.g., Huang & Leung, 2005;Leung, 1995),因此本书也对这一方面进行了考察(e.g., Mok,本书;tang et al.,本书;Zhao & Ma,本书),然而更重要的是要让读者了解和学习中国教师在课堂之外做了哪些有助于课堂教学的工作。因此,如果想要了解中国数学教学实践,本书是您不二的选择。

关注中国数学教学并不意味着忽视课程本身以及学生的学习情况。教学很容易被认为是由教师的教学方法、教学行为和教学思想组成的教师教学实践。虽然教师在课堂上的表现和所做的决策都集中在这方面,但是在中国,教学实践与课程本身以及学生的学习情况是相结合的。对于中国教师而言,学生的学习情况以及教材是他们决定在课堂上要教什么、如何教的关键因素(e.g.，Cheng & Li，2010；Li，2011；Ma，1999)。在本书的多个章节中，都充分体现出了课程和学生的学习情况对于中国教师实践的重要性(e.g.，Ding et al.，本书；Li，Qi，& Wang，本书；Wong，Lam，& Chan，本书)。读者必须透过"教学"的表面，认识到课程以及学生的学习情况对中国教师实践的重要性。虽然"教(teaching)"并不完全等同于中文里含有"学生的学"这层意义的"教学(instruction)"，但课堂实践在中文里不仅仅只涉及"教(teaching)"。事实上，读者可能会注意到"教(teaching)"和"教学(instruction)"在许多章节中都可以互换使用。

必须指出，中国实行的是中央统一领导、分级管理的教育行政体制，课程和教材在指导中国教师的课堂教学中起着非常重要的作用。相同的课程有助于将中国教师集中起来共同备课以及讨论课堂教学。与此相反，在许多国家，比如美国的教育行政体制实行的是地方分权制，在这些国家的体制层面中并不存在相同课程。尽管如此，同一学校或者学区的教师仍然有相同课程，因此，在包括美国等许多国家的教育体制中，如何让同一学校或学区的教师共同规划和讨论课程教学仍然是一个问题，而中国教师的做法可以为他们提供宝贵的学习经验。

数学教学以及改进教学是包含可持续认知成分的文化活动，这些可持续的认知成分可以用于找到可能适合于其他教育系统的方法和做法。谨记教学是一种文化活动，是非常重要的(Stigler & Hiebert，1999)。这提醒读者，中国的教学实践从文化的角度来看是独一无二的(e.g.，the teaching contest，see Li & Li in this book)，它可能并不直接适用于其他文化。然而，文化特异性不应该成为读者从那些可能适用于其他教育系统的实践中学习重要认知成分的障碍。不局限于实践本身，中国教师通过自身实践学到的东西，对于其他人来说也值得借鉴。例如，读者可以通过教师在教学比赛中的讨论，了解到中国教师在这个过程中收获了什么(Li & Li，本书)。中国教师通过教研组(TRG)把握教学的"重点"、"难点"和"关键点"，并运用于课堂教学，这也是值得借鉴的地方(Yang & Ricks，本书)。

除了关于个别教师的教学实践，本书还写了帮助推动中国教师追求卓越教学和专业发展的政策和文化支持。虽然读者可以在本书中找到许多针对个别教师的案例研究(e.g.，Han，本书；Huang，Li，& Su，本书；Mok，本书)，但是本书讨论的教学并不局限于个别教师的做法。我们将在不同章节的框架下，对中国教师的做法进行分层次考察：体制/政策层次、学校/团体层次、个别教师/班级层次。例如，国家级教学比赛(Li & Li,本书)和示范课开发(Huang, Li, & Su,本书)是体制层次上的情境化教学。师徒结对(Han,本书)和校本教研活动(Yang & Ricks,本书)则被定义为学校/团体层次的做法。了解和学习不同层次的各种方法和做法，可以帮助读者理解有助于中国教师专业发展的教育政策和文化背景。

　　这不仅与教学相关，还希望引起学校管理者和政策制定者的注意。虽然这本书的重点是教学，但它的读者并不局限于数学教师。事实上，发展和实施高质量的教学不仅是教师的责任，也是所有与学校教育有关人员的责任。中国的教育系统和学校都已经建立了支持教师在教学发展和改进教学方面分享与合作的途径与机制。成功的教学确实需要来自学校管理者和政策制定者的大力支持，他们是了解并且关心教师以及教师教学的人。我们相信本书也包含了值得学校管理者和政策制定者学习的内容。

　　本书不仅仅涉及在职教师的实践，它还为师范教育反思师资培养和教师职业发展等方面提供重要信息。本书着重介绍了中国在职教师在教数学和改进教学方面所做的工作。然而，卓越的教学不是一朝一夕就能达成的，而是一个终生学习的目标(Li & Li,本书)。中国教师会想尽一切办法提高教师素质和教学质量，而大多方法都以学校为基础，与日常教学活动相关。本书提供的信息呼吁教育工作者要特别关注师范教育以及教师职业发展，这是教师连续性发展的一部分。

3　本书概述

　　本书共有 13 章，分为四个部分阐述中国教师在课堂内外所做的工作：第一部分：介绍和观点(3 章)；第二部分：中国教师提高和改进课堂教学的常规途径(3 章)；第三部分：中国数学教学实践和课堂环境简介(4 章)；第四部分：提高教师素质和教学质量的有效途径与做法(3 章)；接下来是一个说明章节。另外，三位西方学者的意见和看法，将分别作为第二部分至第四部分的前言。在接下来的几个小节中，我们将对第一部分至第四部分进行简要概括。

3.1　第一部分：介绍和观点

第一部分的内容包括本书概述以及对中国数学教学大背景的介绍。中国教育历史悠久，因此，想通过一两章的阅读就掌握中国教育史是不可能的。但是，在不了解中国教育史的情况下，局外者想要了解和学习中国数学教学现状也很困难。出于这方面的考虑，我们将分两章从两个不同的角度来介绍中国数学教学的大背景。尤其是邵光华教授和他的同事们（本书中）所做的工作，即从历史的视角来看中国数学教学。由于我们无法精确地叙述教育发展的历史轨迹，因此本章将重点介绍历史对当前数学教学所产生的几个重大影响。

唐恒钧和他的同事们（本书中）所写的章节将主要介绍中国数学教学中的一个重要特征——"双基"，分别对"双基"的含义以及"双基"随时代的发展进行了充分的讨论。为了说明"双基"教学经过多年发展可能存在的共同特征和差异，文章挑选了分别来自三个不同时期的典型课堂教学案例，并对它们进行详细分析。

3.2　第二部分：中国教师发展和改进课堂教学的常规实践

中国教师在课堂外也积极发展和改进自身的课堂教学。这部分将分为三章，对中国教师平时的常规训练进行介绍和考察。其中，杨玉东和里克斯（Ricks）（第 4 章）将重点放在教研组（TRG）上，教研组已成为中国几乎每个学校的重要组成部分。这是所有教师发展和改进教学的一个公认的做法。为了探讨教研活动如何帮助教师发展和改进数学教学，文章将对上海的一个教研组案例进行考察。

第 5 章（丁美霞等人）主要关注中国数学教师对数学内容（例如，0 不能做除数）的理解对教学有何影响，以及对教科书的研究是如何帮助他们理解数学内容的。研究表明，教师对教材的深入钻研是他们获取知识、发展教学的一种普遍而重要的途径。在钻研教材的过程中，中国教师不仅要研究教材上的文字内容，还要找到教学中的重点和难点，从学生的角度出发仔细研究每一道例题和练习题。

第 6 章主要讨论了共同备课对中国教师发展高质量课堂教学的重要性。李业平、綦春霞和王瑞霖首先简要介绍了备课在中国的发展历史。作为一种文化价值活动，集体备课成为教师日常实践的一部分。因此，作者通过对两个案例的研究,强调了备课的合作性质,包括共同责任、团队合作和持续的相互支持。

3.3 第三部分:中国数学教学实践和课堂环境

这部分将主要关注中国数学教学实践以及课堂环境。分为 4 章介绍数学课堂教学的几个特色,包括变式教学、教学连贯性、课堂环境的演变过程。

第 7 章(黄毅英等)总结了变式教学的特点,20 多年来,变式教学在中国被视为有效教学,得到广泛使用。作者发表了他们在发展变式教学和变式教学对学生数学学习影响方面的最新成果。

第 8 章的重点是实现教学连贯性的策略。通过对上海连续四节七年级一元二次方程组这个课题的分析,莫雅慈得到了与主题联系、课堂话语和课堂常规密切相关的五个实现教学连贯性的策略。

第 9 章(赵冬臣、马云鹏)考察了不同时期的示范课的特点。他们发现在课程改革时期的示范课反映了新课程的理念。然而,课堂教学中的一些特点,包括强调引入、练习和掌握新内容以及在教师主导的互动中频繁地使用问答策略,在这一时期的示范课中都普遍存在。因此,本章作者认为数学教学改革是一个循序渐进的过程。

第 10 章(丁锐、黄毅英)主要关注课程改革背景下的课堂环境。研究发现,为了适应以改革为导向的课堂教学,课堂环境发生了变化。在课堂上,有更多的机会进行小组讨论、参与各种活动以及让学生表达自己的观点。同时,数学概念的形成也与日常生活联系更加紧密。然而,这些积极的变化并不意味着理想的学习结果。因此,他们进一步研究了课堂环境与学生表现之间的关系。

3.4 第四部分:提高教师素质及其教学质量的有效途径和做法

这一部分考察了提高教师素质和教学质量的三种途径,包括师徒结对、示范课开发和教学比赛。

第 11 章,韩雪描述了经验丰富的教师如何提高新教师的教学技能。新教师通过参与集体备课和上公开课,以及恰当地提出教学任务和优化教学设计,不断发展其在组织学生学习方面的教学技能。由于在准备公开课的过程中,教师需要反复的磨课,同时也会得到同事的即时反馈,因此这是提高教学技能的一个好方法。

第 12 章考察了经验丰富的教师多年来是如何通过参与示范课开发而持续提升教学技能的。黄荣金和他的同事们发现教师在几个关键领域的教学能力有所提高,同时也得到了几个影响教师学习的因素,例如专家的批评意见、教材和教辅资料的学习、合作教学和对教学的反思。

第 13 章(李俊、李业平)重点研究教学比赛的目标和过程,以及教学比赛对促进教师专业发展的优势与劣势。研究发现,教学比赛的基本目标是促进教师对课程的理解和提高教师的专业能力。教学比赛为那些追求卓越教学的教师提供了平台,使他们能够与其他人展示、讨论、探索和分享数学教学。

4　意义与局限性

总之,本书为大家更好地理解中国数学教学做出了一些独特的贡献,也为其他教育体制的数学教育工作者提供了"观察"和学习中国教学的窗口。我们想强调以下几点。首先,本书通过对几个课堂案例的研究,生动地描述了中国的数学课堂并进行了充分地分析:一方面,它能帮助读者了解中国的数学课堂;另一方面,它使得读者在案例分析中有所收获(如第 3、7、8、9、11、12、13 章)。第二,本书从文化和历史的角度对中国数学教学实践进行了描述(如第 2、3、9 章),从中可以了解形成当前中国数学教学实践的文化和历史,这对于读者明确从中国教学实践中到底可以学到什么东西起着非常重要的作用(Clarke,2006;Leung,2005)。第三,除了关注数学课堂,本书通过从课前到课后的工作,整体、深入地分析了如何上好一堂课。本书对中国数学教学的全面描述,可以帮助读者反思如何在他们自己的文化背景中实施有效教学;同样重要的是,对几个改进教学、促进教师专业发展的途径进行深入分析,将有助于读者了解中国教师在这样的体制和文化背景下能够增加教学经验和提高教学质量的原因,同时也让读者反思如何去建立支持教师专业发展的学习社群。

然而,我们也了解本书存在的局限性。事实上,本书所包含的许多研究主要是描述性的。我们还需要更深入地考察具有不同特点的教学如何提高学生的能力。同样地,我们迫切需要探索不同的教师专业化发展如何对教师学习造成影响,并最终影响学生的学习成绩。虽然许多章节中的案例研究提供了丰富的信息,以帮助读者思考和再分析,但在未来继续探究这些教学方法如何更大范围地影响学生的学习也是非常重要的。

参考文献

Chen, X. , & Li, Y. (2010). Instructional coherence in Chinese mathematics classroom — a case study of lesson on fraction division. *International Journal of Science and Mathematics Education*, 8,71 1 – 735.

Clarke, D. J. (2006). Using international comparative research to contest prevalent oppositional dichotomies. ZDM — *International Journal on Mathematics Education*, 38,376 – 387.

Huang, R. , & Leung, F. K. S. (2005). Deconstructing teacher-centeredness and student-centered-ness dichotomy A case study of a Shanghai mathematics lesson. *The Mathematics Educators*, 15(2),35 – 41.

Leung, F. K. S. (1995). The Mathematics classroom in Beijing, Hong Kong and London. *Educational Studies in Mathematics*, 29,297 – 325.

Leung, F. K. S. (2005). Some characteristics of East Asian mathematics classrooms based on data from the TIMSS 1999 Video Study. *Educational Studies in Mathematics*, 60,199 – 215.

Li. , Y. (2011). Elementary teachers' thinking about a good mathematics lesson. *International Journal of Science and Mathematics Education*, 9,949 – 973.

Li, Y. , & Li, J. (2009). Mathematics classroom instruction excellence through the platform of teaching contests. ZDM-*International Journal on Mathematics Education*, 41,263 – 277.

Ma, L. (1999). Knowing and teaching elementary mathematics: Teachers' understanding of fundamental mathematics in China and the United States. Mahwah, NJ: Lawrence Erlbaum.

Stevenson, H. W. , & Lee, S. (1997). The East Asian version of whole-class teaching. In W. K. Cummings & P. G. Altbach (Eds.), *The challenge of Eastern Asian education* (pp.3 – 49). Albany, NY State University of New York.

Stigler, J. W. , & Hiebert, 1. (1999). The teaching gap: Best ideas from the world's teachers for improving education in the classroom. New York: The Free Press.

Stigler, J. W. , & Stevenson, H. W. (1991). How Asian teachers polish each lesson to perfection *American Educator*, 15(1),12–20,43–47.

Watkins, D. A., & Biggs, J. B. (Eds.) (2001). *Teaching the Chinese learner Psychological and pedagogical perspectives*. Hong Kong: Comparative Education Research Center, The University of Hong Kong.

第2章 从历史的视角看中国数学课堂教学

邵光华① 范雨超② 黄荣金③ 丁尔陞④ 李业平⑤

1 介绍

在国际评估的数学测试中,中国学生表现尤为出色,导致我们对华人如何学数学和教数学产生越来越浓厚的兴趣(e.g., Fan, Wong, Cai, & Li, 2004; Watkins & Biggs, 2001)。但是,许多教育改革专家批评中国传统教育理论已经过时(Huo, 2007; Wei, 2005)。他们建议华人应该彻底放弃数学教学为学生提供大量练习的讲授法。

教学是一种文化活动(Stigler & Hiebert, 1999),教学的特点由一代又一代人逐步发展形成。然而,国外的理论也对中国数学教学的发展产生影响(Zheng, 2006)。因此,为了更好地理解当今的教学实践,从历史的角度对中国数学教育实践进行深入考察是非常重要的。本章从历史的角度考察了中国数学课堂教学可能的起源及其演变;揭示中国数学课堂教学发展与传承的一般原则;探索一些现代西方教育理论适用于中国教学实践的原因;最后,我们将对当前数学教育改革提出一些见解。在本章结尾,我们探讨了中国数学教学的传统和改革。

2 中国数学课堂教学的文化传统和基本理念

中国本土的数学教学实践是基于丰富的经验和悠久的教育哲学思想史上的,

---

① 邵光华,宁波大学。
② 范雨超,宁波大学。
③ 黄荣金,美国中田纳西州立大学。
④ 丁尔陞,北京师范大学。
⑤ 李业平,美国得克萨斯农工大学。

其中,教育哲学思想可以追溯到先秦哲学家(公元前2100年—公元前221年)的初步理论和实践。这些古老的哲学观念仍然影响着当今的做法,并对当前的数学课堂教学实践提供了深刻的见解。中国古代教育哲学的特点可以概括为:强调学习的累积基础和循序渐进的重要性;强调学习与实践的相结合;突出"熟读而深思";重视启发式教学。

2.1 强调学习的累积基础和循序渐进的重要性

在中国古代的传统中,有许多关于勤学苦练的谚语,例如:一艺之成,当尽毕生之力;学而不练则无所功;熟读唐诗三百首,不会作诗也会吟;伟业非一日之功;千里之行,始于足下。这些格言的教育意蕴无不在说明累积基础的重要性,在这些教育哲学背后体现了一种教学原则:循序渐进。

累积基础讲究循序渐进。孟子(公元前372年—公元前289年)指出,教学过程应该是循序渐进,不能拔苗助长(Meng & Sun, 1985)。在中国最早的教育专著《学记》(公元前300年左右)中明确提出,"杂施而不孙,则坏乱而不修",教学顺序要根据学习者的能力进行安排,学习不能跨越,若教学不按一定顺序、杂乱无章地进行,学生则会陷入紊乱而无收获。因此,在教学活动中,要重视教学的梯次性。教师应该重视基础知识的传授和学生知识的积累过程。《学记》强调教师要"善问":"善问者如攻坚木,先其易者,后其节目,及其久也,相说以解。"这体现了对学习者基础和进步方面的重视。在《学记》中,关于铁匠或制弓匠的儿子如何从他们的父亲那里学习手艺,以及小马如何学习驾车,都被用来表明练好功夫(手艺)必须从最基本、最简单的开始。"良冶之子,必学为裘。良弓之子,必学为箕。始驾者反之,车在马前。君子察于此三者,可以有志于学矣。"(Meng & Sun, 1985, p. 99)这清楚地表明教师必须考虑学生的基础和能力范围。如果教学不适合学生的现实情况或超出他们的能力范围,教学就没有效率。从过于困难的问题开始是不明智的,这样做会导致学生可能无法走得更远。如果学生从一开始就有扎实的基础,那么他将会走得很远。

朱熹(1130—1200)指出,"凡读书,须有次序。且如一章三句,先理会上一句,待通透;次理会第二句、第三句,待分晓;然后将全章反复抽绎玩味。如未通透,却看前辈讲解,更第二番读过,须见得身分上有长进处,方为有益"。他在《答吕子约》一书中还指出："立一个简易可常的课程，日日依此积累工夫。"这些都体现了教与学理论中累积基础的重要性。朱熹说："这也使急不得，也不可慢。所谓急不得者，功效不可急；所谓不可慢者，工夫不可慢。"（《朱子语类》卷十九）(Li，1986，p.256)朱熹一直强调逐步学习，注重基础知识和技能。他认为，学习必须根据知识的逻辑结构和学习者的认知水平，有系统、有步骤地进行。这些观点建议我们在学习和教学中不可好高骛远，要脚踏实地，重视基础，按学习的次序不断累积而行。

我们还可以从中国古代数学家对数学学习过程的描述中看出，他们也非常强调数学基础的重要性。例如，在《敬斋古今》(李冶，1192—1279)一书中指出："积之之多。不若取之之精。取之之精。不若得之之深。"(Luo，1996，p.66)该书强调在学习数学的过程中积累和基础的重要性。当他教授解高次代数方程的方法天元术（设未知数并列方程的方法）时，是从理解最简单的天元术技巧开始的。他通过介绍天元术的基本框架来帮助初学者理解其本质，并在此基础上教授他们更高级的方程求解知识(Luo，1996)。

2.2 学而时习之

子曰(孔子，公元前551年—公元前479年)："温故而知新。"学生应该有坚持学习的毅力。朱熹也指出："读后去，须更温前面，不可只凭地茫茫看，须温故而知新。须是温故方能知新，若不温故便要求知新，则新不可得而知，亦不可得而求矣。"（《朱子语类》卷二十四，Li）他进一步解释："人而不学，则无以知其所当知之理，无以能其所当为之事。学而不习，则虽知其理，能其事，然亦生涩危殆，而不能以自安。习而不时，虽日习之而其功夫间断，一暴十寒，终不足以成其习之功矣。"（《朱子语类》卷十，Li，p.187)也就是说，在学习过程中掌握知识的原则之一是：必须要在不受干扰而且放松的环境中，经常复习和练习所学的知识和技能。根据朱熹对温故知新的教学原则的阐释，提出以下观点：

（1）温故是知新的基础，要把复习旧知识和学习新知识结合起来；

（2）温故不能只满足于对旧知识的反复、机械的温习，而应该灵活领会，推陈出新，这样才能在"前面"的基础上获得新的理解和领会；

（3）温故并不意味着死守旧说。

因此，朱熹认为"复习旧知识"与"学习新知识"的关系应该达到一种平衡，这反映了学习过程的规律。教学需要学习者有意识地努力学习,随时随地学习。学是新知,习是温故(Jiang,1983)。古代学者强调练习、复习、巩固相结合。在《算法通变本末》一书中,数学家杨辉认为"开方乃算法中大节目",他主张:"一日学一法,用两月演习题目,须讨论用法之源,庶久而无失忘矣。"由此,学习者就会知道如何正确地使用这种方法,并且会通过练习来巩固(Luo,1996)。

2.3 古代学者对"熟"与"习"的理解

孔子曰:"吾非生而知之者,好古,敏以求知者也。"(Du,1997,p.229)陈寿(233—297)在《三国志》中曾告诫读者:"人有从学者,遇(董遇)不肯教,而云:'必当先读百遍'。言:'读书百遍,其义自见。'"(《三国志·魏志·董遇传》,引自Zhang,2006,p.54)。而朱熹(1130—1200)则辩证地看待了熟读与精思的关系:"大抵观书,先须熟读.使其言皆若出于吾之口,继以精思,使其意皆若出于吾之心,然后可以有得尔。"著名诗人苏轼(1037—1101)更有佳句:"经书不厌百回读,熟读深思子自知。"(引自Zhang,2008,p.16)

2.4 古代数学家对"熟"与"习"的理解

刘徽(225—295)在注释方程章时说:"庖丁解牛,游刃理间,故能历久其刃如新。夫数,犹刃也,易简用之,则动庖丁之理。"学数学也是同一道理:"要抓住要害,深入浅出,问题才能迎刃而解。"(Luo,1996)杨辉在《习算纲目》提出"熟读精思"和"重视演题"(Cai,2008,p.40)。

数学大家梅文鼎(1633—1721)在《方程论》中也说:"鼎性耽苦思,书之难读者,恒废寝食以求之,必得其解乃已(为止)。有未能近,则耿耿胸中,虽历岁时,未敢忘也,算数诸书;尤性所嗜,虽只字片言,亦不敢忘,一一求其所以然。了然于心而后快。"(Luo,1996,p.67)这些都印证了一句古话:"书读百遍,其义自见。"

2.5 启发和启发式教学

2.5.1 儒家观念中的启发式教学思想

孔子是第一位采用启发式教学的教育家,常采用归纳法和演绎法来教导他的弟子(Fan,1990,p.81)。"归纳"一词包含在"学习"一词中,而"演绎"一词则包含在"思考"一词中。孔子曰:"不愤不启,不悱不发。举一隅不以三隅反,则不复也。"(Li,1960,p.8)《学记》对启发式教学中如何启发诱导学生,提出了三条规则:

(1)"道而弗牵"。道,引导之意,指教学中把学生的思维引导到要教的内容上来,促使他们进行分析、综合、比较、抽象、概括,找寻探求知识结论的方向。牵,表示被牵者处于被动状态,不能独立地进行思维。教师要善于引导,使学生成为学习的主体,随教师的讲授而一步步展开其思维,而不要强行牵着学生走。

(2)"强而弗抑"。强,鼓励之意。抑,意即不顾学生的能力和自觉性而强制使其接受。这句话是说,在教学中要激励学生的自觉性,从而使其产生探求知识的强烈愿望,而不能不顾学生的能力,不调动学生的自觉性,强迫学生进行思维。

(3)"开而弗达"。"开者,启其端;达者,尽其论。"(王夫之《礼记章句》)"开其端不遽达其意,而人将思而得之矣。"(《礼记集解》)教学中,教师开导学生的思路,点明问题的关键,指出学习的门径,启发学生运用各种思维活动去解决问题,自己得出结论,而不包办代替,匆忙地将现成结论和盘告诉学生(Fan,1990,p.83)。君子教人,正如射手教射一样,搭上箭拉满弓,并不把箭发出去,只是示范性地做出跃跃欲试的姿势,去启发学生学习。他可以用合适的方式指导别人,难易适中,所以学生才会亲近他,也就是说老师应该积极引导,而不是简单采用"拉"和"压"的方法。这反映了我国著名的启发式教学法的教学特点。

孟子主张启发:"君子引而不发,跃如也。中道而立,能者从之"。在《春秋繁露·精华》中,董仲舒(公元前179年—公元前104年)指出"不知来,视诸往",他强调了从现有事实中做出推论的重要性,这是对孔子启发式教学原则的继承和发展。

2.5.2　重视古代数学家的启发式思维方法

《周髀算经》中,赵爽(大约3世纪)在注释中评论了如何教别人解决测量问题,教学方法如下:"凡教之道不愤不启、不悱不发,愤之,悱之,然后启发。既不精思又不学习,故言吾无隐也。尔固复熟思之,举一隅使反之以三也。"(Liu,2007)刘徽(225—295)在《九章算术》的注释中说:"所谓告往而知来,举一隅而不以三隅反者也。"这一主张与赵爽是完全一致的。(Luo,1996)

在《算法通变本末》中，杨辉指出"好学君子自能触类旁通，何必尽传"（Song，2006），意思是教师应让学生接触社会、接触自然，不必扶着走，讲个不停，生怕没有讲透。采用分析典型模型的方法，详细记录草案，从一个案例中归纳出其他案例，为思考留出空间，激发学生思考，帮助学生从一个典型案例中拓展知识面以及从一件事中了解其意义，从而达到明了概念意义的境界，这样数学教学将成为一个以学习者为中心的创造性活动，同时，数学将成为学生的一种积极的创造性活动。

总之，古代中国教学强调扎实基础、启发、巩固和复习，以及加强练习和勤奋这几点，这些传统对数学课堂教学都有着根本性的影响。数学是古代"六艺"（礼仪、音乐、射箭、骑术、写作和算术）之一，在工作和日常生活中发挥着重要作用。统治者和学者都非常重视数学教育。许多古代数学家也是儒家学者或参与政治活动的统治者，因此，数学知识以及数学家的发展都受到了儒学的影响（Liao & He，2008）。

孔子之前，中国已经累积了许多的文化典籍和遗产，形成了相对稳定的文化传统，而对于前人的即成道统，只能遵循，不能超越，就连孔子也"述而不作，信而好古"。所以，儒家思想作为古代传统思想的主流基本没变，教学思想也没有经历太大的变革，都是在前人的基础上进行改良。自汉代（公元前202年—公元前220年）以来，独尊儒学，传统教育在儒学的控制下、政权的干预下与利禄的引诱下，走上了政治化、道德化和功利化的发展道路。经过1000多年的科举制度（605—1905）文化的洗礼，中国的教育更加注重功名利禄，"学而优则仕"的思想深深地给中国的教育打上了功利化的烙印。因此，中国传统教育也就形成了"少小须勤学，文章可立身。满朝朱紫贵，尽是读书人"、"男儿须尽平生志，六经勤向窗前读"的"苦学"文化精神，出现了"悬梁刺股"、"囊萤映雪"的苦读故事，这些无不反映了勤学苦练的古代传统学习美德，同时也反映了读书的功利性思想，而这种思想至今也一样严重。

3 凯洛夫教育哲学影响下的中国数学课堂教学变革

以儒家思想为代表的中国主流教学传统，以顽强的生命力影响着中国的教学理论发展。近现代以来,国外教育教学思想开始影响中国教育,如作为欧洲教学代表的赫尔巴特的教学哲学(约翰·弗里德里希·赫尔巴特,1776—1841),以及具有辩证唯物主义教育传统代表性的凯洛夫教学理论(伊·安·凯洛夫,1893—1978),并在后来被改编,两者都相对适应于中国。然而,凯洛夫教育思想由于政治、文化等方面的原因,已经从根本上影响了中国教学理论的发展。

3.1　凯洛夫教学思想因文化切合在中国得以广泛传播

中国有自己独特的文化传统,中国文化的主流常常被称之为"儒家文化"。然而,数学教育在适应西方教育体制的同时,仍然深深扎根于中国的文化传统。从历史的角度来看,中国曾多次发生外来成分逐渐被传统文化所同化的现象(Zheng,2006)。正因为中国的历史发展主要是一个外来成分逐渐为固有文化传统所同化的过程,我们不能脱离整体性的文化脉络去看待中国课堂教学文化。

在20世纪50年代,中国引入了苏联教育体系,尤其是以《教育学》一书为代表的凯洛夫的教育理论,通过作者的访问、讲座以及教师对教育理论的系统学习,在中国得到了广泛的传播和普及。与此同时,许多师范院校都将这本书作为教科书或主要教学参考书(Qu,1999)。其影响渗透到了中国教育理论和实践的方方面面。凯洛夫教育理论的发表,反映了苏联的思想和社会现象,如对斯大林(1878—1953)的尊崇以及把教育作为阶级冲突的工具。人们认为,满足社会需求是教育唯一的出发点。毛泽东(1893—1976)和中国共产党高级领导人都信仰马克思主义(卡尔·海因里希·马克思,1818—1883)。而凯洛夫的书作为马克思主义的一个基本理论被大家所认识,因此,从政治的角度出发,它在中国得到了迅速的传播和发展。

凯洛夫教学思想能够对中国教育影响至今,其实不仅仅只是政治因素,而且与文化传统和意识形态默契有关(Zheng,2002)。从传统文化角度来看,为什么凯洛夫的教育理论对中国教育产生了如此深远的影响,可以用中国传统文化的以下特征来解释:首先是中国传统上崇尚权威,并早已成为一种思维习惯。其次是教育与政治紧密结合和中国传统文化中教育与政治相结合现象相适切。最后,凯洛夫教育学缺乏科学的抽象与逻辑论证,正好符合中国传统的文化和哲学,即忽视内容上的逻辑性而注重形式上的完整性(Zhou & Xu，2002)。凯洛夫的教育理论在一定程度上与中国传统文化不谋而合。另一方面，我们可以从课堂教学的角度来分析契合性的真实程度。中国传统教育具有重视书本知识、重视教师权威及考试的现象，有班级授课的雏形，其基本的教学法是"教师有系统地、有顺序地讲述教材的方法以及学生的多种多样的积极的独立练习"(Yang，2009)。

3.2　凯洛夫教学思想的主要特点

在《教育学》(Kairov，1957)中，凯洛夫指出了符合教学程序的五个原则：直观性原则、学生自觉性与积极性原则、巩固性原则、系统与连贯性原则、通俗性与可接受性原则。强调上课是教学的基本组织形式，充分肯定教师在教育和教学中的主导作用，并强调教科书是学生获取系统知识的主要来源之一。凯洛夫建议，在学校教科书中的内容，只需选择所有知识中精挑的和基本的内容供学生学习，所选知识被视为基础知识。根据知识学习过程包括知识的理解、知识的巩固和知识的应用三阶段理论，提出"五环节课堂教学法"，即组织教学、复习旧课、讲解新课、巩固小结、布置作业。这种教学方法以课本知识为中心，以课堂教学为中心，以教师讲授为中心，它强调教师的主导作用和知识传播。

3.3　凯洛夫教育哲学对数学课堂教学的影响

凯洛夫教育理论的主要思想和背景体现了他的教育理论侧重于规范化、制度化和集中化的基本形式，强调教师的主导作用、课堂教学和教科书知识。所有这些特征恰好符合中国古代传统教育哲学。而反观中国传统文化中，儒家崇尚古人、崇尚权威的教育实践取向在当代教育实践中的比较突出的影响就反映在崇尚教师的权威。古代荀子(公元前 313 年—公元前 238 年)把"教师"与"天、地、君、亲"并提，强调"师道尊严"，导致古人以师为上，学为下；师为主，学为从；师为尊，学为卑(Xu，2006)。在处理教与学的关系上，人们比较重视教师教的过程与作用，在选择教学方法时习惯于讲授法，教师习惯于按照原先制定的教学计划组织教学。不难看出，凯洛夫的教学思想和中国传统的数学教学思想是契合的，因此很容易被中国教育工作者广为接受。

3.3.1　"五环节"教学法

中国古代典型的教学模式是以记忆为导向的"讲、听、记、练"模式（Lei，2005）。教学流程包括：教师对书中文字的讲解——学生多次的复习背诵记忆——学生提问与答疑——检验学生掌握的与书本或教师讲解的符合度或一致性程度。中国传统的注重传授讲解和练习的教学模式特点显然是凯洛夫教学思想能够在中国课堂教学中无阻力地推广而产生深远影响的重要原因——提供了传播的适宜土壤。凯洛夫提出的"讲授法"、"谈话法"、"演练法"等教学法，与中国传统教学模式并不相悖，这是其教学方法能够迅速走进学校课堂并被广为接受的深层原因。

3.3.2　"精讲多练"教学模式

在凯洛夫教学思想中，教师讲授是重要的一环，它非常重视教师讲授。"精讲"是把教师的深切体会和深刻理解用有效的方式传授给学生，精讲不是少讲或略讲，而是要在钻研教材的基础上，抓住教材本质的东西，突出重点，破解难点，联系学生实际，用较少的时间、精练的语言明示知识，把知识讲深、讲透、讲准。"多练"是强调学生自己的操作练习，必须有足够的练习才能获得巩固的知识，多练是在精讲的基础上，让学生对知识反复练习巩固，成为技能技巧，达到举一反三、熟能生巧的水平。多练不仅应该有量的适当增加，而更重要的是要有质的提高。在中国古代教育哲学中，精讲多练都是建立在深刻的理论基础上的。例如，"博学而详说之，将以反说约也"（《孟子·离娄下》，Wan & Lan，2005，p.179）。孟子（公元前372年—公元前289年）认为，教师应该具有渊博的知识并能够仔细地讲解，他还相信，简单的文字也能包含深刻的意义。为了达到掌握知识的目的，提倡教师在教学活动中要"少而精"，避免"多而杂"，但学生要多加练习。精讲多练做到了以最经济的时间突出教学的重点，最大限度地保证了练习时间。因此，学生可以有更多的时间来复习和巩固，打下知识基础。

3.3.3　"双基"教学理论

在凯洛夫教学思想的影响下，中国数学教学的主要特点之一是双基教学（即强调基础知识和基本技能的教学，见本书第3章）。这里的"双基"指的是"数学基础知识"和"数学基本技能"。"双基"的初步概念源于中华人民共和国成立后的第一部中学数学教学大纲（教育部，1952）。在该文件中，"中学数学教学的目的是教给学生以数学的基础知识,并培养他们应用这种知识来解决各种实际问题所必需的技能和熟练技巧"(p.1)。在为未来教师开设的教育理论课程中,明确指出:"以传播科学文化的基础知识和基本技能为中心任务"(Huazhong,1980,p. 93)。"数学双基"在义务教育阶段的中学数学教学大纲中有明确规定(教育部,1987)。在教学大纲中,中学数学教学的目的是"让学生学好实施现代制造所必需的数学基础知识和技能,进一步学习现代科学技术;培养学生的计算能力、逻辑推理能力和空间想象能力,利用所学的数学知识培养分析问题和解决问题的能力"(Ding,1997,p. 19)。与数学探究、创造力和应用相比,双基更注重对数学基础知识的记忆和对数值计算、逻辑推理和综合问题解决的基本技能的掌握。

双基教学可以看作是以"基础知识和基本技能"教学为本的教学理论体系,其核心思想是重视基础知识和基本技能的教学。在凯洛夫教学思想影响下,双基教学在课堂教学形式上逐步形成较为固定的结构,课堂进程基本呈"知识、技能讲授—知识、技能的应用示例—练习和巩固"序状(Shao & Gu,2006)。该模式建议教师在教学进程中应先让学生明白知识技能是什么,再了解怎样应用这个知识技能,后通过亲身实践练习掌握这个知识技能及其应用。因此,双基教学的典型模式与凯洛夫的五环节教学流程相类似,即"复习旧知识—介绍新知识—讲解和分析—示例和练习—总结和作业"。每个环节都有自己的目的和基本要求。复习引入的主要目的是为学生理解新知、逾越分析和证明新知障碍作知识铺垫,教师往往是通过适当的铺垫(即脚手架)或创设适当的教学情境引出新知;讲授新知环节是通过启发式的讲解分析,引导学生尽快理解新知内容,让学生从心理上认可、接受新知的合理性,即及时帮助学生弄清是什么、弄懂为什么;进而以例题形式讲解,让学生了解新知的应用,明白如何用新知,并让学生自己练习、尝试解决问题,通过练习,进一步巩固新知,增进理解,熟悉新知及其应用技能,初步形成运用新知分析问题、解决问题的能力;课堂小结是对一堂课的核心内容进行整理、总结、概括,将知识系统化、方法具体化;最后布置作业,通过作业,让学生进一步巩固知识,熟练技能,形成能力。教学的每个环节安排紧凑,教师在其中既起着非常重要的主导作用、示范作用和管理作用,同时也起着为学生的思维铺路架桥的作用,由此也产生了颇具中国特色的教学铺垫理论。

重视"双基"教学,是与中国传统文化相适应的教育理念。封建社会中的主流文化(儒家)崇尚权威,崇尚古人,要求学习者诵读经史,掌握六艺(礼、乐、射、御、书、数)。后来的科举取士的考试文化,尤其强调学子的基本功,这些传统的合力,反映到近代学校教育上,就形成了"重视基础"的教学传统。双基教学的特征是"低起点、小台阶、快步子、精讲练、重变式、多反馈、勤矫正",追求并落实"懂、会、熟、准"四个层次的要求。采用小步快进、循序渐进、精讲多练的方式,课堂教学的序列和梯度是课堂教学的生命线。因此,双基教学强调有效教学和教师的指导作用(Zhang,2006)。

3.4　马克思辩证法哲学对中国数学课堂教学的影响

文革期间(1966—1976),中国的数学教育受到了严重破坏。随着中国与苏联关系的恶化,凯洛夫的教育理论受到意识形态的批判与否定,进一步加剧了这一时期的教育与数学教育的灾难。自20世纪70年代后期(1978—1988)开始实施改革开放政策以来,中国的数学教育再次步入正轨。马克思辩证唯物主义观点已经被运用到数学课堂教学的研究中,强调了三种基本能力(正确快速的计算能力、逻辑思维能力和空间想象能力)和分析、解决问题的能力。

这一时期,在马克思辩证唯物主义思想指导下,中国教育教学方式悄然发生着变化,突出的成果是教学原则的确立,典型的四项教学基本原则反映了对教学中抽象与具体、理论与实践、发展与巩固、严谨与量力四对矛盾的辩证处理(Zhong, Ding, & Cao, 1982)。

3.5　抽象与具体相结合

根据辩证唯物主义认识论,人类的认识是"从生动的直观到抽象的思维,并从抽象的思维到实践"的科学的认识过程,学生"掌握知识的过程和人类在其历史发展中认识世界的过程具有共同之点",因而教学过程应从直观具体到抽象再到具体。这是知识发展与学习中具体性与抽象性相统一的原则。

数学抽象是对空间形式和数量之间的特定关系的抽象,反映了被考察对象的普遍和本质的特征。数学抽象具有层次结构,这意味着更高层次的抽象是基于较低层次的抽象的。另外,使用各种抽象符号也会增加数学的准确性和抽象性。数学的抽象性往往掩盖了抽象过程的具体性。无论数学概念多么抽象,它都是从相对具体的经验和观察中逐步抽象出来的。基于对数学抽象性和具体性之间关系的理解,在数学课堂中,不能单独教授抽象概念,应仔细探讨抽象的过程。这意味着,抽象概念的起源、表述和应用,都要让学生得到体验。由于抽象能力的局限,学生会非常依赖具体材料来学习抽象概念。因此,如果将抽象和具体分离,学生将难以掌握抽象结论之间的关系。教师应该采用视觉教学工具,或者结合数字和图形表示来实现抽象和具体的整合。

3.6 理论与实践相结合

理论与实践的结合是马克思辩证唯物主义认识论和方法论的基本原理,强调学习不仅要从书本中获取知识,而且要在实践中应用知识。在教学中,应该用实例来解释书本中的知识或理论,并将其应用于解决情境问题。可以通过应用来强调数学理论与实际应用之间的联系,加深对理论的理解。同时,对理论的深入理解也可以促进理论的有效应用。

3.7 严谨性与量力性相结合

严谨性是数学科学理论知识的基本特点,它要求对知识的表述必须科学、准确。对数学命题的论证要求步步有根有据,处处符合逻辑理论的要求。从数学的性质和结构看,在知识内容的安排上,要求有严密的系统性,要符合学科内在逻辑结构。同时,数学知识体系的严谨性也不是一下子形成的,是一个逐步严密的过程,需要考虑学生的认知水平和身心发展特点,教学中对内容的严谨性的要求可以适当降低,以保证学生对相应的知识内容有正确的理解和掌握。

在顾及知识内容本身严谨性的同时,还必须注意这些内容应当是学生力所能及的,又必须是经过努力才能理解的。同时,也要考虑学生的学习能力和发展潜力。为达到严谨性和量力性相结合,要求学生必须语言精确、思考缜密、言必有据。

3.8 发展与巩固相结合

数学知识应根据数学内容的体系和结构,以及学生的心理和认知发展水平进行教授。一个精炼的教学过程,应贯彻巩固知识和发展思维相结合的原则。

　　知识学习的目的是应用所学知识,而应用知识的前提是先掌握知识。因此,在整个学习过程中要注重知识的记忆。在课堂教学中,熟练运用"记忆"规则,理解数学概念、理论、法则、公式和原则,掌握所学的知识是非常重要的。教学应在学生理解的基础上,以有意义的记忆为主。数学教学应强调基本概念、关系和原则,从多个角度探索数学概念的本质。通过归纳和类比来加强知识之间的联系。此外,复习是巩固和记忆知识的基本方法,使用不同的复习方式将有助于巩固知识。

　　理解和巩固知识的目的之一就是发展思维能力。发展思维能力将会促进知识的理解和巩固。巩固知识的关键是复习,而思维发展的关键在于练习。将发展与巩固相结合,教师应能根据数学内容和学生思维的发展,适当组织不同层次的练习和复习;及时检查学生对知识、技能的掌握情况和学生思维的发展情况;弥补学生掌握知识和能力发展的不足;系统地、循序渐进地安排练习,并在知识掌握和应用的基础上加强学生的思维发展。

4 中国数学课堂教学改革——寻求东西方教学理念的平衡

　　自 2001 年以来,受美国数学教师协会(NCTM)2000 年标准(NCTM,2000)影响,中国开始实行新课程(教育部,2001,2003)。一开始,新课程改革实施并不那么顺利,遭遇阻力,课堂教学中,中国传统教学模式成分所占比例依然很高,也没有形成新的被大家广泛认可的本土化的教学理论。基于经验和反思,数学课堂教学旨在实现以下五个平衡(Gu,Yi,& Nie,2003):"熟练"和"理解";变化的例题和不变的"本质";教师主导和学生主体;解释性分析和探索性练习;逻辑推理与归纳综合。

4.1 "熟练"和"理解"

　　中国传统教学讲究学习中的"熟能生巧",强调"反复性的练习",反复练习是为了帮助学生掌握所学的知识和技能。对数学学习来说,"巧"的实质应该是理解。西方教学思想注重对知识的理解,主张练习应该在理解后进行才更具有实际意义,认为模仿的训练是一种重复性的操作,重复练习能让技能熟练但终会导致机械性的死记硬背。然而,在中国文化中,练习可以在理解相关知识之前进行,我们可以通过练习来理解知识(Marton,Dall'Alba,& Tse,1996)。数学学习是一种经验性的活动,而操作性练习是促进概念理解的基础性行为。经验提供了组织概念的基础,却未提供概念本身。反省是构建概念和促进理解的一个关键过程。"解题训练作为一种教学法,其机制并不只是在让学生接触、熟悉和记住解题技能和技巧。运算操作是数学思维的发生之处,是完整的概念形成的一块基石。它为学生的理解领会提供了必要条件,或者说,熟能生巧的合理性表现在必要性上。"(Li,1996,p.50)对知识的理解更是熟练掌握知识、形成技能的关键一环。当学生理解知识时,才会更加熟练地操作,才能更好地应用知识解决相关问题,并欣赏数学的价值。因此,在未来教学实践中应把握好"熟练"与"理解"的平衡。

4.2 变化的例题和不变的"本质"

在教科书或课堂教学中,经常发现相互关联的问题被用于理解概念和运用知识(Sun,2011;Wong,Lam,Sun,& Chan,2009)。此外,在中国的课堂教学中常常会寻找问题的多种解决方案或使用一种方法解答多个问题(Cai & Nie,2007)。变式训练方法常被用来培养学生应用知识的能力。这种方法的关键在于利用所学知识来解决类似问题,从而总结出一般结论并重组现有知识系统。变式训练通常采取以下策略:在问题中嵌入不同的概念,改变问题情境,并对不同的日常情况提出问题。在变式训练中,我们期望学习者能有更开放、更多样的思考能力,并提高积极性。问题多样化的练习可帮助学习者掌握知识并灵活地运用这些知识,它不是一个简单重复的或死记硬背的练习。另外,应该给出具有适当难度和创造性因素的变式问题。最后,学习者可以通过类比这些问题来理解所学知识(Bao,Huang,Yi,& Gu,2003b,2003C)。

虽然变式问题的形式和背景发生了变化,但问题的数学本质仍然保持不变。通过变式训练,可帮助学习者从中辨别出问题不变的本质。因此,变式训练为学生提供了从不同视角、情境和背景中理解数学概念的机会。这将加深学生对数学对象本质的理解,在变化的内容与不变的本质之间找到平衡。变式训练的目的是帮助学生加深对知识的理解,加强记忆,掌握数学本质,达到熟练掌握和灵活运用知识的目的。

4.3 教师主导和学生主体

中国课堂教学中,教师常居于活动的中心地位,在教学活动的各个环节处于主导地位,整个教学过程是在教师的有效操控下学生有目的有方向地学习的过程。西方建构主义认为,学生的学习不应被看作是对教师所传授知识的被动接受,而是以学生已有知识经验为基础的主动建构过程。根据中国文化传统,教师应主导整个课堂及学生的学习过程,决定着课堂教学的高效,因为他们被看作是"传道、授业、解惑"者,是一个智者,是远远高于学生的权威和专家。在课堂上,教师根据预先确定的内容、教学过程、练习和作业展开课堂。传统课堂的主要特点是教师讲课,偶尔提几个问题。相比之下,在建构主义课堂上,教师是课堂活动的组织者和推动者,学生是知识的主动生成者。每种方法都有其优点和缺点。通过将中国传统方法辅以建构主义,使中国课堂转变"教师中心"型模式,向真正的"教师为主导,学生为主体"型转变。它表现出一种从以教师为中心向以学生为主体的转变。教师的引导主要包括正确有效地选择和运用教学方法来帮助学生达到学习目标,并启发他们的思考。

启发式教学的意蕴其实也包含着教师的主导作用。启发式教学法的实质是发挥教师的指导和引导作用,实现"传道、授业、解惑"。教师指导应确保学生自主建构原则的运用,而不是消除或否定它。教师的讲解应当为学生自主建构服务。教师的优秀教学应体现在学生的幸福感和学习的有效性上。课堂教学改革的核心是发挥学生自主建构的规律,调动学生学习的积极性,有效地促进学生的学习。

中国的数学课堂强调教师的指导和学生的自主建构。在未来教学实践中,教师应逐渐加深对教师主导和学生主体关系的认识,增加师生之间的课堂问答交流机会和学生独立解决问题的时间。

4.4 解释性分析和探索性练习

受传统文化的影响,中国课堂教学的一个重要特征是教师面向全体学生的讲授,以教师的讲解、师生的问答、学生的练习为主要活动形式,形成精讲多练、"师班"交流的课堂教学模式,课堂上基本是一少半的时间用于讲授,一大半的时间用于练习(Jiang, 1963)。近些年,受西方教育教学思想的影响,课程改革开始重视概念理解、过程探究,课堂时间开始舍得花在概念原理的形成阶段和问题解决方法的探究发现阶段。解释性分析有利于知识的理解和领会,练习实践有利于知识的巩固和应用,探究发现活动有利于兴趣激发和创新意识培养。在未来课堂教学中,应使课堂教学中的讲解、练习和探究趋于平衡。

4.5　逻辑推理与归纳综合

数学有一个演绎、逻辑、实验和归纳体系。在 20 世纪 90 年代之前,中国现代数学课堂教学强调逻辑推理和证明,而忽视实验和归纳。然而,由于大多数古代数学文献通常采用归纳的方式而不是演绎证明,因此在中国传统的数学教育中更强调归纳(Zhang, 2008)。因此,在数学教育中,强调通过对具体案例的考察,即在对一些典型问题反复研究和思考的基础上,推断出一般结果,从而做出推论,得到一般规律。

晚明时期(1368—1644 年),西方数学传入中国,在基于逻辑演绎和公理化抽象的几何的影响下,现代数学以严谨的逻辑抽象和应试教育为指导,中国的数学课堂教学开始强调逻辑推理。20 世纪 90 年代以来,随着西方数学教育思想的引入,人们对数学的本质有了恰当的理解,包括实验归纳和逻辑演绎。因此,在当今中国课堂教学中,我们强调逻辑推理的同时也强调实验归纳。

5　结论与讨论

总而言之,中国教学理论的形成与实践的变革是一个渐变的过程,而变革的累积性对于深化教学理论具有现实意义。从历史的发展脉络来看,中国课堂教学的特点是受到自身文化的演变及外来文化双重影响,最终结果不是异化,而是本土文化同化外来文化(Zheng, 2006)。相对于西方教育文化把"个性发展"放在优先地位,而在东方国家,如中国,则把"打好基础"放在优先位置。因此,数学双基教学是中国数学教育的基本模式。

双基教学既有优点也有缺点。它可以帮助所有学生达到同一个目标(掌握基础知识和基本技能),但也会泯灭许多有才华的学生的创造力和好奇心。另一方面,西方发现学习的最佳方式是激发学生,培养他们解决问题的能力和创造力,但这并不能保证所有学生在一定程度上都有扎实的知识和技能基础,反而有可能阻碍他们的进一步发展。人们似乎普遍认为,中国课程改革应尊重传统文化,同化外来教育思想,平衡本土传统与外来经验,折中历史与现实,行走在"中间地带"(Leung,2001)。而本章介绍的中国最新的数学教学改革以及美国《成功需要基础》报告(美国国家数学咨询委员会,2008),都回应了对平衡学生"双基"的发展与思维和创造力的培养所做的努力。

参考文献

Bao, J., Huang, R., Yi, L., & Gu, L. (2003a). Study on bianshi teaching [in Chinese]. *Mathematic Instruction* [*Shuxue Jiaoxue*], 1, 11-12.

Bao, J., Huang, R., Yi, L., & Gu, L. (2003b). Study on bianshi teaching-II [in Chinese]. *Mathematics Instruction* [*Shuxue jiaoxue*], 2, 6-10.

Bao, J., Huang, R., Yi, L., & Gu, L. (2003c). Study on bianshi teaching-III [in Chinese]. *Mathematics Instruction* [*Shuxue jiaoxue*], 3, 6-12.

Cai. J., & Nie, B. (2007). Problem solving in Chinese mathematics education research and practice. ZDM-*International Journal on Mathematics Education*, 39, 459-473.

Cai, W. (2008). The analysis of the view of mathematics teaching in Chinese traditional teaching culture. *Training of the Junior and Primary School Teachers*, 4, 39-41.

Ding, E. (1997). *Modern mathematics curriculum*. Jiangsu. China: Jiangsu Education Publishing House.

Du, Y. (1997). *The Analects of Confucius*. Zhongzhou: Zhongzhou Ancient Books Press.

Fan, L., Wong, N., Cai, J., & Li, S. (2004). *How Chinese learn mathematics perspectives from insiders*. Singapore: World Scientific.

Fan, S. (1990). Preliminary interpretation of heuristic teaching thinking in *Xueji*. *Tournai of Hebai Normal University* (*Philosophy and Social Sciences Edition*), 2, 81-85.

Gu, L., Yi, L., & Nie, B. (2003). Looking for middle zone: *The trend of international mathematic education reforms*. Shanghai: Shanghai Educational Press.

Huazhong Normal University and four other universities (1980). *Theory of Education*. Beijing: People's Education Press.

Huo, W. (2007). Carrying forward the good tradition from a critical perspective and developing innovations based on valuable heritage: Three attitudes towards traditional education. *Hubei Education (Instruction Edition)*, 7,6 - 7.

Jiang, B. (1983). *Introduction to thirteen scriptures*. Shanghai: Shanghai Ancient Book press.

Jiang, L. (1963). On the problems of explaining and training in primary school arithmetic teaching. *Journal of Huazhong Normal university* (Humanities and Social Sciences), 1,68 - 102.

Kairov, N. A. (1957). *Theory of education*. Beijing People's Education Press.

Lee, J. (1960). *The Chinese Classics Volume 1: Confucian Analects, Book Ⅶ*, 8. Hong Kong: Hong Kong University Press.

Lei, H. (2005). The historical evolution of Chinese ancient teaching method. *Journal of Changzhi University*, 1,69 - 73.

Leung, F. K. S. (2001). In search of an East Asian identity in mathematics education, *Educational Studies in Mathematics*, 47,35 - 52.

Li, J. (1986). *Interpretations of Zhuzi*. Shanghai: Zhonghua Press (Zhonghua Shuju).

Li, S. (1996). Does practice make perfect? *Journal of Mathematics Education*, 8,46 -50.

Liao, Z. , & He, Y. (2008). Discussing on the Confucianism to the tradition mathematics culture and mathematics equation influence. *Journal of Chongqing university of Arts and Sciences (Natural Science Edition)*, 3,74 - 77.

Liu, B. (2007). *On analogical thought of zhou pi suan jing*. Science Information, 10,3 - 4.

Luo, X. (1996). Educational thinking of mathematics in Ancient China. *Journal of Hangzhou Educational College*, 4,66 - 69.

Marton, F. , Dall' Alba, G. , & Tse, L. K. (1996). Memorizing and understanding: The key to the Paradox? In D. A. Watkins & 1. B. Biggs (Eds), *The Chinese Learner: Cultural, psychological and contextual influences* (pp. 69 - 83). Hong Kong: Comparative Education Research Center; Victoria, Australia: The Australian Council for Educational Research.

Meng, X. , & Sun. P. (1985). *Selected works of Chinese ancient education*. Beijing, China People's Education Press.

Ministry of Education, P. R. China (1952). *Syllabus of secondary mathematics instruction (draft)*. Beijing, China: People's Educational Press.

Ministry of Education, P. R China (1987). *Syllabus of secondary mathematics instruction for compulsory education stage*. Beijing People's Educational Press.

Ministry of Education, P. R. China. (2001). *Mathematics curriculum standard for compulsory education stage (experimental version)*. Beijing: Beijing Normal University Press.

Ministry of Education, P. R. China. (2003). *Mathematics curriculum standard for high schools*. Beijing: People's Education Press.

National Council of Teachers of Mathematics. (2000). *Principles and standards for school mathematics*. Reston, VA: Author.

National Mathematics Advisory Panel. (2008), *Foundations for success: The final report of the National Mathematics Advisory Panel*. Washington, D. C. : U. S. Department of Education.

Qu, B. (1999). The century of Chinese education (middle). *Educational Research*, 1,7 – 16.

Shao, G. , & Gu, L. (2006). The theory research of Chinese "Two Basics" teaching. *Education Theory and Practices*, 2,48 – 52.

Song, X. (2006). The Confucian education thinking and Chinese mathematical education tradition. *Journal of Gansu Normal College*, 2,65 – 68.

Stigler, J. W. , & Hiebert, J. (1999). *The teaching gap: Best ideas from the world's teachers for improving education in the classroom*. New York: Free Press.

Sun, X. (2011). "Variation problems" and their roles in the topic of fraction division in Chinese mathematics textbook examples. *Educational Studies in Mathematics*. 7,65 – 85.

Wan, L. , & Lan, X. (2005). *Mencius*. Shanghai: Zhonghua press (Zhonghua shuju).

Watkins, D. A. , & Biggs, J. B. (Eds.) (2001). *Teaching the Chinese learner: Psychological and pedagogical perspectives*. Hong Kong Comparative Education Research Centre, the University of Hong Kong.

Wei, L. (2005). The reflection on traditional education. *Journal of Zhejiang Institute of Media & Communications*, 3,23 – 27.

Wong, N. Y. , Lam, C. C. , Sun, X. , & Chan, A. M. Y. (2009). From "exploring the middle zone" to "constructing a bridge": Experimenting in the spiral bianshi mathematics curriculum. *International Journal of Science and Mathematics Education*, 7,36 – 38.

Xun, Z. (2006). Headstream of the "Heaven-Earth-Sovereign-Parent-Teacher" Ethic Order. *Journal of Beijing Normal University (Social science)*, 2,99 – 106.

Yang, D. (2009). The ups and downs of Kairov's Education. *Global Education Outlook*, 2,1 – 5.

Zhang, D. (2006). *The "Two Basics" teaching of Chinese mathematics*. Shanghai: Shanghai Education Press.

Zhang, H. (2006). The nature and years of Hong Fan disclosed by "Yi Shu Wei Ji". *Southeast Culture*, 3,51 – 57.

Zhang, J. (2008). Constructing a reasonable cognitive structures and opening the door of independent study. *Teaching and Research of Language*, 5,16 – 17.

Zheng, Y. (2002). Chinese mathematics education from a cultural perspective. *Curriculum, Teaching Materials and Method*, 10,44 – 50.

Zheng, Y. (2006). From the comparison of East and West to the integration of the "two cultures" — Chinese science philosophy research from a methodological perspective. *Journal of Shanxi Normal University (Philosophy and Social Sciences)*, ˉ35(2),45 – 49.

Zhong, S., Ding, E., & Cao, C. (1982). Teaching materials and methods of mathematics in junior high school. Beijing: Beijing Normal University Press.

Zhou, G., & Xu, L. (2002). On the beginning and ending of introduction of Kairov's education. *Journal of Zhejiang University (Humanity and social science)*, 6,115 – 121.

第3章　中国中学数学课堂中的双基教学及其特征

唐恒钧[1]　彭爱辉[2]　陈碧芬[3]　邝孔秀[4]　宋乃庆[5]

1　介绍

人们普遍认为,扎实的数学基础对学生继续学习数学是必要的,这好像一座建筑需要扎实的地基一样。然而,教育工作者还在研究如何让学生通过数学教学打好基础。一些数学学业成就的国际比较显示,中国学生表现出扎实的数学基础(Cai & Nie, 2007;Stevenson & Lee, 1990;Lapointe, Mead & Phillips, 1989;Husen, 1967;OECD, 2010),并拥有快速的计算能力(Zhang & Dai, 2004)。于是,人们对中国学生如何在学校教育中打下扎实的数学基础非常感兴趣。而对中国数学课堂教学的进一步研究可以帮助我们更好地理解这个问题。

数学双基教学被人们认为是导致中国学生数学基础扎实的重要原因,这也被认为是中国数学教育的基本特征。这其中的"数学双基"是指数学基础知识与基本技能。其中,"数学'基础知识'包括数学中的概念、性质、法则、公式、公理、定理以及由其内容反映出来的数学思想和方法;数学'基本技能'指按照一定的步骤进行运算、处理数据(包括使用计算器)、简单的推理、画图以及绘制图表等活动(教育部,2000 年)。基础知识主要是通过记忆和理解获得,而基本技能主要是通过练习形成(Song, Kuang, & Chen, 2009)。基于这些思想,本章将"双基教学"定义为教师旨在帮助学生学习和掌握双基而展开的教学活动。比如,为让学生掌握数的乘法知识,中国教师在教学中采用乘法口诀,让学生通过背诵、记忆、练习、理解

---

① 唐恒钧,浙江师范大学。

② 彭爱辉,西南大学。

③ 陈碧芬,浙江师范大学。

④ 邝孔秀,西南大学。

⑤ 宋乃庆(通讯作者),西南大学。

等多种方法掌握乘法知识,并逐渐形成熟练的乘法运算技能。

　　数学双基教学在中国有一个逐渐形成的过程,在不同历史时期既有共性又有差异。在深入研究课程标准和三个典型课堂教学案例的基础上,本章将揭示不同历史时期双基教学的主要特征。本章结尾,我们将在此基础上对"双基教学"有待进一步研究的问题进行讨论。

2　双基教学的形成过程

　　"重视基础,重视训练"是中国传统教育的精华,数学双基教学是在总结 1949 年中华人民共和国成立后在教育上的历史教训时逐步形成的教学理念(Zhang, 2006)。在新中国成立以来的每个历史时期都有全国统一的、中小学教师必须遵循的教学大纲(或课程标准)。因此,数学双基以及数学双基教学的形成过程可以从国家数学教学大纲(或课程标准)中得以探寻。

　　自 1949 年中华人民共和国成立以来,学校教育的重点逐渐转移到中国公民基础教育的发展上,以满足国家提高全民族素质的要求,并越来越强调双基教学。在 1952 年颁布的《中学暂行规程(草案)》(教育部,1952a)中指出,中学的教育目标之一是使学生获得"现代科学的基础知识和技能"。在同年 12 月颁布的《中学数学教学大纲(草案)》中指出:"中学数学教学的目的是教给学生以数学的基础知识,并培养他们应用这种知识来解决各种实际问题所必需的技能和熟练技巧。"(教育部,1952b)这是中国数学教育近代史上第一次明确提出双基教学的具体要求。1963 年,基于对中华人民共和国成立以来教育经验的总结反思以及广泛调查,教育部颁布了《全日制中学数学教学大纲(草案)》,大纲规定:"中学数学教学的目的是:使学生牢固地掌握代数、平面几何、立体几何、三角和平面解析几何的基础知识,培养学生正确而且迅速的计算能力、逻辑推理能力和空间想象能力,以适应参加生产劳动和进一步学习的需要。"(pp.434 - 452)同时,还指出:"为了保证学生牢固地掌握数学基础知识,具有正确而且迅速的计算能力、逻辑推理能力和空间想象能力,并且能够灵活运用所学的知识,必须切实加强练习。"(pp.434 - 452)在 1986 年颁布的《全日制中学数学教学大纲》中,承认"中学数学教学的目的是帮助学生掌握必要的数学基础知识和基本技能,使学生能够为建设社会主义做出贡献以及为进一步学习现代科学和技术打下基础,培养学生的计算能力、逻辑思维能力和空间想象能力,逐步形成应用数学知识和解决问题的能力"(pp.526 - 552)。1986 年以后,"基础知识"和"基本技能"的意义在数学教学大纲(课程标准)中进一步完善,并与各种数学能力相联系。随着社会需求的变化和数学科学的发展,对数学基础知识和基本技能的需要不断地扩展。例如,自1988 年以来,中国的数学教育工作者已经认识到数学思想和方法的重要性,并将它们作为基本内容的一部分。又如,在《基础教育课程改革纲要》(教育部,2001)中明确指出,"使获得基础知识与基本技能的过程同时成为学会学习和形成正确价值观的过程"。

3　不同时期数学课堂双基教学的发展

课堂教学是教育教学思想的集中体现。以下将以"勾股定理"(在西方被称为"毕达哥拉斯定理")为个案展现不同时期数学课堂双基教学的变化与发展。我们选择勾股定理作为分析材料的原因是勾股定理是一个基本的几何定理,它在古代东方和西方数学中都起着重要的作用,也正因为如此,全世界中学数学课程都介绍了这一内容(Zhang, 2005; Zhang & Wang, 2006)。中国现行的各套教科书中也都设置了这一学习内容,比如由人民教育出版社出版的八年级教科书将勾股定理单独列为一章。因此,选择对中国不同时期"勾股定理"的教学进行分析,不仅在一定程度上能体现中国数学双基教学的典型特征,同时也能从国际比较的视角认识、理解中国的数学双基教学。基于历史发展和教育背景,我们将重点放在三个重要阶段:在中华人民共和国成立后的 20 世纪五六十年代、20 世纪八九十年代为进一步发展回归正常阶段,以及 21 世纪初实施新课程标准的阶段。在接下来的三节中,将对这三个时期数学课堂教学中的双基教学进行分析。每节都从那一时期的数学教育背景入手,接着展示典型的数学课堂双基教学案例,最后对教学案例进行简要分析。值得说明的是,为展现中国具有代表性与真实性的数学课堂教学,本节选择了在中文杂志或著作上已经出版的三个教学案例。每节结尾处对教学案例的分析基于当时的数学教育背景,并着眼于"教学内容"、"教学目标"、"教学环节"以及"师生关系"等方面。这是因为,"教学内容"反映了"双基"的内容;"教学目标"则反映出对双基的要求;"教学环节"和"师生关系"则体现了如何帮助学生掌握双基的方法。

4 20世纪五六十年代的数学课堂双基教学

4.1 数学教育的背景简介

1951年中国教育全面学习苏联,引入苏联教材与教学方法。这样,苏联重视数学系统知识的传统与中国重视基础的传统得到了结合,也为中国数学教育重视数学双基提供历史契机。但存在盲目在中国12年制的学校中照搬苏联10年制的教材,使中国中小学的数学知识产生了"范围窄、内容浅"的问题。20世纪50年代末,为了适应中国社会主义建设的需要和提高中小学数学教学质量,将初中算术调整到小学学习,并增加中学数学教学内容。比如,高中增加了平面解析几何。但上述改革又过于强调数学与生活实际的联系,反而削弱了数学知识的教学(Ma, Wang, & Sun,1991)。于是20世纪60年代初中国开始了对数学教育的重新调整,数学双基教学在当时的教学大纲中得到进一步细化与明确。可见,20世纪五六十年代中国的数学教育虽然经历了与社会现实反复调适的过程,但掌握扎实的数学双基始终是调适数学课程与教学的一个标准。

4.2 数学课堂中双基教学的教学案例

4.2.1 案例1:勾股定理的证明(Liu,1957)

几何教学中,讲勾股定理面积证法时,这是在一节课中进行的。教师在课堂秩序安定后(组织教学),向学生提出这样的问题:

> T:已知两个正方形,它们的边长各为3和4,如何作一个正方形,使它的面积正好等于这两个正方形面积之和呢?
> S:边长为5。
> T:如果把已知的两个正方形边长换作7和11呢?

学生为难起来了。这时,教师并不去解决这个问题,只说明需要复习一下已学过的勾股定理。教师对勾股定理的知识逐一提问,并复习了该定理的证明方法,把证明中的主要过程记在黑板上。最后,由学生通过勾股定理的计算解答了上述的问题:

$$x = \sqrt{7^2 + 11^2} = \sqrt{170} \approx 13。$$

在提问过程中给几个学生评了分数(复习旧教材)。然后教师自然地由此引导出新课,利用图 3.1 向学生说明勾股定理的面积意义。

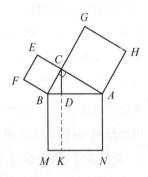

如图 3.1,在 Rt$\triangle ABC$ 中,$BC = a$,$AC = b$,$BA = c$。$S_{正方形BCEF} = BC^2 = a^2$,$S_{矩形BDKM} = BD \cdot BM$。而在 Rt$\triangle ABC$ 中有 $BC^2 = BD \cdot BA$,所以 $S_{正方形BCEF} = S_{矩形BDKM} = a^2$。同理可得 $S_{正方形CAHG} = S_{矩形DANK} = b^2$。所以,$S_{正方形ABMN} = S_{矩形BDKM} + S_{矩形DANK} = S_{正方形BCEF} + S_{正方形CAHG}$,即 $a^2 + b^2 = c^2$。

图 3.1　面积法证勾股定理

教师完成了勾股定理的面积证法之后(讲解新教材),立即用更直观、简便的方法再次解答了课程开始时所提出的那一问题,并作了课堂练习(包括平方差的情形),以巩固新教材。

最后布置作业。

4.2.2　案例 1 简析

从案例 1 的描述中可以发现以下要点:第一,本课的主要任务是勾股定理的面积证法,在此之前已学过勾股定理及一种证明方法。第二,该课的主要目标在于,学生巩固勾股定理并掌握一种新的证明方法。第三,从教学环节来看,该课包括了提出问题、复习旧知、讲授新课、巩固练习和布置作业五个步骤,这体现了该课由旧知引新知、讲练结合、层层夯实的教学思想。第四,从教学活动来看,教师在整个教学过程中占主导地位,但也注意通过问题调动学生思维的积极性。总之,20 世纪五六十年代的数学课堂双基教学主要实行凯洛夫教育学倡导的"五环节教学法"(参见本书第 2 章,Shao et al.),教师主导课堂教学。

5 20世纪八九十年代的数学课堂双基教学

5.1 数学教育背景简介

1976 年底文化大革命结束后,中小学数学教学逐渐恢复正常教学秩序,通过对 60 年代数学教育教学经验的总结,对教学目标和教学内容进行了一定的调整,在强调数学基础知识和基本技能的同时,注意了对数学能力的要求。1978 年颁布的国家教学大纲明确指出,数学教学必须"逐步培养学生分析问题和解决问题的能力"。在 1986 年颁布的教学大纲中指出,"首先要使学生正确理解数学概念。应当从实际事例和学生已有的知识出发引入新的概念。对于容易混淆的概念,要引导学生用对比的方法认识它们之间的区别与联系。要使学生在正确理解数学概念的基础上进行判断、推理,从而理解数学的原理与方法;通过练习,掌握好知识和技能,并能灵活运用";"要使学生学好数学基础知识和掌握技能,必须突出重点,抓住关键,解决难点,并且要有目的有步骤地加以训练";"掌握知识、技能和培养能力是密不可分的,互相促进的"(2001 年课程与教学研究所,pp.526 - 552)。1988 年的教学大纲又首次提出不仅要注意数学知识的系统性,还要遵循学生的认知规律,并对数学双基作了更为具体的阐述,成为后续教学大纲(课程标准)阐述数学双基的基础。

70 年代末至 80 年代初所进行的各种教学方法的改革,主要体现了启发式的教学思想。进入 80 年代中期,各种新的数学教学方法层出不穷,呈现出多种教学方式配合使用的趋势,如尝试教学法、情境教学法、目标教学法、导学法、导读法等。这些教学方法仍然围绕数学双基开展,教师主导教学,但在这些方法中,同时也强调了学生的自主探究和认知发展,突出了学生在课堂教学中的主体地位。

5.2 数学课堂双基教学典型案例

5.2.1 案例 2:勾股定理及其证明(Qu, 1957)

回顾旧知 回顾:给出一个正的有理数,可以作一个正方形的面积恰好与它相等。

提出猜想 问题 1:如图 3.2,要作的正方形的面积,与外面正方形边长的两部分,有什么关系,即 S 和 a、b 之间有什么关系? 并提示学生尝试观察两个具体的正方形,并抽 S1 回答:"就是把外面正方形的边长分为两段,这两段的平方加起来,就是正方形的面积。"

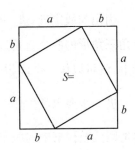

图 3.2　证明勾股定理的直观表示

　　证明规律　在重复学生的正确回答后提出另一个学习任务:"如果我们光是停留在昨天学过的内容上,光是停留在具体数字上,那就永远讲不出客观存在的规律。要想讲出里面的正方形的面积和外面正方形边长两部分的关系,一定要用有广泛意义的字母。今天我们就想通过昨天内容的启发,用任意两个正的有理数,来分析里面正方形的面积与外面正方形边长的两个部分的关系。"

　　出示图 3.2,并通过与 S2 的问答一起证明结论的正确性:

$$\because S + 4 \times \frac{1}{2} ab = (a + b)^2,$$

$$\therefore S = a^2 + b^2。$$

　　进一步,教师将里面的正方形的面积记作 c^2,并引导学生发现 c 就是里面正方形的边长。

　　巩固练习　提问:怎样作面积是 8 的正方形? 根据昨天讲的并结合今天讲的,你准备怎么作? 先设计一个方案。

　　S3:2 的平方加上 2 的平方等到于 8。

　　教师边板书边复述他的答案。随后要求 S4 到黑板上作这个图,其他同学在练习本上作图。在此过程中,教师巡视其他学生的作图情况,并要求作好的学生举手。在所有学生作完图后,要求大家一起判断 S4 所作的图的正确性。还适时地强调了正方形的读法。

　　T:我现在把 8 不写成 4 加 4,譬如讲,我把 8 写成 6 加 2,5 加 3,可以吗?

　　通过变式的方法,引导学生得出最优结果。

　　教师引导学生再次思考:作面积为 8 的正方形,是不是还可以再改进一下,使得作起来简单一些?

引出勾股定理,进一步优化了作正方形的方法:作一个直角三角形,如果这个直角三角形的两个直角边分别都是2,那么它的斜边就是根号8。在这条斜边的基础上,就可以作一个面积是8的正方形。

进一步要求学生作一个面积为$\frac{1}{8}$的正方形。在学生得出类似的结论后,要求学生朗读教科书中勾股定理的内容。最后还要求学生注意"勾股定理所指的三角形是直角三角形"。

然后要求学生作面积是$\frac{1}{3}$的正方形。在学生得到$\frac{1}{3}=\left[\left(\frac{1}{3}\right)^2+\left(\sqrt{\frac{2}{9}}\right)^2\right]$的结论后,进一步追问并讨论了长度为$\sqrt{\frac{2}{9}}$的线段的作法。

最后,教师小结了本节课学习的内容及作用,并布置了三方面作业:一是作出特定面积的正方形;二是比较无理数的大小;三是预习下节课的内容。

5.2.2 案例 2 简析

从案例的描述中可以发现以下要点:第一,与案例1一样,教学的重心仍然围绕数学双基展开。本课的主要任务是勾股定理及其证明,在此之前已学过"给出一个正的有理数,可以作一个正方形的面积恰好与它相等"。第二,该课的主要目标在于通过已有知识猜想并证明勾股定理,并利用勾股定理进行作图。第三,虽然凯洛夫"五环节教学法"在中国遭到批判,但在教学中还是体现了这一特征。从教学环节来看,本课包括了复习旧知、提出问题、讲授新课(提出猜想和证明猜想)、巩固练习和布置作业五个环节,体现了由旧知引新知、讲练结合、层层夯实的教学思想(与案例1相同)。第四,与案例1不同的是,本案例在强调教师主导地位的同时,开始强调学生的主动性。比如,从教学活动来看,教师虽然在整个教学过程中还是占主导地位,但是在教学中通过猜想和论证两个过程,让学生体验了"尝试"和"发现",调动了学生思维的积极性;不仅如此,教师还注意引导学生得出最优的结果。可见,20世纪八九十年代,虽然凯洛夫教学模式占据数学课堂教学的主体地位,但"发现式"的数学教学思想也在课堂教学中不同程度地体现出来,并且在强调教师主导的同时,开始注意学生主体地位。

6 21世纪初期的数学课堂双基教学

6.1 数学教育背景简介

20世纪末,经济处于高速发展的中国社会对创新型人才、实践型人才有了越来越多的渴求。同时,随着国际交流的增多,更多人在认识到中国中小学生基础扎实优点的同时,也看到了创新能力不足的现实。正是在这样的背景下,中国教育在强调双基的同时,将培养学生创新能力、实践能力提到了前所未有的高度。21世纪初,中国进行了第8轮基础教育课程改革,从课程理念、课程目标、教学内容、教学方法上都有了变化:课程理念注重"以人为本",注重学生的创新意识与实践能力培养,课程目标注重知识与技能、过程与方法、情感态度和价值观三位一体,教学内容上删繁减难、增加了许多现代数学和现实生活需要的内容,教学方法上倡导多样化的学习方式,包括有意义接受学习、自主学习、探究学习、合作学习等。

6.2 数学课堂双基教学典型案例

6.2.1 案例3:勾股定理及其证法(Bao,Wang & Gu,2005)

本节课是用4张工作单来组织的。

第1阶段:复习求面积的方法(工作单A,图3.3):割补法。要求学生完成以下任务:在方格纸内斜放一个正方形 ABCD,每个小方格的边长为单位1,求正方形 ABCD 的面积。

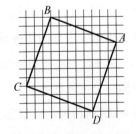

图3.3 用割补法计算斜放的正方形的面积

教师通过复习割补法求面积的方法,为小方格背景上的斜放正方形面积的计算方法提供铺垫,为工作单B的计算扫除障碍,也为工作单C证明勾股定理埋下伏笔。

第2阶段:提出猜想(工作单B)。研究直角三角形两条直角边和斜边之间的关系,在小方格内放置四个特定边长的直角三角形(直角边为 a 和 b,斜边为 c)以及每边向外所作的正方形(如图3.4)。要求学生用前面提供的方法分别计算这四个图形中的 a^2、$2ab$、b^2 及 c^2 的值,并填入表中空格内,猜想直角三角形两条直角边和斜边之间有哪些可能的关系。

学生主要发现了两个猜想:$a^2+b^2=c^2$ 和 $2ab+1=c^2$。教师要求学生在有小方格背景的空白处任意再画一些直角三角形,对得到的猜想进行验证。学生很快否定了 $2ab+1=c^2$ 的猜想,教师则借机说明了对无法举出反例的结论进行一般性证明的必要性。

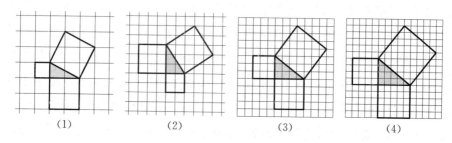

图 3.4 根据计算出的正方形面积猜想

第 3 阶段:证明猜想(工作单 C)。在工作单 C 中,学生推测在一般的 Rt△ABC 中,已知 $\angle ABC=90°$,$BC=a$,$AC=b$,$AB=c$,$a^2+b^2=c^2$ 是否同样成立?教师提示运用求 c^2 的方法结合图形证明猜想。在学生独立进行证明一段时间后,教师要求个别学生讲述证明过程,同时对不同程度的学生的证明予以认可。基于证明,教师简要介绍勾股定理在中西方的发展历史。在证明的基础上,简要介绍中外勾股定理的历史,并给学生提供网址,让有兴趣的学生进一步学习关于勾股定理的多种证明方法。

第 4 阶段:拼图活动(工作单 D)。用拼图活动验证勾股定理(如图 3.5(1))。给你一个正方形纸片,内接一个边长为 c 的正方形。将图中的 4 个小直角三角形剪下,拼到右边的正方形(如图 3.5(2))中,使得余下部分的图形正好由两个正方形组成,并把你的拼图画在右边的正方形图形中。学生很快得到了两个空白部分的正方形的面积。接着教师提问:"由此你能直观地说明勾股定理的正确性吗?请写下你的想法。"

在经历了证明定理这一学习过程后,教师与学生通过拼图活动也验证了勾股定理。学生的拼法有两种(如图 3.6),可以直观地看出勾股定理的正确性。

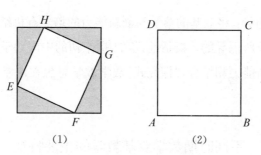

图 3.5 证明勾股定理的拼图活动

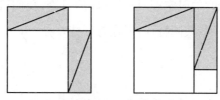

图 3.6 学生的两种拼图结果

第 5 阶段：小结本课。鼓励学生说说本节课的收获，最后教师总结本节课的关键点。

6.2.2 案例 3 简析

从案例的描述中可以发现以下要点：第一，从教学任务看，本课仍然围绕数学双基展开。本课的主要任务仍是围绕勾股定理及割补法证明等基础知识，以及此前已学过的割补法求面积等基本技能。第二，该课的主要目标在于通过学生的动手操作，猜想、证明并验证勾股定理，从而在掌握勾股定理的同时发展学生的数学实验、探究等方面的能力。第三，从教学环节来看，该课包括了复习旧知、提出猜想、证明猜想、拼图活动和小结五个步骤，这也体现了该课由旧知引新知，通过猜想、证明等环节理解和巩固勾股定理，层层夯实知识的教学思想。第四，从教学活动来看，这一时期的教学仍然重视数学双基的落实，案例 3 紧紧围绕勾股定理展开，强调对勾股定理的证明，并反复强化利用割补法求面积的技能。但另一方面也开始重视探究活动。比如，对于这一定理的学习，教师让学生运用上述课例中由数据去猜想的方法探索格点多边形的面积公式、查找与定理相关的各种资料、应用定理解决其他问题等。因此，学生的主体作用得到重视，而教师在教学中更多地扮演材料提供者、组织者、帮助者的角色。事实上，案例 3 呈现了中国数学双基教学的一种发展趋势：将双基的落实与创新能力的培养有机结合。这也是中国新一轮数学课程改革所倡导的。概括地说，21世纪初的中国数学双基教学强调将掌握双基与培养创新能力相结合，"探究式"数学教学思想在课堂教学中得到更多应用。

7 不同时期数学双基教学的主要特征

通过对上述三个时期"勾股定理"教学案例的讨论，我们可以发现这些不同时期的数学双基教学存在一些共同特征，但也有一些差异。

7.1 共同特征

7.1.1 围绕数学双基布置数学任务与设定教学目标

无论是教学任务的布置还是教学目标的设定，都围绕双基教学展开。3个案例都是勾股定理知识及其证明方法的教学。案例1是在已经学习了勾股定理知识基础上，通过面积证明法，进一步验证勾股定理，以深化对勾股定理知识的理解。案例2是在"给出一个正的有理数，可以作一个正方形的面积恰好与它相等"这一已学知识基础上，引出问题，进而猜想并用代数法证明勾股定理。案例3是在已学知识（用割补法求面积）的基础上，猜想、证明并进一步验证勾股定理。

7.1.2 课堂教学活动注重双基的落实

双基的共性体现在以下三个方面。

第一，以旧引新，在已有知识基础上学习新知识。3个案例都在原有知识基础上引入新知。第一个课例首先复习了已经学过的勾股定理及其证明方法，然后引出新的方法来证明勾股定理——面积法。第二个课例先复习前一节课中学过的内容，即"给出一个正的有理数，可以作一个正方形的面积恰好与它相等"，然后提出问题，通过问题解决的方法得到勾股定理。第三个课例先复习在方格纸上求正方形面积的方法（割补法）（工作单A），然后提出问题（工作单B），请学生完成工作单B并形成猜想，在此基础上教师和学生共同完成猜想的证明（工作单C），最后师生进一步用拼图游戏验证勾股定理（工作单D）。

第二，变式教学，加强双基的巩固训练（Gu, Huang, & Marton, 2004）。案例1中,新课引入的问题是"已知两个小正方形的边长,作一个正方形,使其面积正好是这两个小正方形面积的和",巩固练习和课后作业也是此类题目,目的在于巩固勾股定理的面积证法。案例2中,新课引入的问题是"已知一个正方形的面积,如何作这一正方形",巩固练习和课后作业同样是这种类型的题目。因此,两个课例都是通过条件变式,使学生巩固勾股定理及其面积证法。案例3虽然没有专门的巩固练习,但是该课通过过程变式,使用两种方法获得和验证勾股定理。一是利用小方格,通过面积法得到勾股定理;二是通过拼图活动验证该定理,深化学生对勾股定理及其证法的理解。

第三,层层夯实,小步子教学。尽管3个案例在具体教学环节上有些差异,但是主要环节是一致的,基本上都包含了:复习旧知、提出问题、证明定理及小结等教学环节。而且,各环节环环相扣、层层铺垫,体现了小步子教学的特征。

7.1.3　教师主导课堂教学活动

在3个案例中,教师主导课堂教学活动都比较明显。首先,教师通过复习旧知、提出小步子的问题,潜在地规定了学生学习内容与思考方向,将学生的注意力始终集中在勾股定理及其证明上。其次,课堂教学以教师讲授、师问生答为主。当然在案例3中,虽然教师还是通过一系列"工作单"引导学生的学习内容与过程,但教师对课堂教学的控制在不断减弱,学生自主探索的时间和空间在不断增加。

7.2　差异

7.2.1　逐渐强调知识间的联系,并谋求双基基础上的发展

与20世纪50年代的案例只涉及勾股定理及面积证法相比,后两个案例更加关注知识之间的联系。比如,第二个课例除了勾股定理及面积证法之外,还涉及了"最优法"的知识。即为了能比较容易地作出面积为此数的正方形,如何将一个正的有理数进行合理的拆分。此外,该案例中还涉及了无理数的内容,以加深学生对无理数的理解。第三个课例则将勾股定理与割补法求面积的知识结合在一起。此外,后两个案例不仅关注双基的掌握,还强调双基基础上数学思想的体验与数学能力的发展。比如,第二个课例让学生体验从特殊到一般的数学思想;第三个课例则除了训练学生的基本技能之外,还注重培养学生的动手实践能力、自

主探究能力、数学表达能力等。

7.2.2 逐渐关注非形式的数学证明

尽管中国教师都非常重视严谨的、演绎式的、形式的数学证明,但从案例3中可以发现,中国教师也开始关注并认可非形式的数学证明。即该案例中教师针对学生程度将三个层次的证明予以认可:符号证明、图形证明、个体直观经验。可见,在21世纪的数学课堂教学中已开始关注学生个体的数学经验,并将其也作为数学知识的一种形态。

7.2.3 逐渐关注学生的参与

从3个案例的教学方法看,教师讲授的成分在逐渐下降。第1个案例中,无论是在勾股定理的面积意义还是勾股定理的面积法证明的学习过程中,都是采用教师讲授的方式。案例2虽然也以教师讲授为主,但教师还是在教学过程中通过师生问答启发学生的思考。案例3中教师通过3个工作单,将更多的时间留给学生自主探究,而教师在这里更多地扮演指导者、组织者的角色。

8 结语

本文仅仅基于3个教学案例进行分析,未必能全面反映每个历史时期的双基教学特征,不同内容的教学反映的特征也许会有所不同。但从总体上来说,中国数学课堂双基教学存在"以旧引新"、"变式教学"、"小步子教学"、"教师主导课堂"等共同特征。我们的研究结果还表明,随着社会、教育的发展,中国双基教学越来越强调知识间的联系,越来越关注非形式的数学证明,越来越关注学生的参与。因此,双基教学是中国数学教育的传统,但又并不是简单固守,而是不断革新、与时俱进的,这也就需要人们用发展的眼光看待双基教学。实际上,在中国过去的数学双基教学中,由于各种因素的影响,也存在如下问题:忽视学生主体性,把学生当作灌输的对象;过分强调记忆现成知识,不重视学生的理解和见解;过度进行强化训练,双基要求不断拔高,训练方式机械、呆板;双基教学瞄准升学考试,双基成了"考试的双基",导致双基教学"异化"(Cai, 2004; Fan & Zhu, 2004; Song & Song, 2004)。因此,要对双基教学有一个恰当的认识,需要在实践和理论上作出进一步探究(Li, 2007; Zheng & Xie, 2004)。为了提升双基教学的研究水平,并为发展双基教学提供必要的理论支持，我们还需要做更多的研究。

注释

1. 中国教育部公开颁布的教学大纲或课程标准经常冠以"草案"、"暂定"、"实验"等版本，以表示教学大纲或课程标准有待在试验基础上进行修订。

参考文献

Bao，J.，Wang，H.，& Gu，L.（2005）. Focusing on the classroom：*The research and production of video cases of classroom teaching.* Shanghai：Shanghai Education Press.

Cai，J.（2004）. Why do U. S. and Chinese students think differently in mathematical problem solving? *Journal of Mathematical Behaviour*，23，135 - 167.

Cai，J，& Nie，B.（2007）. Problem solving in Chinese mathematics education Research and practice. *ZDM-International Journal on Mathematics Education*，39，459 - 475.

Fan，L.，& Zhu，Y.（2004）. How have Chinese students performed in mathematics? A perspective from large-scale international comparisons. In L. Fan，N. Y. Wong，N.，J. Cai，& S. Li（Eds.），*How Chinese learn mathematics：Perspectives from insiders*（pp. 3 - 26）. Singapore：World Scientific.

Gu，L.，Huang，R.，& Marton，F.（2004）. Teaching with variation：An effective way of mathematics teaching in China. In L. Fan，N. Y. Wong，J. Cai，& S. Li（Eds.），*How Chinese learn mathematics：Perspectives from insiders*（pp. 309 - 348）. Singapore：World Scientific.

Institute of Curriculum and Instruction.（2001）. *Primary and secondary mathematics teaching syllabus in the twentieth century in China.* Beijing The People's Education Press.

Lapointe. A. E.，Mead，N. A.，& Phillips，G. W.（1989）. *A world of differences：An international assessment of mathematics and science.* Princeton，NJ Educational Testing Service.

Li，S.（2000）. Does practice make it boring? *Journal of Mathematics Education*，1，23 - 27.

Liu, E. (1957). The types of mathematics lessons. *Mathematics Bulletin*, 9, 18 – 20.

Ma. Z. , Wang, H. , & Sun, H. (1991). *The concise history of mathematics education.* Nanning Guangxi Education Press.

Ministry of Education. (1952a). *The secondary tentative protocol (draft).* Beijing The People's Education Press.

Ministry of Education. (1952b). *The secondary mathematics teaching syllabus (draft).* Beijing: The People's Education Press.

Ministry of Education. (2000). *Low-secondary mathematics teaching syllabus for nine-year compulsory education.* Beijing: The People's Education Press.

Ministry of Education. (2001). *Guideline for curriculum reform in basic education.* Beijing: The People's Education Press.

OECD (2010). *PISA 2009 results: What students know and can do — Student performance in reading, mathematics and science* (volume I). Retrieved in January 2011 from http://dx.doi.org/10. 1787/9789264091450-en.

Qu, B. (1984). *Secondary mathematics classroom (Geometry).* Beijing The People's Education press.

Song, B. , & Song, N. (2004). The weakening of "Two Basics" is a misunderstanding of "Two Basics". *People's Education*, 11,12.

Song, N. , Kuang, K. , & Chen, B. (2009). The basic experiences of "Two Basics" teaching in Chinese mathematics education, *Mathematics Bulletin: a journal for educators*, 146 – 151.

Stevenson, H. W. , & Lee, S. (1990). *Contexts of achievement: A study of American, Chinese, and Japanese children.* Chicago: University of Chicago Press.

Tong, L. , & Song, N. (2007). The highlighted basics in mathematics education: Comparison of the curriculum focus in USA and "Two Basics" in China, *Journal of curriculum, Textbook, an, Teaching Methods*, 10, 38 – 42.

Zhang, D. (2006). *"Two Basics" leaching of mathematics in China.* Shanghai: East China Normal University Press.

Zhang, W. (2005). Mathematics and mathematics education from a cultural perspective. Beijing: The People's Education Press.

Zhang, W. , & Wang, X. (2006). *Cultural tradition and the modernization of mathematics education.* Beijing: Beijing University Press.

Zheng, Y. , & Xie, M. (2004). "Two Basics" and "Two Basics Teaching": A cognitive perspective. *Journal of Teaching References of Secondary Mathematics*, 6,1 – 5.

/第二部分/

中国教师发展和改进课堂教学的常规实践

前言

大卫·克拉克(David Clarke)[①]

最近几年,人们非常关注东亚不同国家的课堂教学实践。录像研究,例如第三届国际数学与科学研究(TIMSS)(Stigler & Hiebert,1999)和学习者视角研究(LPS)(Clarke, Keitel & Shimizu, 2006),让国际教育界了解了数学课堂实践。地理位置很接近的国家,如中国、日本和韩国(Clarke,2010),即使有巨大的文化相似性,也有研究表明他们在实际的教学实践中有显著区别。这时候自然要问:"这些不同的教学实践是如何发展的呢?"大家的关注点随即转移到不同文化中,促进教师专业学习的实践。

起初,"日本课例研究"作为一个结构良好的、普遍被大家所接受的有关教学改进和专业学习的方法,引起了极大的关注(Fernandez & Yoshida, 2004;Isoda, Stephens, Ohara & Miyakawa, 2007)。随着《华人如何学习数学》这本书的出版(Fan, Wong, Cai & Li, 2004),大家的注意力转向了中国,这本书为国际读者展示了中国传统的数学课堂实践。随后,黄荣金和鲍建生在 2006 年介绍了"课例"以及"中国课例研究"(Huang & Bao, 2006)。正如第 4 章(Yang & Ricks,本书)提到的:中国从 1952 年开始进行课例研究,现在几乎每一所学校都已建立课例研究。据说,中国教师虽然可能没有像西方或日本的教师一样接受过正规教育,但他们通过教研活动获得了大量的学科教学知识(Shulman,1987),并且很好地运用了这些知识。

其中,第 4 章阐述了教研制度的发展以及校本研修项目的改革。作为实施课程改革强有力的校本合作专业发展形式,教研制度和校本研修项目已在全国推行(Yang & Ricks,本书)。追溯过去 60 年的历程,教研制度现在已逐步完善、广为

---

① 大卫·克拉克,澳大利亚墨尔本大学。

流传,并得到广泛实践。像日本课例研究一样,教研组的直接目标是提高具体课堂的有效性。但在这明确目标的背后是复杂的,教学框架用以指导教师反思教学实践。"三点"法(课堂的重点、难点、关键点)为教师的备课和专业反思提供了一个框架。将学习效果作为课堂有效性的标准,当代中国教师能够以此为基础对教学行为和专业学习进行反思。在第 4 章,杨玉东和里克斯(Ricks)通过展现个案研究来说明教研制度的关键特征。

尽管在世界各地的数学课堂上,教材及其使用都被忽视了,但在第 5 章(本书)中,丁美霞和她的同事不仅研究了教材的教学用途,而且还研究了教材在教师学习中的作用。第 5 章作者以"0 不能是除数"为例,探讨了钻研教材对中国教师理解"0 不能是除数"这一命题的作用。为了形成更深层次的理解,作者对教师肤浅使用教材信息和教师积极反思教材结构以及内容(即"照本宣科"和"积极重构教材信息")进行了重要的区分。这一区别在第 5 章进行了详细的探讨。中国教师的"深入钻研教材"是教师专业学习的重要环节。

集体备课是第 6 章的重点。与前几章一样,本文采用案例研究的方法来阐述中国备课过程的结构特点。重要的是,大量的文献综述表明,中国的备课可以追溯到古代中国的发展史中。这段历史为当代中国备课的复杂性提供了一个有趣的背景。第 6 章报告了两个案例研究,涉及网络合作的第二项研究体现了现代性。这两个案例研究的基调和风格从根本上来说是实用的。案例研究表明,中国教师倾向于集体备课,利用现有的网络分担责任,提供相互支持。在这 3 章中,实现当前目标的过程(改进课堂、钻研教材或备课)具有直接的、短期的实用价值,同时也对持续的、长期的教师专业学习过程做出了贡献。短期目标与长期目标的实际结合,为教师提供动力、实用性产品和具有持久价值的专业学习,这似乎是中国教师专业发展途径的一个标志性特征。

类似地,本部分的 3 个章节能带来多方面的好处:每一章对任何参与数学教学或数学教师教育的读者都具有实用价值,也对中国促进教师专业学习的一些显著特征提出了重要的见解。国外的读者将对这两点产生共鸣。这 3 章使我们获益匪浅。

参考文献

Clarke，D. J. (2010). The cultural specificity of accomplished practice: Contingent conceptions of excellence. In Y. Shimizu. Sekiguchi， & K. Hino (Eds.)， *In search of excellence in mathematics education: Proceedings of the 5th East Asia Regional Conference on Mathematics Education* (EARCOME5) (pp. 14 - 38). Tokyo: Japan Society of Mathematical Education.

Clarke，D. J.，Keitel，C.，& Shimizu，Y. (Eds.) (2006). *Mathematics classrooms in twelve countries: The insider's perspective*. Rotterdam，Netherlands: Sense.

Fan. L.，Wong，N-Y.，Cai，J.，& Li，S. (2004). *How Chinese learn mathematics: Perspectives from insiders*. Singapore: World Scientific.

Fernandez，C.，& Yoshida，M. (2004). Lesson study: *A Japanese approach to improving mathematics teaching and learning*. Mahwah，NJ: Erlbaum.

Huang，R.，& Bao，J. (2006). Towards a model for teacher professional development in China: Introducing Keli. *Journal for Mathematics Teacher Education*，9，279 - 298.

Isoda，M.，Stephens，M.，Ohara，Y.，& Miyakawa，T. (2007). *Japanese lesson study in mathematics: Its impact，diversity and potential for educational improvement*. Singapore: World Scientific.

Shulman，L. (1987). Knowledge and teaching: Foundations of the new reform. *Harvard Educational Review*，57(1)，1 - 22.

Stigler，J.，& Hiebert，J. (1999). *The teaching gap: Best ideas from the world's teachers for improving education in the classroom*. New York: The Free Press.

第 4 章　中国课例研究：通过校本教研组活动的合作改进课堂教学

杨玉东①　托马斯・E・里克斯(Thomas E. Ricks)②

1　前言

　　世界各地的教师均被要求通过专业发展活动来提高他们的课堂教学能力。在西方，除了普遍存在的一日工作坊外，也提出了许多促进教师专业发展的活动形式，例如同伴互助或者教学案例研究(Anderson & Pellicer，2001，Shulman，1986,1987)。自从《教学的差距》一书中展示了第三次国际数学和科学研究课程(来自日本、美国和德国)的录像，日本的课例研究被认为是一个有助于日本课堂教学更有效的关键因素(Stigler & Hiebert，1999)。作为一种支持在职教师提高课堂教学水平的方法，许多国际教育学者在推广开展类似课例研究，提高在职教师们课堂教学水平(Matoba，Crawford & Mohammad，2006，Ricks，2011)。实际上，在中国有一种非常类似于日本的课例研究活动——被称为"磨课"的教研组(TRG)活动，但很少被西方学者所知晓。

　　尽管中国的数学教师的学历水平远不及西方或日本同行，但一些研究已表明中国的数学教师对基础数学有深刻理解，具有足够的数学学科教学知识并能熟练地把这类知识运用到日常教学中(An，Kulm & Wu，2004；Li，Huang，2008；Ma，1999)。中国数学教师职前受到的专业训练相对不足，却在实践中具有优势，那么可能的原因就是他们得益于在校本环境中所开展的各类教研活动。这一章描述一个上海的数学教研组如何对于同一授课内容开展 3 次连环改进的案例，并特别关注了持续参加教研组活动是如何提高教师的教学能力的。

---

① 杨玉东，上海市教育科学研究院。
② 托马斯・E・里克斯(Thomas E. Ricks)，美国路易斯安那州立大学。

2 在中国大陆的教研体系

像西方一样,中国的学校按照年级划分为小学、初中和高中 3 个学段。所有年级都要学习 3 个相同的主科:语文、英语和数学。与西方不同的是,中国学生被分成不同的班级,同班的学生一整天共处一室开展学习活动,不同学科的教师游走于不同的班级上课。因为大部分教语文、英语或数学的中国教师一天只教两三节课,因此同一学科的教师就自然地组成了学科教研组,数学教研组广泛存在于每一所学校。

因为比较大的学校可能有超过 20 名数学教师,所以数学教研组可以按年级再细分为更小的备课组。例如:一所小学学校有 6 个年级,那么数学教研组会被划分成 6 个小的备课组。市级和省级的教研室(TROs)有责任在他们管辖的范围内组织相应科目的教研活动。这种体系形成了一个多级教研网络:省级教研室监督市级教研室,市级教研室监督校本教研组(Yang,2009a)。在这个网络里教研组是一个最基础的单元。它的主要任务是将教师聚集在一起讨论和研究教学。从而解决教师所面对的实际问题。

3 教研体系的背景

早在 1952 年,教育部(MOE)在《中学暂行章程(草案)》中规定:"设教学研究组,以研究改进教学工作为目的"(教育部,1952)。教育部在 1957 年进一步在《中学教研组工作案例(草案)》中强调教研组的责任"是一个教学研究组织,它不是行政组织的一级。它的任务是组织教师进行教学研究工作,以提高教育质量,而不是处理行政事务"。

4 自 20 世纪 90 年代的课程改革以来,教研活动的新发展

随着中国教育工作者努力实施课程改革,政府进一步要求教育改革,使在职教师的专业发展更加突出。教育部在《关于改进和加强教研室工作的若干意见》

中声明:"教育科研机构应以基础教育课程改革为中心。履行科研、教学、服务等功能。"教研组开始对1990年代后实施的课程改革负有责任。在2001年,《基础教育改革和发展决定》声明:"所有级别的教研室都应该积极参与教材的编写和组织基础教育改革的教学实验,学习其他国家的经验以及推广基础教育改革中的优秀教学经验。"(国务院,2001)自20世纪90年代以来,教研组又具有了新时期下把课程改革落实于日常教学的任务,但校本教研组继续以校本教学研究活动为重点,作为帮助教师有效实施教育改革的渠道。

为了进一步推进这项工作,教育部基础教育司启动了一项新方案:校本教研(作为对传统教学研究的改进)会议在2003年举行,主题为校本教研制度建设。在2004年,该项目专家组(由30个省级教育研究中心和16所师范大学参加)审查并批准了首批84个校本教研基地,并制定了在全国推行该项目的行动计划。在2005年,这个项目的第二次会议进一步完善了校本教研项目和明确了更精细的管理细节。在2005年,这个项目的第三次会议使来自不同教研基地的代表们能够收集和讨论他们在实施校本教研制度建设方面的经验。在2006年,采纳建议和完善校本教研项目是教育部的主要工作。在2007年,这个项目中第四次会议的重点从校本教研基地制度建设向改进课堂教学转变。在各级教研室的支持下,校本教研基地的数量大大增加。从那以后,校本教研项目在全国得到推广(Wang & Gu,2007)。

校本教研制度最初被设想为一种提高教学的合作手段,在其60年的历史中逐渐演变为一种实施课程改革的强大校本专业发展形式(Yang,2009a)。当前校本教研活动包括:(1)帮助教师从技术操作熟练取向到更文化、更生态的教学取向;(2)注意力从研究教材和传统教学方法到研究师生互动、在课堂上检查学生的学习;(3)在课堂上营造学习的氛围而不是为考试做准备的常规的课堂活动;(4)促进合作,从分享教学经验到强调新的学习思路和方法。在最近几年,校本教研制度的这个新方式对传统教研活动有很大的影响。

5　当前教研活动

当前的教研活动是一个高度组织化的循环过程,包括3个环节(见图4.1):(1)备课活动;(2)被同行观察的公开课;(3)课后讨论。在教研活动中,通常由备课组成员查阅不同的材料共同准备一节课。教研组的作用是通过管理组织全体数学教师一起并保证一个稳定的时间（通常每周 2 小时）来进行教研活动。较低年级的备课组（如果它们在较大的学校里存在）的作用是在他们的集体办公空间，通过非正式讨论来共同备课。无论是教研组还是备课组，共同目的是通过集体的智慧改进课堂教学并解决教学中的实际问题。在教研组或备课组活动中的所有材料对所有教研组的成员都是开放的，包括教学设计和其他数据（包括学生表现情况）。

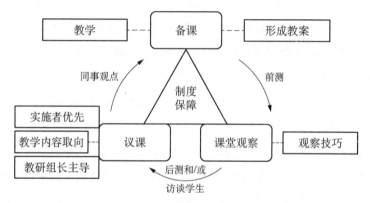

图 4.1　教研活动中的 3 个阶段

　　一个备课组的成员精心设计课堂，其他备课组或更大的教研组的成员观察这节课。在中国的教研文化里，上公开课并被他人观察是非常普遍的，并且往往被视为荣誉。教研组长一般倾向于把公开课机会给组内较为年轻的教师并以此加速他们的成长。所有中国教师认为上课是一种快速获得专业经验和专业成长的方法。伴随着公开课的是课堂观察和课后的研讨，给展示的备课组提出改进课堂的建议（在每一次磨课后进行）。在教研组组长的主导下，讨论一般持续一个半小时。课堂实施者（上课的教师）第一个发言，然后教研组的其他成员自由发表自己的见解。现在，研究人员开始提倡一些提高教研组活动质量的技术方法，如前测、后测以及课堂观察技术等（见图 4.1）。

5.1　教研组课堂的"三点"

　　在过去的 60 年，中国教师已经形成了一个共通的"三点"教学框架来讨论教学设计、观察课堂和反思。"三点"是：(1)重点；(2)难点；(3)关键点(Yang，2009b)。虽然这"三点"可能没有明确地写在教学设计中,但它们有助于在课堂构建过程中,形成备课组讨论的框架。这"三点"也为在课堂教学中观察教师提供了框架,并影响到后续的课后讨论。

课堂的"重点"指的是一节课的核心目标。一节课的成功与否取决于学生对数学内容要点的掌握程度。"重点"阐述了教师的教学重心以及学生必须掌握的内容要点。"重点"也是对主题的思考,美国的一些人将此描述为"数学的大观念"。

"难点"是指学生在学习数学重点时可能遇到的认知困难。如果说"重点"被理解为一节课的焦点,那么"难点"就是隐喻性的心理障碍。清晰地陈述和预期这个难点所在可以帮助中国教师在教学设计中不是试图用单一方式传递知识,而是积极主动地设计教学,最大限度地增长学生的学识。

"关键点"是形成一节课在教学法角度的核心,如果说"重点"是这节课是什么,那么"关键点"则强调如何达到这一目标。"关键点"是教师要考虑如何帮助学生掌握数学知识,最终达到教学目标,同时避免或克服由"难点"造成的陷阱。

当前西方的研究者常引用舒尔曼(Shulman)(1986,1987)的教学内容知识框架来强调特定学科教师必须掌握讲授特定主题内容的知识,才能有效地指导学生了解其内容。这需要教师自身对相应教学内容深刻理解并将其转化为能够帮助学生理解的知识。教育学者已经尽力去描述、定义和研究学科教学知识。事实上,中国教师已经形成了一种有效的方法("三点"框架)来思考学科教学知识的各个子领域。为了清晰地辨别出特定教学内容的这几个"点",教师需要具有克服学生可能的错误概念所涉及的方法、手段及表征方面的教学经验。毫不奇怪,经验丰富的教研组教师能够详细地描述一节课的"三点",而经验较为缺乏的教师则难以清楚地说明这些要点。因此,在中国,"三点"被看作是"专家型教师"与"普通型教师"的分水岭。初任教师逐步学会从这样3个角度分析教学内容和过程。他们通过这种结构化的方式逐步提升了自己在备课、上课、教学反思方面的能力,这是教师增强专业能力的重要手段。

最近,重点放在了通过检验第四个要素——学习效果来确定课堂"三点"的有效性。学习效果就是通过判定学生的理解和掌握程度来评价一节课里"三点"的有效性。通过添加学习效果这一要素,形成了一个循环回路,从而细化课堂的"三点"(见图4.2)。基于学生的学习反馈,可以调整课堂的"三点",形成更好的教学设计,从而产生更好的学习效果,这样有助于更进一步完善"三点"和后续的课堂设计。在磨课中,教学总是为学习者提供服务。

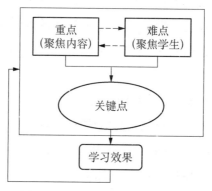

图4.2 "三点"和学习效果回路图

在教研活动中,"三点"和学习效果通过以下几个问题影响教师的合作和教师的思考:教学的主要目标是什么?阻碍学生学习的是什么?教学过程应该怎样设计?对学生学习效果产生了哪些影响?

中国教师在教研活动中的合作是中国教学实践中自然而然的一部分。它不是由来自外部的某个研究项目所驱动,不是追随某种短暂的教育潮流,也不是基于异想天开的教师兴趣、意志或者激情。只要成为学校的一名教师,就自然而然地成为教研组的成员。教研活动中的集体合作在中国教师的职业生涯中发挥着持续的基于校园生活的专业支持作用。此外,在地方和区域教育系统中,市级和省级教研室的支持加强了这种合作文化。

6　方法

我们选择案例研究方法来研究教师是怎样参与教研活动并改进课堂教学的。案例研究的优势在于可以深入分析教师之间的合作和促进理论发展。我们决定选择中国上海一个特定的教研组作为个案研究。选择这个教研组有以下几个理由：（1）它位于作者其中一个所处机构的附近；（2）上海走在中国教育改革的前沿，教研活动具有一定的引领性；（3）上海刚进行了国际评估；（4）上海的学校是中国东部典型城镇中心区的代表。

9名高中数学教师在上海数学教研组合作，其中，3名教师教龄不足5年、4名教师有将近10年的教龄和2名教师有超过15年的教龄。在本研究中，按照教龄从短到长的顺序分别用T1到T9代表这9名教师的教学经验水平。此外来自区级教研室的一名数学教研员（用R1表示）和来自市级教育机构的一名研究员（用R2表示）参加了这个教研活动。

这所初中位于闵行区，大上海的一个郊区，这所学校的经济和教育状态是闵行区的代表，闵行区的学校在上海19个教育地区中的教育表现处于中等水平，因此，这所学校在中国是一所普通学校（不是一所重点或示范学校）。这所学校有76名教师服务近1000名学生。

我们选择了三种主要类型的数据，来反映上海教研组以备课、上课、课后讨论为主要环节的教研活动。T1和T6教师根据反馈意见共同制定了教学设计（第二轮和第三轮课的教学设计），所以我们选择最后的教学设计作为第一类数据；第二类数据是每一轮授课中观察者所收集到的信息，包括3个平行班前测和后测的情况；第三类数据是课后讨论中的现场记录，用以捕捉9位教师和2名研究参与者就每节课的"三点"和学习效果所展开的讨论、争议等内容。因为上海教研活动的核心是改进课堂教学，所以我们认为，在我们的分析中三轮课堂设计（由T1和T6创造）的实施是至关重要的。

7　结果

上海教研组组织活动的授课内容为七年级"有理数的乘方"，同一内容在三个平行班上了三轮。第一轮和第二轮授课由经验最少的老师（T1）分别在他任教的两个班级执教。T6（剩下的唯一一个七年级数学教师）在她任教的班级进行第三轮授课。其他的教研组成员将分别承担不同的角色（表4.1）。R2提出了一些收集课堂数据的课堂观察技巧。

表 4.1　教师在教研活动中的合作分工

教师	角色
T1、T6	负责备课和教学，并相互帮助完成教案和课件（除了第一次授课教案）
T2	在观课过程中负责记录课堂教学结构
T3	在观课过程中负责记录教师的提问和学生的回答
T5	在观课过程中负责记录教学活动类型转换
T4、T8	负责设计和实施前后测题目、统计前后测结果
T7	在每轮授课后采访几个学生
T9	负责开展教研组活动，是主要的观察反馈者
R1、R2	作为专业人员根据需要提供教研活动的专业支持

在第一次独自备课和第一次上课后，T1 和更有经验的 T6 合作开发教案。这种模式反映了西方流行的"思考、配对、分享"教学法。T1 首先对"有理数的乘方"这节课进行独立思考，单独准备教案，然后与其他人（T6）配对进行另外两轮磨课，并接受教研组的共享反馈。对于几个教师而言，这是他们在教研活动中进行课堂观察的第一次经验，所以他们在第一轮磨课中努力收集具体的信息。有经验的同事会在第二轮和第三轮磨课的时候为他们提供支持，帮助他们提高观察技巧。

7.1　第一轮磨课

7.1.1　第一次课

T1 独立准备的第一次课形成了教研组最初的活动，他单独准备教案，然后在第一个班级里讲授这节课，同时其他教研组成员观课。他的课时长为 46 分钟。他以一个有关国际象棋发明者的著名故事作为本节课的开头：一个聪明的大臣向国王提出在国际象棋棋盘上放置大米，要求在第一个格子放 1 粒大米，后面每一个格子中大米数目是前一个格子中大米数目的 2 倍。国王慷慨地答应了。在阅读完这个故事后，T1 在黑板上写下 2 的乘方来介绍乘方的定义：$a^n = a \times a \times \cdots \times a$（$a$ 的总数量是 n）。a 叫做底数，n 叫做指数。课堂引入、阅读故事和写下乘方的表达式持续了 3 分钟。然后 T1 用 5 分钟叫学生阅读教材中的乘方定义。在短暂的课堂讨论后他用接下来的 35 分钟叫学生完成教材中的一系列练习。在课堂的最后，T1 通过问学生"本节课你学到了什么"来进行小结，这花费了大约 3 分钟。

7.1.2　第一次课后讨论

课后讨论首先由 T1 陈述他的教学设计和课堂实施情况："我的主要目的是帮助学生通过乘方运算来掌握幂和其他相关概念，如'指数和底数'"。然后 T2（观察课堂结构的人）评价 T1 在 46 分钟里只用了 8 分钟的时间来建立的新概念，并且这 8 分钟里只有 3 分钟是用来教学，另外 5 分钟是学生自行阅读教材，她还担忧学生是否意识到："学习乘方的必要性：作为相同因数连乘的简便运算。"然后，T8 表达了他的顾虑，没有教师适当指导的阅读教材是无效的："这节课重点应该是帮助学生理解'乘方'是乘法的简便运算，就像乘法是加法的简便运算，这些概念应该放在简化乘法运算形成乘方概念的过程中来理解。"T7 谈论了她在课间访谈 2 名学生的情况："其中一个学生告诉我他不是很明白国际象棋故事的结果，也就是说学生不明白计算的结果是多少，学生没有体验到乘方可以表示一个非常大的数。"T7 认为，让学生感觉到当底数大于 1 时，乘方的增长相对于乘法而言是非常巨大的这一点非常重要。R1 认为这节课应该是概念性的而不是计算性的，最后数学教研组长做了总结陈述，要更加重视概念的形成过程（而不是计算），习题的选择要更加精心，应当针对学生易错的地方。

7.2　第二轮磨课

7.2.1　第二次课

在几天的修改之后，T1 在另外一个班级第二次讲授"有理数的乘方"这节课。这节课一共持续了 45 分钟，国际象棋的故事开始后，班级一起计算大米的数量，直到一个学生提出用 2 的乘方来表示。当教师展示一张列出了乘方增长的数值表格时，学生们感到惊讶：有些结果大得他们根本无法读出来，$2^{63} = 9\ 223\ 372\ 036\ 854\ 775\ 800$（将近 2355 亿吨大米）。要奖赏给大臣的大米总量是每一个格中大米的总和：$1 + 2^2 + 2^3 + \cdots + 2^{63}$！然后 T1 让学生计算一个正方形的面积和一个立方体的体积，这个概念的引入过程持续了 11 分钟。接下来的 23 分钟做选自教材和教师自创的练习。教材中的练习是用乘方来表示一个数的连乘，教师自创的练习是指出各个乘方表达式中的底数、指数。在接下来的 10 分钟里，教师使用了第一节课中设计的两组题目作为例题。教师用课堂的最后 1 分钟来总结这节课学习的新概念。

7.2.2　第二次课后讨论

T1 表达了他是如何战略性地改变课堂结构来加强学生对概念的理解的："我减少了在课堂上的练习量,将更多的注意力集中在概念理解上。在课堂上我花费更多时间纠正学生在基础练习中的结果和表述。题目很简单但又对应用新概念非常重要。"T2 补充说,T1 调整了建构概念和基本练习所用的时间。新的课堂结构对于达到课堂目标似乎更合理。然后讨论的重点集中在创造丰富的数学情境作为学生概念发展的脚手架的价值,以及通过精心设计问题,来培养学生的思维。T4 和 T8 解释了他们的测试结果："答对的人数分别是 27 人、18 人和 21 人。在 45 名学生中,近一半的学生可以正确解释意义的区别和正确计算结果。正如我们的后测所表明的:辨别乘方的底数似乎成为课堂的一个难点。"T8 补充道:"有必要明确地提出一个策略性的问题,要求学生辨别一个乘方的底数。"T8 认为这个问题是最重要的问题——关键点或主要线索——课堂上要克服的难点。T6(讲授第三轮课的人)说:"我希望下一轮磨课可以围绕几个大的问题来组织教学。毫无疑问,从后测的结果来看,我认为应该特别强调哪个是底数。"R2 同意这个观点:"是的,学生活动应该由这几个问题驱动。"教研组成员也同意,无论选择什么故事来引入和吸引学生,它应该作为一个主题贯穿整个课堂,而不仅仅是作为激发动机的一个引子。

7.3　第三轮磨课

7.3.1　第三次课

第三次课(或者说是"教学过程")由 T6 在他的其中一个班级讲授。这节课一共持续了 47 分钟。这节课在国际象棋故事的基础上讨论几个问题。然后 T6 继续讲述这个象棋故事:国王好奇这个聪明的大臣能否回答有关"乘方"的一些问题。这些问题包括:辨别底数、指数和乘方。找到 a^n 有几个 0(当 a 等于 10 或 0.1 时),比较 $(-1)^n$ 和 0 的大小以及讨论乘方的逆运算。通过提出最后一个问题——指数衰减问题,拓展了象棋故事:国王无法给大臣足够的大米,他决定在 7 天后给大臣一个 1 米长的金手杖,但国王会从今天起每天拿走金手杖的一半。计算后,学生惊讶于一个小于 1 的正底数随着乘方指数的增长,这个数减小得如此急剧。工作表中的最后一个问题是:乘方有什么特征? 你能注意到乘方的哪些优点？学生用了 2 分钟回答最后这个问题。总的来说，工作表中的 7 个问题构成了 T6 课堂的主要结构。

7.3.2　第三次课后讨论

T6 说："这节课的结构非常清晰，这是因为教学过程围绕工作表中的七大问题进行设计，但我担心学生做的练习比第一轮和第二轮磨课的少，我这个班上的学生与其他两个班的学生相比，成绩会达到相同的程度吗？"T2 也担心计算量减少的问题："T6 加强了乘方的概念和其他概念的学习，明确学习目标，但我也担心学生的测试分数。"T8 迅速浏览了学生的后测结果后，并不这么认为（表 4.2），他说："当学生第一次学习乘方这个数学概念时，乘方的运算不是教学的主要目标，我们还有后续的课程来帮助学生掌握乘方的运算。"教研组还讨论了是否应该在乘方的入门课中提出逆运算，有教师认为它是后面数学问题好的伏笔，也有一些教师认为它可以等到另一节课再提出。

表 4.2　第二次和第三次授课中两个班的前后测结果

前测试题正确答案提示	第二次授课班	第三次授课班
Q1 正确答案：5^3，$5 \times 5 \times 5$，125	86.7%（n=39）	70.2%（33）
Q2 正确答案：$5 \times 5 \times 5 \times 5$，625	86.7%（39）	59.8%（28）
Q3 完全正确答案："错误"，有充分的理由	35.6%（16）	12.8%（6）
部分正确答案："错误"，没有正确的理由或者有一个不正确的解释	33.3%（15）	57.4%（27）
后测试题正确答案提示	第二次授课班	第三次授课班
Q1 正确写下 $-\dfrac{2}{3} \times \dfrac{2}{3} \times \dfrac{2}{3}$	66.7%（n=30）	59.6%（28）
Q2　完全正确答案：底数、指数和乘方的值都是不一样的	22.2%（10）	36.2%（17）
部分正确答案：只有 1 个/2 个是不一样的	64.4%（29）	44.7%（21）
Q3$(-2)^3$ 和 -2^3　　正确回答	60.0%（27）	63.8%（30）
$(-2)^4$ 和 -2^4　　乘方表达的意义	40.0%（18）	40.4%（19）
$\left(\dfrac{2}{3}\right)^5$ 和 $\left(\dfrac{3}{5}\right)^2$　　乘方的值	46.7%（21）	55.3%（26）

备注：第二次授课的班有 45 名学生，第三次授课的班有 47 名学生

8 讨论：三轮磨课的比较——什么提高了

在教研活动中对 3 次磨课的描述让我们更加清晰地看到每一次授课的进步。我们对课堂改进做出几个推论。

8.1 更注重概念理解

回顾乘方的三次课，可以看到在教学结构上有一些共同的环节：(1)以一个国际象棋故事为情境建构概念；(2)应用新概念的基础练习；(3)计算乘方的幂的练习；(4)教师进行课堂小结。对于每一次磨课，教师们把越来越多的时间花在建构概念上。在第一次课上，总共只有 8 分钟：3 分钟用来创设国际象棋故事和介绍乘方的概念；5 分钟用来让学生自行阅读教材。第二次课上将建构概念时间扩展到 11 分钟，到了第三次课上，一节课里的 17 分钟(占总授课时长的三分之一)用来帮助学生理解乘方的概念。

如何用棋盘故事情境来建立概念的过程，在这 3 节课中也各不相同。在第一次课，这个故事的作用只是通过连乘思想激发学习动机，用 3 分钟匆忙地总结 a^n 的表达式。在第二次课，这个故事被拓展为一个问题情境，而不只是激发学生兴趣。教师和学生都在计算棋盘上每一个格子的大米数，计算结果遭遇困难时，教师建议用相同因数连乘的表达形式；当他们再次遇到表达形式的困难即有太多的 2 连续相乘时，老师引入新概念乘方。因此，在第二次课，这个故事更像是一个问题解决过程，新概念的出现是为了解决这个情境创造的困难。在第三次课，这个故事不仅仅是用来激发动机，也不是问题解决情境，而是被用作整节课里贯穿到其他系列问题的引子。通过拓展情境，如国王想更多地了解乘方知识，学生可以发现乘方的增长或下降是多么急剧。这种使用方式在第三次授课中更有利于学生深刻地理解概念。

8.2 练习总量减少，但更加精致

在中国大陆，学生的计算能力在中国应试文化中对学生的成功是非常重要的。T1 最初的课堂设计定位是通过分层的计算练习题让学生逐步加深对乘方的

理解。在第一次教研组课后讨论期间,教师们同意乘方的引入课不应该强调计算,而应当把概念性理解放在优先地位。如果学生深入理解了乘方的含义,计算方面(连乘)将不是一个问题,因为学生已经掌握了乘法运算,因此乘方的数值计算不应该成为引入课的核心。

在每次课中计算任务的数量不断减少[第一次课 21 个(13 个乘方的运算和 8 个基础练习),第二次课 13 个(9 和 4),第三次课 8 个(4 和 4)]。进一步看,后面课堂的计算任务是更精心设计,聚焦于新学概念,如底数的辨别。通过做精心设计的练习,学生可以掌握当底数是负数或分数(或者两者)时乘方的关键特征。用来做乘方基础运算练习的时间从第一次课到第三次课逐渐减少。在第一次课堂上,计算练习所用的总时间为 35 分钟,在第二次课堂上是 33 分钟,第三次课堂是 28 分钟,表面上看练习时间在减少,但考虑到练习的数量也减少,这就意味着学生可以把更多的时间花在更加精心设计的练习上。

因为练习的数量大量减少,一些教研组的老师担心在第三次课上练习的数量和类型是否能够达成像第二次课上同样的积极的学习效果。因此以前测和后测的情况来比较第二次和第三次课学生的学习效果。我们比较第二次和第三次课是因为两个班级是平行班,意味着两个班的学生处于同一年级水平(同龄),并且两个班在之前的入学考试中有同样的成绩表现。

虽然第二次课的学生在前测中的分数比第三次课的学生高(意味着第二次课上的学生最开始对乘方的理解比第三次课上的学生好),但后测分数表明第三次课上的学生对乘方的理解和第二次课上的学生一样,我们认为这个数据表明第三次课的学习效果比第二次课好。因为第三次课上的学生一开始远落后于第二次课上的学生,但最后在上完课后几乎达到相同的水平。那就是说:T6 重视概念性学习、减少不必要的练习和重视精心挑选练习不会降低课堂的学习效果——第三次课展示出了至少相同或者比第二次课更好的学习效果。

8.3　教学在数学的大观念驱动下更具结构化

根据 T3 的观察记录,在三次授课中老师提问了非常多的问题。如果这些问题能扩展或加深对当前内容的理解,T3 则将它们归类为小问题;如果这些问题导向一个新的内容探索,T3 则将它们归类为大问题。T3 说:"如果在教学过程中,当教师介绍或提问一个新环节或项目时,我认为它是一个大问题;当教师提问只是为了得到对当前问题的更多细节或者是想知道其他学生对相同问题的想法时,我把它记录为小问题。"表4.3是根据T3的记录整理出来的问题数量。

表4.3　教师在三次课中的问题类型和数量

	第一次课	第二次课	第三次课
大问题	25	19	13
小问题	61	49	39
总共	86	68	52

自从中国实施课程改革以来,以教师讲授为中心的传统教学方式被批评为守旧。很多中国教师因此尝试通过采用问答的方法增强师生互动,改变教学风格。T5对三次课上使用的活动类型的观察记录验证了教学策略的这一转变。在上世纪末上海的一个课堂观察研究案例中发现教师在一堂45分钟的课上问了105个问题(Zhou,1999)。这位研究员指出,在一个有太多问题的环境中,就连挑战性问题也会变成一个无价值的问题,因为问答的步调太快会让学生感到吃力。虽然提问教学法是课堂上师生互动的一种类型,但流于表面的问题限制了学生的思维空间,不利于学生思维能力的发展。研究者开始倡导使用那些与教学内容本质相关联的核心问题、大观念来驱动课堂教学(Yang,2008,Zhang,2001)。

我们认为问题(所有类型)数量的减少正证实了在磨课的过程中,教研组越来越强调用大观念来组织教学。特别是第三次课中的大问题有助于学生在新旧知识之间建立联系,在本次课上的第5个问题["乘方有逆运算吗? 例如(　　)^2＝25?"]更是帮助学生从数学学科角度整体联系起了运算及其逆运算的演化过程。正如T7访谈的一些学生所说:"让我印象最深刻的是这节课的故事,从中我感受到数学与生活不是那么遥远,以及乘方来自以前学过的知识,它是为了解决新的问题,我非常喜欢这节课。"

T9是教研组里经验最为丰富的教师,他直接指出这节课的重点应该是帮助学生理解乘方是相同因数连乘的简便运算,就像乘法是相同加数连续相加的简便运算一样。这种对乘方的深刻理解,在第一轮磨课后的教研活动中,就为整个教研组确定了这节课的教学目标和重点。

9　结论

虽然大多数中国数学教师的学历水平不如西方或日本同行,但中国数学教师仍然对基础数学有深刻的理解,有丰富的数学学科教学知识,并且能在教学中熟练地运用这些知识(An, Kulm & Wu, 2004, Li & Huang, 2008, Ma, 1999)。中国数学教师具有实践优势的一个可能原因是他们大量地参与了由校本教研网络组织的各种教学教研活动。

总之,这个案例研究为我们的假设提供了初步证据:教师通过不断参与教研活动发展了他们的教学能力。当然,研究者也认识到案例研究的局限性,然而这个研究让数学教育者对上海正在实行的中国式课例研究有了更好的理解。虽然西方强调相较于简单地参加工作坊,同行互助指导是一种更有效的专业学习方式(Singh & Shiffette, 1996;Sparks, 1986),但这种方式缺乏来自研究者的有力的理论和专业支持(Stigler & Hiebert, 1999),特别是在中国进行课程改革的背景下更需要这种支持,我们希望数学教育研究者认识到东亚课例研究是东亚教学和教师发展的一个重要组成部分。

参考文献

An, S, Kulm, G. , & Wu, Z. (2004). The pedagogical content knowledge of middle school mathematics teachers in China and the U. S. *Journal of Mathematics Teacher Education*, 7,145 – 172.

Anderson, L. W, & Pellicer, L. O. (2001). Teacher peer assistance and review: *A practical guide for teachers and administrators*. California: Corwin Press, Inc.

Gu, L. Y. , & Wang, J. (2003). Teachers' professional development in action education (in Chinese). Curriculum, *Textbook*, *Pedagogy*, No.1 – 2,2 – 10.

Li, Y. , & Huang, R. (2008). Chinese elementary mathematics teachers' knowledge in mathematics and pedagogy for teaching: The case of fraction division. *ZDM*

International Journal on Mathematics Education, 40,845 – 859.

Lo, M. L., Pong, W. Y., Marton, F., Leung, A., Ko, P. Y., Ng, F. P., Pang, M. F., Chik, P. M. P., Kwok, W. Y, & Lo-Fu, P. (2005). *For each and everyone: Catering for individual differences through learning study*. Hong Kong: Hong Kong University Press.

Ma, L. P. (1999). *Knowing and teaching elementary mathematics*. New Jersey: Lawrence Erlbaum Associates.

Marton, F., & Booth, S. (1997). *Learning and awareness* (pp.110 – 136). New Jersey: Lawrence Erlbaum Associates.

Matoba, M, Crawford, K. A., & Mohammad, R. S. A. (2006). *Lesson study: International perspective on policy and practice*. Beijng: Educational Science Publishing House.

Ministry of Education. (1952). *Zhongxue zanxing zhangcheng (Secondary school provisional regulation, in Chinese)*. Chinese governmental document.

Ministry of Education. (1957). *Zhongxue jiaoyanzu tiaoli (Caoan) (Secondary school teaching research group rulebook (draft), in Chinese)*. Chinese governmental document.

Ministry of Education. (1990). *Guanyu gaijin he jiaqiang jiaoxue yanjiushi gongzuo de ruogan yijian (On the several opinions of reforming and strengthening the work of the Teaching Research Office, in Chinese)*. Chinese governmental document.

Ricks, T. E. (2011). Process reflection during Japanese lesson study experiences by prospective secondary mathematics teachers. *Journal of Mathematics Teacher Education*, 14,251 – 267.

Shulman, L. (1986). Those who understand: Knowledge growth in teaching. *Educational Researcher*, 15(2),4 – 14.

Shulman, L. (1987). Knowledge and teaching: Foundations of the new reform. *Harvard Educational Review*, 57(1),1 – 22.

Signh, K., & Shiffette, L. M. (1996). Teachers' perspectives on professional development. *Journal of Personnel Evaluation in Education*, 10(2),145 – 160.

Sparks, G. M. (1986). The effectiveness of alternative training activities in changing teaching practices. *American Educational Research Journal*, 23(2),217 – 225.

State Council. (2001). *Guanyu Jichu Jiaoyu Gaige Jueyi (Decision on basic education reform and development, in Chinese)*. Chinese governmental document.

[Stigler, J., & Hiebert, J. (1999). *The teaching gap*. New York: The Free Press.

Wang, J., & GuL. Y. (2007). *Xingdong jiaoyu: Jiaoshi zaizhi xuexi de gexin fanshi (Action education: A new model for in-service teachers' learning, in Chinese)*. Shanghai: East China Normal University Press.

Yang, T. Y. (1997). *Li ji yi zhu (Li ji translation and annotation)*. Shanghai: Shanghai

Ancient Books Publishing House.

Yang，Y. (2008). Zhichu he jingyan jiaoshi jiaoxue gaijin guoch bijiao yanjiu: ruhe yong benyuanxing wenti qudong ketang jiaoxue (*A Comparative Study on Novice and Experienced Teacher's Teaching Promotion: How to implement classroom teaching driven by primitive mathematical ideas*). Guangxi Teacher's University Publishing House.

Yang，Y. (2009a). How a Chinese teacher improved classroom teaching in a Teaching Research Group. *ZDM International Journal on Mathematics Education*，41，279 - 296.

Yang，Y. (2009b). Jiaoyan yao zhuazhu jiaoxue zhong de guanjian shijian (Capturing the critical incidents in Teaching Research). *Peoples' Education*，1，48 - 49.

Zhang，D. (2001). Guanyu shuxue zhishi de jiaoyu xingtai (Educational status on mathematical knowledge). *Shu Xue Tong Bao* (*Mathematical Bulletin*)，5，2.

Zhou，W. (1999). Yitang Jiheke de guancha yu zhenduan (An analysis of a geometric lesson). *Shanghai Education*，6，11 - 14.

第5章 通过深入钻研教材认识和理解数学教学内容

丁美霞[①] 李业平[②] 李小宝[③] 顾娟[④]

人们发现中国小学教师对基础数学有深刻的理解（PUFM）（Ma，1999），并且在马立平的研究中，这些教师认为他们主要是通过对教材的深入钻研来获得对基础数学的深入理解的。虽然教材在中国学校教育中对指导和安排课堂教学起到关键作用（例如 Li，Chen & Kulm，2009；Li，Zhang & Ma，2009），但少有研究探讨中国教师是如何钻研教材的，因此，还不清楚对教材的钻研是如何帮助中国教师获得知识和设计课堂教学的。本章通过中国教师对一个看似不重要而实际上很重要的数学概念——"0 不能做除数"的认识和理解来探讨这些问题。许多美国教师在讲授等值分数时通常忽略了这个问题。特别地，我们想要探索对教材的钻研是如何帮助中国教师理解这个知识点的。希望本个案研究可以揭示中国教师如何通过钻研教材获得对基础性数学的深刻理解。

1 通过钻研教材提高教师的知识和对数学的理解

人们普遍认识到教材在教与学中发挥着重要作用（Ball & Cohen，1996；Reys & Chavez，2004）。许多研究者建议教材应以有意义和连贯的方式提出基本思想和概念（Bruner，1960 National Academy，2009；Schmidt，Wang & McKnight，2005）。教材还应该注意数学的精确性（Wu，2010），例如数学知识应用的条件和约束（Zhu，Zhu，Lee，Simon，2003）。人们发现教材的呈现影响教师的信念和教学实践（Nathan，Long & Alibali，2002），并且有助于教师的知识增长

---

① 丁美霞,美国天普大学。
② 李业平,美国得克萨斯农工大学。
③ 李小宝,美国威得恩大学。
④ 顾娟,江苏省南通市教育体育局。

(Ma，1999)。长期以来,鲍尔(Ball)和科恩(Cohen)(1996)都强调教材在支持教师学习中的作用。

由于少有对教师如何有效地钻研教材的研究,因此仍然对这方面不清楚。认知发现为研究这个问题提供了一些一般性的指导。金茨(Kintsch)(1986,1988,1922)提出了读者构建文字材料的两个不同水平的心理表征:文本库和情境模型。文本库是对语义内容的理解所产生的一种表示,这样的表示相对被动;情境模型要求人们积极进行信息加工,例如与前面知识的衔接和对已给信息的重构,这往往会给读者更深入的理解。麦克纳马拉(McNamara)、金茨(Kintsch E.)、松儿(Songer)和金茨(Kintsch W.)(1996)发现带有完整信息的简单文本可能会减少读者的积极加工。相反地,一个要求读者做一些推断的困难文本可能会促进读者的积极加工,并因此促进学习,然而,积极加工的可能性取决于读者个人相关的先前知识。一个知识水平低的读者是不会从一个困难的需要推断的文本中受益的。回到我们对教师学习的关注:当教师阅读和钻研他们的教材时,他们就像经历一个相同的文本信息加工过程,因此,金茨(Kintsch)的理论有助于本研究分析教师的知识与钻研教材之间的相互影响。

2　案例"0 不能做除数"

案例"0 不能做除数"是前期研究的一个拓展。当讲授找到等价分数的规则时,所选的 6 名美国六年级教师都在录像课上做出以下表述:"分子分母同乘以相同的数。"随后的教材审查发现相应的教材(Lappan, Fey, Fitzgerald, Friel & Phillips，1998)没有提到"0 除外"。虽然这个表述能够得到正确答案,但它是不精确的,因为"0 不能做除数"这个约束,一个数的分子分母不能够同乘以 0。接下来的教师访谈揭示了教师对数学精确性的淡薄意识与教师对这个概念的薄弱认识有关。这些发现与鲍尔(Ball)(1998)在相同问题上检测美国职前教师的研究结果是一致的。

"除了 0,因为 0 不能做除数"这个知识点是一个看起来不重要但实际上很重要的思想,因为它是很多数学表达(例如,等价分数、比例性质)的约束。注意到这个限制要求教师意识到知识的精确性(Wu，2010),理解这个规则背后的原因要求教师有深入和连贯的知识(Ma，1999；Wu，2010)。一个教师可能会从"乘法和除法之间的相反关系"来解释 0 为什么不能做除数("逆运算")。例如，假设 0 可以作为一个除数，对于任意 $a \div 0 = b$，如果 $a = 0$，那么 b 有无数的解使得 $b \times 0 = a$ 正确；如果 $a \neq 0$，那么 b 就没有解使得 $b \times 0 = a$ 正确。因此，"0 做除数"是无定义的。除此之外，认识学生为什么需要学习这个规则以及它是如何影响学生后面的学习，则要求教师意识到教学的目的性(Wu，2010)和教师知识基础的纵向连贯性(Ma，1999)。从这个意义上讲，在讲授等价分数的背景下，"0 不能做除数"这个基础概念可以作为探索中国教师对基础数学有深刻理解的一个有趣案例。虽然提高教师的教学知识有不同的方法，但本研究只关心一个重要的因素：教师钻研教材。

3　当前研究

通过之前对美国教师以及教材呈现方式的分析观察，本研究探讨了对基础数学知识有深刻理解并且对数学精确性敏感的中国教师(Cai，2004；Ma，1999)是如何理解"0 不能做除数"这个约束的。这项研究的重要性得到了本研究试点工作的支持。从对在美国广泛使用的十几套教材的审查中发现(见表5.1)，与中国的三套主要教材相比，美国教材在提出等价分数的规则时，"0"的问题通常被美国教材忽略，例如在被审查的 13 套教材中，只有两本教材(教材12、13)准确指出乘以或除以一个非零常数。另外两本教材提到了 0 的问题，但教材 11 只是强调了非零整数，教材 10 仅在除法但没有在乘法的情况下强调非零常数。剩下的教材完全没有提到 0 这个问题，相反，中国主要的三本教材讲授等分数时不断地强调"除了 0"。因为中国教师认为他们的知识是从钻研教材中逐渐获得的(Ma，1999)，所以我们致力于研究中国教师是如何钻研教材的以及钻研教材是如何有助于教师认识和理解知识的。特别的，我们提出以下三个问题：

(1) 所调查的中国教师如何理解"0 除外"？

(2) 钻研教材如何帮助教师理解"0 除外"的教学知识？

(3) 钻研教材如何帮助中国教师对教学内容的整体理解？

表5.1　试点工作的教材审查结果

国家	教　材	发现
美国	1. TIMSS 小学数学课程项目（1998）。《数学开拓者》（五年级），爱荷华州迪比克：肯德尔/亨特出版公司。	不强调非 0 常数
	2. 芝加哥大学数学工程（1999）。《每日数学：教师手册及课程指导》（六年级），伊利诺州芝加哥：每日学习公司。	
	3. 芝加哥大学数学工程（2007）。《每日数学：教师课程指导》（五年级），伊利诺州芝加哥：莱特集团/麦格劳-希尔。	
	4. Larson, R., Boswell, L., Kanold, T. D. & Stiff, L.（1997）。《数学课程 1》，伊利诺伊州埃文斯顿：麦克道格尔-李特尔出版社。	
	5. Lappan, G., Fey, J. T., Fitzgerald, W. M., Friel, S. N & Phillips, E. D（Eds）.（1998）。《连接数学：理解有理数》，教师版，加利福尼亚州门洛帕克：戴尔西摩出版社。	
	6. Hake, S., & Saxon, J.（1998）。《数学 65：渐进式发展》（教师版），奥克拉荷马州诺尔曼：撒克逊出版社。	
	7. Greens, C., Larson, M., Leiva, M. A., Shaw, J. M., Stiff, L. Vogeli, B. R., et al.（2005）。《霍顿·米夫林数学》（五年级），麻萨诸塞州波士顿：霍顿·米夫林出版公司。	
	8. Day, R., Frey, P., Howard, A. C., Hutchens, D. A., Luchin, B., McClain, K. et al.（2007）。《德克萨斯州数学课程 1》，俄亥俄州哥伦布：格伦科/麦格劳-希尔。	
	9. Fuson, K.（2009）。《数学表达式》（五年级），佛罗里达州奥兰多：哈考特出版社。	
	10. Greens, C., Larson, M., Leiva, M. A., Shaw, J. M., Stiff, L., Vogeli. B. R.. et al（2005）。《霍顿·米夫林数学》（六年级），麻萨诸塞州波士顿：霍顿·米夫林出版公司。	只在除法强调
	11. Billstein, R., & Williamson, J.（1999）。《中学生数学专题》（第一册），伊利诺州埃文斯顿：麦克道格尔-李特尔出版社。	强调非零整数
	12. Burton, G. M., Hopkins, M. H., Johnson, H. C., Kaplan, J. D., Kennedy, L. M., & Schltz, K. A.（1994）。《数学加号》（7 年级），纽约州纽约：哈科特布雷斯公司。	严格强调非零常数
	13. Bolster, L. C., Kelly, M. G., Robitaille, D. R., Boyer, C., Leiva, M., Schultz, J. E. et al.（1994）。《探索数学》（五年级），伊利诺州格伦维尤：斯考特斯曼出版社。	

续表

国家	教　　材	发现
中国	1. 孙丽谷和王林。《小学数学教材》(五年级)，南京：江苏教育出版社。	严格强调"0 除外"
	2. 国家义务教育数学课程标准研究课题组(2005)。《新世纪小学数学教材》(五年级)，北京：北京师范大学出版社。	
	3. 卢江和杨刚。《小学数学教材》(五年级)，北京：人民教育出版社。	

4　方法

4.1　教师调查

这项研究的数据主要来源于教师调查和教师访谈。该调查的目的是探讨中国教师如何应对前面提及的美国教师所遇到的"0 除外"的困难(Ding，2007)。本次调查在中国东南部一所教学质量中等的学校进行。共向数学教师发放了 35 份调查问卷，收到了 26 份教师答复(74.3%)。除了一名教师只有两年的教学经验外，其他教师的教学经验从 10 年到 30 年不等。该调查包括了丁美霞在 2007 年对美国教师调查的判断对错问题：

(1) 为了找到等价分数，可以将分子和分母乘以相同的数。

(2) $\dfrac{3\times 0}{4\times 0}=\dfrac{3\times 1}{4\times 1}=\dfrac{3\times 2}{4\times 2}=\dfrac{3\times 3}{4\times 3}$。

由于所有教师都认识到 0 除外问题，因此提出了后续调查问卷，包括：

(1) 为什么 0 不可以是除数呢？

(2) 你对以下论点有何看法？

(a) 由于很少学生实际使用"$\times\dfrac{0}{0}$"来寻找等价分数，为什么我们在教学等价分数时仍然需要强调"0 除外"？

(b) 强调"0 除外"是否对学生学习等价分数造成不必要的负担？

(3) 你的教学智慧来源于什么？

4.2　教师采访

为了对我们就教师知识的调查结果进行三角互证,并探究教师的知识与教材研究之间可能存在的关系,我们对来自三个城市不同学校的 10 名新教师进行了半结构式电话访谈。6 名教师(张、王、唐、黄、康、杨)分别在 1～6 年级(G_{1-6})有着 17、12、11、9、7、6 年的教学经验。4 名教师(古、陆、涂、苏)只教 1～2 年级(G_{1-2}),分别有 17、16、15 和 11 年的教学经验。我们假设,使用过不同年级教材的老师可能比那些只教某些特定年级的老师更有连贯的知识。

访谈分为三个阶段。首先,我们向教师展示了 2 名学生写的有关分数的推理链,并询问他们的看法:

(1) $\dfrac{0}{15} = 0 \div 15 = 0$;$\dfrac{15}{0} = 15 \div 0 = 0$;$\dfrac{0}{0} = 0 \div 0 = 0$。

(2) 因为 $\dfrac{3}{4} = \dfrac{3+0}{4+0} = \dfrac{3+3}{4+4}$,所以 $\dfrac{3}{4} = \dfrac{3-0}{4-0} = \dfrac{3-3}{4-4}$,$\dfrac{3}{4} = \dfrac{3 \times 0}{4 \times 0} = \dfrac{3 \times 3}{4 \times 4}$,$\dfrac{3}{4} = \dfrac{3 \div 0}{4 \div 0} = \dfrac{3 \div 3}{4 \div 4}$。

其次,我们向老师们呈现了"分数的基本性质"(Sun 和 Wang,2005)的教材页面。这一课,通过折叠纸张和连接数字表达式的探索过程,得出一个结论:"如果我们把分子和分母同时乘以或除以相同的数(0 除外),分数的值就不会改变。这是分数的基本性质。"这一陈述与前面提到的美国关于寻找等价分数的规则相似,但更完整和精确。在讨论这个课程时,我们问老师讲课的重点和难点是什么。如果有老师提到"0 除外"的问题,接下来我们会提出与调查中相类似的问题;如果没有老师提到"0 除外",我们就提出这个问题,问她或他如何处理这个知识点。

最后,我们充分讨论了教师知识与钻研教材的关系,以保证本研究的有效性(避免引导老师得到答案)。我们从一个开放式的问题开始:"你的知识来源是什么?"教师们提到各种各样的资料来源,包括教材、教师指南和标准。因此,我们问:"在三种重要的教学材料中,哪一个看起来是最重要的?"最后,我们讨论了一个中国教师所熟悉的短语——"深入钻研教材":(a)你平时钻研教材的什么? 你平时怎样钻研教材? 钻研教材的目的是什么? (b)钻研教材对你理解"0"的问题有影响吗? (c)哪些例子表明钻研教材对理解数学内容有帮助?

4.3　数据分析

数据分析包括两个阶段。首先,我们分别对调查和访谈的数据进行分析。对教师每一个问题的回答都采用持续比较法(Gay & Airasian,2000)进行编码。例如,我们首先将教师的反应分类到一个现有的类别中,或者根据需要添加一个新的类别。然后我们对这些类别进行排序,并计算每个类别的频率。数据分析的第二阶段是根据基于研究问题的调查和访谈数据确定教师钻研教材的方式。对于教师的知识,我们探究了下列问题:(a)教师是否能识别出"0 除外"问题;(b)他们强调"0 除外"的原因;(c)他们对"0 不能是除数"的解释;(d)他们对这个知识点与前后学习的关系的理解。为了分析钻研教材与教师的知识之间的相互关系,我们结合了教师的知识与教材呈现,并根据教师从教材中学习和加工的水平来分析教师的阐述(Kintsch,1986,1988,1992;McNamara et al.,1996)。在可能的情况下,我们比较了两组教师(G_{1-6} 和 G_{1-2})在不同问题中教师的回答。

5　结果

5.1　所调查的中国教师如何理解"0 除外"的知识

5.1.1　教师对"0"问题的认识

如"方法"中提到的,所有参与调查的 26 名教师,不管他们的教学经验如何,都认识到了"0 除外"的约束。参与调查的教师认为,"为了找到等价分数,可以将分子和分母乘以相同的数"和"$\frac{3\times 0}{4\times 0}=\frac{3\times 1}{4\times 1}=\frac{3\times 2}{4\times 2}=\frac{3\times 3}{4\times 3}$",都是错的,因为"0 不能是除数"。在问题语境比较复杂的访谈中,10 名教师都指出,学生的推理"$\frac{15}{0}=15\div 0=0;\frac{0}{0}=0\div 0=0$"是错误的,因为"0 不能是除数"。此外,当判定"因为 $\frac{3}{4}=\frac{3+0}{4+0}=\frac{3+3}{4+4}$,所以 $\frac{3}{4}=\frac{3-0}{4-0}=\frac{3-3}{4-4}$,$\frac{3}{4}=\frac{3\times 0}{4\times 0}=\frac{3\times 3}{4\times 3}$,$\frac{3}{4}=\frac{3\div 0}{4\div 0}=\frac{3\div 3}{4\div 3}$"时,所有的教师提出"分数的基本性质",抓住了关键,如"乘法或除法"(而不是"加法或减法")、"相同的数量"(而不是"不同的数量")和"0 除外"。

5.1.2　教师强调"0 除外"的理由

在调查过程中,中国教师给出了在等价分数教学中为什么要强调"0 除外"的各种原因。调查显示的前三大原因是:

(a) 如果不强调这一点,学生关于等价分数的知识将是不完整的(38.5%)。

(b) 如果不强调这一点,它将与除法的意义相矛盾,因为 0 不能是除数(34.6%)。

(c) 数学知识本质上是精确的,学生应该养成精确的数学思维习惯(26.9%)。

教师采访期间,当讨论"分数的基本性质"的教学重点和难点时,虽然没有教师认为"0 除外"是一个重点或难点(因为它是先前的知识),但所有的教师都认为为了数学的精确性,有必要让学生明确这个知识点。正如张老师所言:"只要学生有能力以一个更清晰的方式理解,教师就不应该教不精确的知识。"有趣的是,一些教师提到对知识点"0 除外"将使用判断对错的问题进行测试。人们可能会批评"为考试而教"的现象,但也可能会解释说,整个中国的数学教育体系强调并支持数学的精确性。

5.1.3　教师对为什么 0 不能是除数的解释

调查和采访期间,中国教师运用除法的意义(调查的 26 位中有 15 位,采访的 10 位中有 5 位)或乘法和除法互为逆运算(调查的 26 位中有 13 位,采访的 10 位中有 5 位)解释"为什么 0 不能是除数"。有几位教师从两个方面解释了原因。古老师指出,教材将"除法"描述为平均分,包含两种含义。基于这些,要求"将 10 个苹果均匀地分成 0 组,每个组中有多少个"或者"每组 0 个苹果,可以分成多少组"是没有意义的。从逆运算的角度进行解释,表明了更深层次的理解。如王老师的回答是:

$15 \div 0 = ($　　$)$ 可以被看做 $0 \times ($　　$) = 15$,然而,你找不到一个数来让这个式子成立;另一种情况是 $0 \div 0 = ($　　$)$,可看做 $0 \times ($　　$) = 0$,然而,你可以找到无限的答案。因此,当"0"是一个除数时,答案不是不确定就是没有。所以,"0 不能是除数"被设定为一个规则。

在两组中,访谈数据揭示了教师的知识差异。4 名 G_{1-2} 老师只运用除法的意义来解释原因,但是大多数 G_{1-6} 老师(除了杨老师)都是运用逆运算来解释原因的,只有少数教师(康老师、张老师)从两个方面来解释原因。有趣的是,1 名 G_{1-2}

老师(古老师)试图回忆起她在暑期教师培训期间从一本新书(Jin, 2010)中学到的运用逆运算来解释。然而,她对这个知识点的记忆似乎模糊不清。

5.1.4　教师对"0不能是除数"的看法与学生的前后学习有关

在调查中,26名教师都将分数与除法联系在一起,并指出"0不能是除数"是应该在除法中学习的一个先前知识点。因此,在此次调查中,没有一位中国教师在分数课堂中把"0除外"视为学习重点和难点。教师采访证实了这一发现。教师访谈揭示了教师知识连贯的一些差异。例如,G_{1-2}老师不确定在分数内容中强调"0除外"会如何影响学生以后的学习。他们承认他们没有讲授这个课题,因此没有考虑这个问题。相比之下,G_{1-6}老师们将除法的性质(也称为商不变的性质,$a \div b = ac \div bc$)、分数的基本性质$\left(\dfrac{a}{b} = \dfrac{ac}{bc}\right)$和比例的性质($a : b = ac : bc$)联系起来,注意到公共约束"$b \neq 0$和$c \neq 0$",因为"0不能是除数"。一个典型的回答是:

分数的基本性质与商不变的性质有关,也就是说,把被除数和除数乘以相同的数(除了0),商不变。由于分数与除法有关,学生在学习分数时可以理解为什么"除了0"……在六年级以后,学生们将学习比率的基本性质。想法也是一样的……(康老师)

此外,少数G_{1-6}老师也分享了其他学生关注到需要约束"0除外"的有趣的教学和学习时刻,唐老师班上的一些同学总结道:"任何数乘以比1小的数,都会得到一个更小的数。"其他学生反驳道:"不,0除外!"这是因为"0乘以任何数都是0!"王老师班上的几个学生推断,因为1的倒数是1,所以0的倒数是0。王老师用倒数的定义指导他们发现错误:因为"如果两个数的乘积是1,这两个数就互为倒数",而0×0=0,不符合定义,所以0没有倒数。以上回答和故事表明,以"0除外"为核心的G_{1-6}教师的知识库具有较强的连贯性和目的性,这可能与他们个人的教学和教材使用经历有关。

5.2　钻研教材如何帮助中国教师理解"0除外"

调查和访谈数据表明,教师的知识与教材呈现之间存在着整体的一致性。在调查中,一些老师解释说,他们之所以强调"0除外",是因为他们想严格地执行教材。当审查我们参与者(Sun & Wang, 2005)使用的教材(江苏教育出版社

(JSEP))时,我们发现约束"0 除外"在相关课题被系统地强调,如商不变的性质(三年级)、分数的基本性质(五年级)、比例的基本性质(六年级)和解方程(六年级)。然而,目前的江苏教育出版社的教材及其相应的教师指南并没有给出"为什么 0 不能是除数"的解释。因此,教师访谈揭示了对教材的钻研是否以及如何有助于教师理解"0 除外"问题的两种不同观点。

5.2.1　直接从教材中学习:没有帮助

唐老师以"8÷0"为例,从逆运算的角度解释了"为什么 0 不能是除数"。然而,她相信钻研教材并不能改变她对"0 除外"问题的认识。唐老师提到在她最初几年的教学中,她并不知道这个规则背后的原因,只是把它当作一个事实来教。后来,一个学生问她为什么会这样,这促使她深入思考这个规则:"是的,这是正确的。为什么? 我想了又想,如果 0 可以是除数,那么与学生已学的知识会产生什么冲突? 然后我想出了'8÷0'这个例子。"由于以上的经验,唐老师认为她的知识不是来自于钻研教材,而是来自她自己的思考。唐老师对于"钻研教材"的观点是一个理解语义内容和直接吸收文本信息的过程(Kintsch,1986,1988,1992)。

5.2.2　探究教材以外的文本信息:它确实有帮助

与此相反的是,康、张、黄、王老师也从逆运算解释原因,并认为钻研教材对他们的知识基础有所影响。黄老师回忆说,她只告诉二年级的学生,0 不可能是除数,没有学生问为什么。她承认自己也没有问自己为什么会这样。后来,她教了四年级。她所在年级的教研组共同钻研教材期间讨论了 0 为什么不能是除数,因为其中一节数学课给出了"0 不能是除数"的规则。黄老师认为,集体钻研教材加深了她对 0 为什么不能是除数的理解。有趣的是,她班上的一个学生问了"为什么 0 不能是除数"这个问题。因为黄老师在钻研教材的过程中已经有了充分的准备,所以她基于乘法和除法的逆运算用 5÷0 和 0÷0 的例子向学生解释。这样的解释在数学上是合理的,学生们是可以理解的。黄老师总结道:"如果我不钻研教材,我可能只会告诉学生这是一条规则。"同样,康老师的回答在第二种视角下更清楚地揭示了他所指的"钻研教材":

如果你不"钻研"教材,而只是"遵循"它说的话,那么你只会通过告诉学生"0 不能是除数"来教他们这个规则。如果你钻研你的教材,你会思考为什么会出现这种情况,以及我如何利用学生已有的知识帮助他们理解它。

似乎以上两种(唐老师和康老师)关于教材作用的观点有很大的不同,然而联系是很明显的。如果我们以康老师的看法来界定"钻研教材"的含义,那么唐老师最初几年的教学将被归类为"不钻研"教材,而只是"简单地跟随"教材。然而,她后来思考学生对教材所提的问题"为什么 0 不能是除数",应该被认为是"钻研教材"。从这个意义上说,唐老师对教材的钻研有助于她理解这一数学约束。这类"钻研教材"指的是重建教材信息的过程(例如,联系已有的知识),这使得教师能深入理解主题内容(Kintsch,1986,1988)。

5.3 钻研教材对中国教师整体性理解教学内容有何帮助

5.3.1 对钻研教材的重要性达成一致

"钻研教材"在中国学校里是如此常见的活动,以至于被认为是理所当然的。例如,当陆老师被问到她钻研教材的目的时,她说这个问题本身很奇怪。在调查中,中国教师表示他们的教学智慧来自方方面面。最常被提及的资料来源包括教材(65.4%)、标准和教师指南(53.9%)、仅教师指南(42.3%)、教学期刊和网络资源(50%)。这与马(Ma,1999)的发现相似。在采访中,当被问及最重要的三种教学材料(教材、教师指南和标准)中哪一种是最重要的时,大多数教师认为它们同样重要并且扮演着不同的角色。教师将标准视为教学的基础,而教师指南则是标准与教材之间的桥梁。然而,所有的老师都认为他们在日常备课和教学中最常使用教材。无论年级高低,本研究中所有的教师都认为,为了发展他们的教学知识,钻研教材是重要的。以下教师的案例再次反映了上述唐老师和康老师的两种观点,即"钻研教材"的含义是什么,以及钻研教材如何促进他们的知识增长。

5.3.2 直接从教材中学习

钻研教材的第一种观点是直接从教材中学习或吸收数学知识。唐老师举了一个例子。在她的童年时代,对"概率"有一种误解。她认为一个优先"猜测"某事的人更有可能是正确的。后来,她对概率的理解有所改变,但仍然是基于经验的(例如,猜测可能是正确的,也可能是错误的,因此成功的可能性是一半)。在钻研教材之后,她的理解变得深入了,因为它不依赖于从她真实生活经历中获得的直觉知识。相反,她倾向于数学地分析一个事件。例如,她会分析事件可能发生的全部结果以及所考察事件发生的数量,然后确定可能性。此外,苏老师还分享了她最近为了准备晋升考试而钻研教材的经历。这次考试是为所有老师设计的,不分年级。因此,苏老师收集了所有的小学数学教材(1～6 年级),每次只专注于一个数学主题来阅读。她说这是一个提高她对教学内容连贯性认识的非常有效的方法。她特别讲述了自己在阅读不同年级的教材后,增进了与几何板块学习历程相关的知识。

5.3.3　探究文本信息之外的知识

教师对钻研教材的第二种观点是通过深入的分析来钻研,而不仅仅是阅读文本信息。有着十几年教学经验,教了 3 轮 1～6 年级的张老师说:"教一节完美的课是不可能的。总有一些方面需要改进。因此,我们需要在下一轮的备课中钻研教材。这个过程增长了我的知识。钻研教材主要发生在教师的备课过程中,包括四个相互关联的方面:(a)确定教学重点和难点;(b)研究每一道例题和练习题的设计意图;(c)探索某些教材信息背后的原因;(d)探索从学生的角度呈现例题的最佳方法。下面是老师们给出的例子。

(a) 确定教学的重点和难点。当被问及钻研教材的目的时,陆老师感到很"奇怪",她给出了自己的答案:"理解教学重点和难点,帮助学生巩固这些知识点。"根据陆老师的观点,教学的重点是数学内容本身具有重要意义的知识片段;教学的难点是学生很难理解的知识点。教师通常参照教师指南来确定一节课的重点和难点。如前所述,在讨论"分数的基本性质"时,虽然没有老师认为"0 除外"是教学的难点或重点,但所有的老师都认为应该向学生明确这个知识点,这样学生才能准确地学习数学。这一发现与蔡金法的研究结果(2004)相似。有趣的是,当张老师被问到"在讲授分数的基本性质时,你强调的重点和难点是什么"的时候,张老师做出回应:"你不需要强调或者让学生知道一个难点,相反,教师自己应该抓住并突破它,让学生觉得它并不难。"杨老师和康老师也有同样的看法。

(b) 理解每一个例题和练习题的设计意图。所有的老师都报告说,在钻研教材的时候,他们主要分析教材的编者对每个例题和练习题的设计。特别是,教师们通过一个例题来研究知识点、例题和练习题之间的联系、选择特定数字的目的,以及学生应该达到的理解水平。陆老师回答了她平时在教材上钻研什么内容以及平时怎样钻研教材:

每一个例题! 对于这个例题,我应该帮助我的学生理解到什么程度? 对于另一个例子,我应该帮助我的学生达到什么程度的理解?怎么样"思考和做"(练习题)?我们需要考虑每一个练习题试图强化的知识点,以及每一个练习题的设计目的。我们需要仔细分析上述所有内容。

张老师特别提到一种常见的专业发展实践——准备"公开课"。张老师强调,这一过程需要对教材进行深入钻研,从而提高她的专业知识水平。

公开课。我们需要花大量的时间在教案的许多细节上。教材的设计自有目的。那些看似简单的事情背后往往隐藏着深刻的知识。有时,你不能马上理解它们或者你最初的理解停留在表面。有许多问题我们以前没有注意到,需要思考如何解决它们。我们一定要参考教师指南和标准。我们还应该认真思考教材中出现的每个例子和问题的设计意图。我们可能会发现很多深层的东西,否则它们可能会被隐藏起来。

案例中的中国教师认为,教师指南经常提供相关信息来说明例题和练习题的设计意图。因此,参考教师指南是钻研教材和理解教材设计的有效途径。

(c) 探讨某些教材信息背后的原因。教材可能无法解释每个知识点背后的原因,这可能成为教师在钻研教材时的另一个重点。正如前面介绍的,江苏教育出版社的教材没有解释"为什么 0 不能是除数"。因此,许多教师需要努力思考或寻找其他资源来找到一个合理的答案。古老师又举了一个例子。一年级的教材提出了两种分解 7 的方法:1 和 6 以及 6 和 1。她的两个同事认为它们是一样的,而她却认为它们是不同的。"为什么?想想这个情况,你和我分享 7 个苹果,你得到 1 个、我得到 6 个,与你得到 6 个、我得到 1 个,这是两种不同的情况!在参考了教师指南后,他们发现了类似的解释。因此,古老师的同事们嘲笑自己对教材钻研不够。

有趣的是,陆老师发现,钻研教材上的例题可能会比教师指南给出的解释更深刻或更好。陆老师说,在新校长的影响下,这两年她的感受尤其强烈。新校长具有较强的能力,能够从学生的学习特点等心理角度分析教材实例。陆老师的比喻是:"就像写小说一样,作者可能没意识到一些可能被读者捕捉到的事件的意义。"

(d) 探索从学生的角度呈现例题的最佳方法。如上所述,许多教师在钻研教材中都把重点放在学生的学习上。苏老师提到,当她准备一节课时,她会先钻研一道例题,调查学生在较低的年级里学过哪些相关的知识和学生在更高年级中需要学习的相关知识有哪些。其他老师提到,他们可能会调整例题以更好地适应学生的现实生活经验。康老师强调,学生应该知道为什么他们需要学习数学内容。因此,教师应该以激励学生学习的方式来授课。康老师解释道:

> 正如标准中所强调的,我们需要让学生看到数学知识是有用的,并且它来自于现实生活。因此,教师应该研究如何帮助学生学会"有用的"数学知识和让他们更喜欢数学。在钻研教材时,考虑学生和他们的兴趣是很重要的。如果你只是按照教材上的内容去做,由于缺乏兴趣,学生的学习动机可能会很低。他们在最初的学习过程中可能理解知识点,但可能不会记住。然而,如果你通过钻研教材来创造真实的情境,并把内容和真实的例子联系起来,学生可能很容易获得知识,从而达到预期的学习效果……

康老师简单地分享了他教 12 小时和 24 小时计时方法转换的故事。教材只说,科学家发明了更准确的 24 小时计时方法。然而,学生们觉得这个方法并不方便,他们想知道为什么他们需要知道这个方法,因为他们觉得 12 小时的计时方法同样有效。因此,在讲授这一课之前,康老师设计了以下情境:

> 动物国王在动物园举办了一个聚会,他邀请动物们 2 点到,但是当他到达的时候,他发现有些动物来了,但有些动物没有来。为什么? 一天有两个 2 点! 说 2 点不准确。因此,人们发明了 24 小时不重复计时的方法。

康老师的例子说明了他在设计数学教学时具有明确的目的性(Wu, 2010)。

在这四个方面,年级水平的设置似乎影响了教师在钻研教材时的关注点。例如,具有 15 年以上教学经验的 G_{1-2} 和 G_{1-6} 老师对"你还需要钻研教材吗"这个问题给出了不同的回答。两位 G_{1-2} 老师说,他们现在并没有真正"钻研教材",因为他们已经研究过很多次了,对教学重难点、例题和练习题的目的都非常熟悉。然而,这些教师强调,由于学生每次都不一样,他们需要设计出最好的展示内容的最佳方式以吸引学生的注意力和满足学生的需求。从这个意义上说,那些声称自己不需要钻研教材的 G_{1-2} 老师实际上关注的是一方面,即如何从学生的角度来呈现教材的例子。相反,G_{1-6} 老师说他们肯定需要钻研教材,因为当讲授一个"大"周期时,他们可能会忘记所教的内容和要教的内容。这些老师在钻研教材时,似乎把重点放在了"数学"和"学生"两个方面。以上的回答是合理的,因为一个有 15

年教学经验的 G_{1-2} 老师可能已经用了同一本书 7 次,而一个 G_{1-6} 老师可能只用了 2 次。年级水平设置对教师钻研教材的影响,可能是造成本研究中的教师对"0 除外"这个基础知识的认识有差异的部分原因。

5.3.4 其他激励教师钻研教材的因素

以上的教师钻研教材的案例主要发生在教师的课堂准备阶段。上完一节特定的课后,钻研教材的其他动机来自于他们的学生和同事。唐老师说她的学生问她为什么 0 不能是除数。张、卢、苏老师也阐述了同样类型的学生推理:"因为 3 + 0 = 3,3 - 0 = 3,所以 3×0 = 3 是吗?"然后老师引导他们看到 0 + 0 + 0 = 0,所以 3×0 = 0。学生们进一步的理由是:"既然 3×0 = 0,3÷0 = 0 吗?"这些问题促使教师通过自己的努力思考来钻研教材,或者从教师指南、网络资源、教学期刊或与同事的讨论中寻求帮助。

除了学生的询问外,中国教师钻研教材的动机可能是同事的提问或建议。在采访中,张老师分享了她同事的故事,她的同事在公开课上教了一道例题:"请先估计,然后计算:48+35。"学生们首先被引导去估计 8+5 是否能得 10。要求学生估计数字的总和,可以吸引学生注意重新分组的需要。然而,学区的一位观课教师认为这与使用传统算法是一样的,因此她建议首先将 48 视为 50。张的同事来找她讨论。他们一起重新查阅了教师指南,发现它确实建议了与张老师教学同样的方法——估计 8+5 是否能得到 10。他们还参考了教材,研究了类似主题在之前和以后的课程中是如何出现的。结果发现,"估计"作为一个主题是按照那位学区教师的建议来讲授的。然而,现在这个例题的目的是教加法的算法,而不是估计。在后面的减法课中也发现了类似的方法。在这些探索的基础上,张老师总结说,钻研教材大大提高了学生对教学内容的理解。

6 讨论

无论内容的复杂程度如何,本研究中中国教师都对数学约束"0 除外"非常敏感,强调数学的精确性(Wu,2010)。这些老师还从除法的含义和乘法与除法的逆运算等多个角度来解释"为什么 0 不能是除数"。这与之前的研究不同,之前的研究发现美国教师认为$\frac{0}{0}=0$,或者简单地说 0 作为除数是没有定义的(Ball, 1988；Ding, 2007)。此外,样本中的中国教师也看到了这种约束的目的(Wu, 2010),并熟悉相关知识片段之间的关联性(例如,商不变的性质、分数的基本性质、比率的基本性质)。似乎中国教师在这项研究中对这个看似简单但实际重要的数学约束有深刻的理解(Ma, 1999)。

本研究中的教师的知识来源包括教材、教师指南、标准、网上资源、同事等。在这些不同的资源中,"教材"被视为各种专业讨论和活动的基础,是最常用的材料。事实上,我们发现中国教师的知识与中国教材的陈述是一致的。例如,中国教材总是强调"0 除外",中国教师都意识到了这一约束。这并不令人惊讶,因为教材塑造了教师的信念和实践,并有助于教师理解知识(Nathan et al. 2002)。教材呈现与教师知识之间的正向关系也体现在不同年级的教师知识上。使用 1~6 年级教材的教师(G_{1-6})比那些经验局限于较少年级的教师(G_{1-2})表现出更深层次和更连贯的知识。可以说,那些有丰富的教材钻研经验的教师很可能比那些没有教材钻研经验的教师获得了更高水平的教学知识。

教师对这一问题——钻研教材是否对他们的理解有所贡献的回答反映了钻研教材的两个视角。根据金茨(Kintsch)的文本加工理论(1986 年,1988 年),一些教师似乎期望"完整"的知识点信息。因此,当"为什么 0 不能是除数"在教材中没有明确地提出时,这些教师认为他们的知识不是来自教材,而是来自他们自己。这种"钻研教材"的观点可能处于初级阶段,即被动地吸收现有的信息。相比之下,许多其他教师认为"钻研教材"是积极的加工信息。这些老师相信钻研教材,教师应超越现有的教材信息,分析一节课的重点和难点、每个例题和练习题的目的、教材信息背后的原因、可以用来有意义地表达数学思想的合理的教学情境。当教师所寻求的解决方案不在教师指南中时,教师可以通过其他各种资源来研究它们。因此,研究样本中的中国教师"钻研教材"的含义不同于"遵循",而类似于"研究"教材的呈现。这种通过整合各种资源来钻研教材的主动过程,很可能会产生优于基于文本模型的情境模型,从而导致教师有更深层次的知识(Kintsch,1986；McNamara 等,1996)。

然而,正如麦克纳马拉(McNamara)等人(1996)所指出的,一个人能否积极加工文本,取决于他的专业知识和先前的知识。对于高水平人群来说,缺少信息的文本可以刺激积极的加工,从而可能导致有效的学习。然而,对于低水平人群来说,带有完整信息的文本可能更有益。这引起了人们对中国教材的质疑。在我们的研究中,我们主要采访了有6～17年教学经验的专家教师。这些教师可能有很大的能力积极处理教材信息,即使教材没有解释为什么0不能是除数。然而,这样的教材对那些没有专业知识(如新手教师)或知识相对较弱的教师有什么帮助还不确定。也许,提供诸如"为什么0不能是除数"这样深刻的问题,即使他们无法找出答案,至少可以激发这些教师的思考。事实上,本研究中的一些教师指出在中国教育改革之前,他们使用的另一套教材(人民教育出版社)提供了许多更深层次的解释,包括为什么0不能是除数。然而,这种解释在当前改革的江苏教育出版社的教材和教师指南中很少出现,可能是考虑到学生的学习负担。幸运的是,正如本研究中来自两个不同城市的两位老师所提到的,最近增补出版的《基础数学教学中具有挑战性和令人困惑的问题的研究》(Jin, 2010)也包含了这一重要主题,并已分发给了许多中国教师。因此,我们向中国的教育改革者和教材设计者提出一个问题:在考虑减轻学生的学习负担时,为了支持教师和学生的学习,应该在教材中保留哪些传统的呈现信息?

我们的研究集中在中国教师对一个基本但重要的数学约束的理解上,教师理解的来源为中国教师钻研教材的视角和行为提供了更深入的理解。基于金茨(Kintsch)(1986,1988,1992)的文本加工理论,我们发现中国教师钻研教材的经验确实不同于大众的观点,即教师通过吸收已有的信息来钻研教材。中国教师超越教材呈现的表面,可以为如何有效地指导和支持教师通过钻研教材来提高知识水平提供启示。

中国教师"钻研教材"是教师自身知识增长的关键过程。然而,正如前面所阐述的,这种活动并不独立于其他因素。从教师的报告中可以看出,教师对高质量教案的渴望、学生的提问或错误、同事的质疑和讨论,甚至是年级的安排等往往是教师的动机。此外,这项活动还得到了各种可用资源的支持,如教师指南、同事之间的合作、相关期刊和书籍、网络资源和教师自身的知识。因此,我们可以得出这样的结论:中国教师对数学教学内容的认识和理解,主要是在"支持性"系统下通过对教材的深入钻研来实现的。

参考文献

Ball, D. L. (1988). *Knowledge and reasoning in mathematical pedagogy: Examining what prospective teachers bring to teacher education.* Unpublished doctoral dissertation, Michigan State University, East Lansing.

Ball, D. L., & Cohen, D. K. (1996). Reform by books: What is: Or might be: The role of curriculum materials in teaching learning and instructional reform? *Educational Researcher*, 25(9),6 - 8,14.

Bruner, J. S. (1960). *The process of education.* Harvard University Press.

Cai, J. (2004). Why do U. S. and Chinese students think differently in mathematical problem solving? Impact of early algebra learning and teachers' beliefs. *Journal of Mathematical Behavior*, 23,135 - 167.

Ding, M. (2007). Knowing mathematics for teaching: *Case studies of teachers' responses to students' errors in teaching equivalent fractions.* Unpublished dissertation. Texas A&M University, College Station, TX.

Gay, L. R., & Airasian, P. (2000). Educational research: *Competencies for analysis and application* (6th ed.). Upper Saddle River, NJ: Merrill.

Jin, C. L. (2010). *The study of challenging and confusing problems in elementary mathematics teaching.* Nanjing, China: Jiang Su Educational Press.

Kintsch, W. (1986). Learning from text. *Cognition and Instruction*, 3,87 - 108.

Kintsch, W. (1988). The use of knowledge in discourse processing: A construction-integration model. *Psychological Review*, 95,162 - 182.

Kintsch, W. (1992). A cognitive architecture for comprehension. In H. L. Pick, P. van den Broek, & D. C. Knill (Eds.), *The study of cognition: Conceptual and methodological issues* (pp. 143 - 164). Washington, DC: American Psychological Association.

Lappan, G., Fey, J. T., Fitzgerald, W. M., Friel, S. N., & Phillips, E. D(Eds). (1998). *Connected Mathematics: Bits and Pieces 1. Understanding rational numbers.* Teacher's Edition. Menlo Park, CA: Dale Seymour.

Li, Y., Chen, X., & Kulm, G. (2009). Mathematics teachers' practices and thinking in lesson plan development: A case of teaching fraction division. *ZDM-The International Journal on Mathematics Education*, 41,717 - 731.

Li, Y., Zhang, J., & Ma, T. (2009). Approaches and practices in developing mathematics textbooks in China. *ZDM-The International Journal on Mathematics Education*, 41,733 - 748.

Ma. L. (1999). *Knowing and teaching elementary mathematics: Understanding of fundamental mathematics in China and the United States*. Mahwah, NJ: Lawrence Erlbaum Associates.

McNamara, D. S. Kintsch, E. , Songer, N. B. , & Kintsch, W. (1996). Are good texts always better? Interactions of text coherence, background knowledge, and levels of understanding in learning from text. *Cognition and Instruction*, 14,1 – 43.

Nathan, M. J. , Long, S. D. , & Alibali, M. W. (2002). The symbol precedence view of mathematical development: A corpus analysis of the rhetorical structure of textbooks. *Discourse Processes*, 33,1 – 21.

National Academy of Education (2009). *Science and mathematics education white paper*. Washington, DC: Author.

Reys, B. J. , Reys, R. E. , & Chávez, O. (2004). Why mathematics textbooks matter. *Educational Leadership*, 61(5),61 – 66.

Schmidt, W. H. , Wang, H. C. , & McKnight, C. C. (2005). Curriculum coherence: An examination of mathematics and science content standards from an international perspective. *Journal of Curriculum Studies*, 37,525 – 559.

Su, L. , & Wang, N. (2005). *Elementary mathematics textbook*. Nanjing, China: Jiang Su Educational Press.

Wu, H. (2010). *The mathematics school teachers should know*. Retrieved April 7,2011 from http://math. berkeley. edu/-wu/Lisbon20102. pdf.

Zhu, X. , Zhu, D. , Lee, Y. , & Simon, H. A. (2003). Cognitive theory to guide curriculum design for learning from examples and by doing. *Journal of Computers in Mathematics and Science. Teaching*, 22,285 – 322. Norfolk, VA: AACE.

第6章　通过集体备课改进课堂教学和提高教师专业知识

李业平①　綦春霞②　王瑞霖③

1　前言

通过教育研究,人们普遍认为教师的备课是重要的(如 Fernandez & Yoshida,2004;Li, Chen & Kulm,2009;Ying,1980)。备课的重要性可以从教师日常课堂教学的复杂性(如 Ying,1980)得到证实,也可以通过教师的教学计划与课堂教学行为的一致变化来得以体现(如 Hogan, Rabinowitz & Craven, 2003;Leinhardt & Greeno,1986)。然而,在现实中,不同教育制度的教师在评价和制定教案时采取了不同的立场(例如,Blomeke et al. 2008)。例如奥唐内尔(O'Donnell)和泰勒(Taylor)(2006)观察到,在美国,"备课是好的教学的核心,但同时也是许多教师开玩笑的对象:它的目的被视为取悦他人,如大学主管或校长"(第272页)。教师对实践和备课的看法可能存在差异,这表明对教师备课的有效实践进行考察是非常必要且重要的,因为备课有助于产生高质量的课堂教学。

教师实践和对备课看法的跨制度差异与各种因素有关。一个因素很可能是概念本身。备课是指教师设计和改进教案(作为产品)的过程。在一些教育体制中,如美国等,备课过程通常是教师个人的活动,其预期结果是制定教案。当使用教案来进行日常课堂教学不是强制性的,而是被认为可以取悦他人时,备课活动的价值随后就会受到质疑。然而,如果制定教案并不是实施备课活动的唯一结果,那么备课活动的价值应该在产品(教案)之外进行考察和理解。备课和教案之

---

① 李业平,美国得克萨斯农工大学。

② 綦春霞,王瑞霖,北京师范大学。

③ 王瑞霖,北京师范大学。

间的差异突出了考察和理解备课活动本身性质和过程的重要性。

与其他教育制度不同,中国的数学教师非常重视备课(例如,Li,2009;Li,Chen & Kulm,2009;Ma,1999)。在最近的一项关于6名中国教师的教案和思维的研究中,李业平、陈希和库尔姆(Kulm)发现,对中国教师而言,备课对课堂教学的价值远超过它所产出的成果(例如作为产品的教案)。备课被认为是教师自身的一项有价值的职业活动(作为一个过程),不仅可以促进教师自身对教材内容的理解,还可以帮助教师思考和制定更好的教学方法。特别地,那项研究指出在备课方面,中国教师开展了各种有价值的实践。他们包括:(1)对教材中的教学内容进行深入钻研;(2)在备课中考虑学情;(3)与他们的同事一起制定和讨论教案。然而,要理解中国教师改善教案的特点,还需要进一步的审视。在本研究中,我们旨在通过案例研究法来研究中国教师的集体备课过程。

2 中国的数学备课

2.1 中国数学备课简史

为了对备课的相关研究进行综述,我们在2010年9月对"备课"进行了网络文献检索,共找到了在中国发表的关于这个主题的76篇文章。76篇文章里有21篇文章是关于数学备课,其中,在新课程标准的背景下进行数学备课的文章5篇,关于集体备课的文章2篇,线上教学备课的文章1篇,其余的文章是有关备课需求、内容和策略的。目前还没有关于数学备课历史的文章。

为了简要介绍中国数学备课的历史,在查阅了一些早期出版的数学教育书籍的基础上,我们概述了以下备课发展过程中的四个阶段,并详细介绍了数学学科备课。

2.1.1 第一阶段:萌芽阶段——思想准备形态的备课

在中国古代,无论是在私塾还是在各地游学的学者都没有明确的备课记录。也没有任何特定的资料作为教材。札记通常是由学生在课后汇集编写而成的。中国古代学者可能是根据他们自己的生活经历和思考来开展他们的讲学,而不是通过现代学校教育中所使用的备课形式。

2.1.2　第二阶段：独立阶段——基于班级授课的备课

在西方文化和现代科技的影响下,清朝(1644—1911)在 1905 年废除了科举考试,建立了讲授学科内容知识的现代学校。从那时起,新学校和学生的数量急剧增加。新学校采用了班级授课的形式。由于一个班级有几十名学生,教师们面临着改进教学方法和提高教学质量的新挑战。教师应根据学生先前的学习情况设计课堂教学。因此,备课和写教案(也包括在数学方面)逐渐成为教师教学实践的重要组成部分。

2.1.3　第三阶段：发展阶段——系统化备课以完善教案

1949 年中华人民共和国成立后,中国教育紧跟苏联的教育体系和实践。从苏联引进的凯洛夫教育思想正成为中心舞台。凯洛夫的《教育学》将课堂教学过程分为五个部分：组织教学、检查和回顾、引入新内容、强化新学习内容、布置家庭作业。强调在课堂教学之前,教师需要制定和编写教案。因此,教师通常会围绕这五个部分设计和编写教案。在这一时期,写教案成为备课中非常重要的一部分(Wang & Wang, 1989)。制定教案的过程通常包括对教材的深入钻研、了解学生先前的学习,以及选择或改进教学方法。根据课堂性质和结构的不同,进一步细化教案的结构,例如以新内容教学为重点的课堂或以复习内容和练习为重点的课堂。

数学备课遵循了类似的实践(Cao, 1990)。随着教学经验和知识的积累,进一步明确了数学教师在制定和写作教案过程中需要做什么。例如,对教材的深入钻研包括：(a)了解和理解教材的内容要求;(b)明确教材内容结构;(c)对教学重点、难点和关键点有清晰的理解;(d)能够很好地选择和组织练习题。了解学生的学习情况包括：(a)了解学生的知识和能力;(b)了解学生对数学和学习的信念和态度;(c)了解特定年龄段学生思维的可能特征。(合作小组,1980)

2.1.4　第四阶段：变革阶段——备课形式和内容的多元化

本世纪前后,中国经历了一系列教育改革,以促进全民高质量教育。特别是2001 年新课程标准的实施给学校教育带来了广泛的变化(Liu & Li, 2010)。现在注重学生的发展,需要改变和改进课堂教学。因此,备课的内容和形式也发生了巨大的变化。下面总结了几个主要的变化。

(a)备课的意义得到扩展。它不仅仅是简单地编写教案,而是更多地关注如何设计课堂教学。许多教育书籍现在倾向于从课堂设计的角度来讨论备课（Cao，2008）。备课成为一个全面和系统理解课堂教学的发展过程，并且它强调理论与实践的联系。

(b) 备课特别注重教学目标，强调学生的先前知识和新课程要求。特别是教学目标应在多个方面反映学生预期的学习成果和经验（而非教的目标）。学生的先前知识被用来指导教师明确教学目标和设计有助于实现教学目标的教学活动。

(c) 备课不再局限于课前准备，而是包括课后反思。在"思考"课堂的过程中，教师运用多种方法记录和讨论课堂教学的各个方面。例如，他们可以在课本上做笔记，在课后用学生的表现记录补充教案，并与他人合作建立教案集。

(d) 在备课中使用了多种方法和实践。除了校本个人和集体备课之外，教师还可以使用网络学习项目与许多不同地方的教师合作。一些教师也让学生参与到课程教学的设计和准备过程中（例如，Zhou，2004）。另一些人可能会花费更多的精力，通过多次修订来准备公开课，将重点放在教学研究上（例如，Wang，2005）。

2.2 中国学校备课活动的一般特点

上述简要回顾表明，中国学校备课活动的发展有其自身的历史。此外，中国有一个中央统一领导的教育体制，这有助于学校教育推进和实施有价值实践，包括备课。然而，这段简短的历史本身并不足以诠释中国的备课活动。在这里，我们想阐述一下中国备课的另外两个方面。

第一个方面关注促进教师合作的工作环境。特别是，中国的学校为教师提供独立于教室的办公室，并安排教师同所教科目和/或他们所教的年级水平相同的教师共享办公室。同一年级讲授相同学科的教师通常组成备课组（LPG）进行合作，该小组是教研组（TRG）的一个子组织（例如，Li & Li，2009；Ma，1999；Yang & Ricks，本书第4章）。每个老师在办公室里都有自己的办公桌，在不上课的时候待在办公室里，批改作业和备课。办公室的安排为教师经常交流教学和学生的学习提供了一个自然的环境（例如，Paine & Ma，1993）。图6.1展示了两所不同学校的两个数学备课组老师的课桌安排。

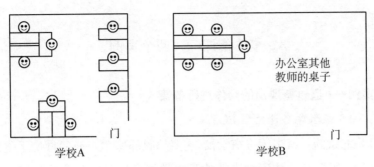

图 6.1　办公室数学教师办公桌的布置

学校 A 是一所有一至六年级的小学。有 10 位数学老师教六年级数学。因为有一位老师也是学校行政人员,所以她在学校行政部门有自己的办公室。剩下的 9 名数学老师共享这个办公室,办公桌布置如图 6.1 左所示。

学校 B 是一所大型中学,根据年级,将教师们聚集在一个办公室。这所学校教七年级的教师有 22 名。其中有 5 位数学老师,他们的办公桌安排如图 6.1 右所示。

第二个方面是个人备课建立在教师小组备课的基础上。总体而言,中国学校教师的课堂教学规划包括不同的阶段。第一阶段通常发生在学期开始的时候。在此阶段,概述几个月的教学内容和学习计划,安排好教学进度和考试时间。它更多的是一个宏观层面的课程规划。第一阶段的规划为整个学期调整课程留出了一定的灵活性,有助于确保所有内容主题的覆盖,以及在一个年级上所有课程教学内容的一致性。在小组层面,通过发挥老师们的个体智慧,概述和确定教学计划。第二阶段更多的是在章节或个人课程层面。尽管不同的教师针对不同的内容章节和日常课堂制定了个性化的教案,但教师们仍然在他们的教研组或备课组中进行合作,以制定和讨论这一阶段的备课。因此,教师对于个性化课程的规划是建立在一系列长期合作计划之上的。

以上备课的两方面表明中国教师之所以集体合作,不仅是因为他们的办公室安排,还因为制定教学计划的过程。然而,备课活动中的教师合作特征仍待发现。因此,在下一部分中,我们将通过讨论两个案例来展示教师如何在备课中合作。特别地,一个案例将关注备课组进行校本备课的过程,另一个将关注中国教学研究的最新发展之一:网络合作学习的教学设计。

3 集体备课——两个案例

3.1 案例一：通过备课组的合作进行备课

3.1.1 七年级数学备课组(LPG)

学校 B 是北京的一所中等寄宿学校,主要招收那些单亲或父母忙于生意的学生。它主要是一所拥有公共资金支持的私立学校。从学生在学校 3 年的学习表现来看,这也是一所高于平均水平的学校。这所学校 3 个初中年级(七至九年级)各有 10 个班、3 个高中年级(十至十二年级)各有 4 个班,平均每班约 50 名学生。

在这项研究中,我们关注的是七年级。因为学校采用了以年级为基础的办公室安排,所以 22 名七年级的老师(包括 5 名数学老师)全都在一个大办公室里一起工作。自然地,这 5 位数学教师作为一个备课组(LPG),他们的办公桌被安排放在这个年级的办公室里(见图 6.1 中学校 B 的图)。一名教师被学校正式任命为数学备课组组长。

基于年级的办公室安排,以年级为单位的备课组(LPG)成为组织和进行教研活动的主要单位。根据学校收集的数据,数学备课组每周组织了 2 小时的小组备课活动。活动关注目前的教学进度和后续一周的课程安排。除了安排好的集体活动外,数学教师之间也经常进行讨论。批改学生的家庭作业和试卷期间或结束后,教师一起讨论日常课堂教学、学生及其表现。因为老师们通常在食堂一起吃午饭,所以他们也会在去吃饭的路上,边走边聊教学和学生的情况。

除了校本备课外,这些数学教师还参加了该学区教研室(TRO)组织的每周 2 小时的专业发展活动。因为这个学区是北京 18 个学区中的一个大学区,所以该学区共有 200 多名七年级数学老师。全体数学老师都被要求参加每周的活动。在这个学区每学期大约有 16 次这样的集会。在 16 次会议中,5~6 次会议分析教材,基本上,每次会议集中讨论教材中的一个特定章节。一位教学研究者(通常是一位著名的教师)将在会议上解释和引导关于该章节教学重点和难点的讨论。教研员通常主持这些集会。教研员利用两次会议分别为期中和期末的内容复习提供指导。其余的会议主要是组织教师时不时参与和讨论不同学校提供的公开课活动。

在和老师交谈之后,我们得知每一个七年级的数学老师每周都需要教两个班级共 12 节课,每节课 45 分钟。因为每周都有两节数学连堂课,因此每个老师每周都需要准备五次课教案。每一位数学老师每天花大约 1.5 小时备课,1.5 小时给学生批改作业,至少 0.5 小时辅导个别学生。此外,每一位数学老师都被要求为学生提供练习和解答疑问,作为课程活动的安排(相当于每周两次的附加课)。

3.1.2　准备长期教学计划和教案的过程

七年级数学学科备课组备课过程条理有序、组织周密。与许多其他学校一样,在学校 B,备课是由学校的备课组组长指导和策划的。备课组组长还负责与学校的数学教研组(TRG)组长和其他数学备课组组长进行沟通和协调。根据学校 B 所收集的数据,备课的过程包括以下几个阶段。

概述并制定长期的教学计划。 在学期结束时,备课组组长会按照课程标准及学校教学规划(即下个学期什么时候进行期中、期末考试),与个别教师商议,拟定下个学期的长期教学计划。草拟的长期计划将包含下个学期将涉及的教材章节的数量和顺序。每一章都有 2 名老师报名备课。一名教师成为主要的准备者,另一名教师在讨论和共同准备这一章时起辅助作用。因此,备课组的 5 名教师共同承担着思考和规划不同章节教学的责任。报名也让老师们有不同的组合,最大限度地促进小组中所有教师之间的沟通和合作。

在假期,所有结对的老师都要做一些准备和计划,并在下学期开始时分享、讨论和整合。此外,(至少)前两章的教案草稿将在下个学期开始前准备好,以便第一个月尽快准备好课堂教学。

制定一个长期的教学计划。 就在新学期开始之前,5 位老师聚在一起,最终确定本学期的长期教学计划。长期计划将包括新学期要涵盖的章节数量和顺序、每个章节的教学时间、考试时间,以及不同章节中老师的任务。表 6.1 展示了 2009 年学校 B 七年级第二学期开始时的数学长期教学计划。

表 6.1　学校 B 一学期的长期教学计划

章节	日期	主要准备者	第二准备者	章节考试
第 6 章　平面坐标	2009 - 2 - 16~2009 - 2 - 20	教师 A	教师 B	2009 - 2 - 19
第 7 章　三角形	2009 - 2 - 23~2009 - 3 - 13	教师 C	教师 D	2009 - 3 - 9

章节	日期	主要准备者	第二准备者	章节考试
第一次月考	2009-3-12			
第8章 二元线性方程组	2009-3-16～2009-4-3	教师B	教师E	2009-4-1
期中考试	2009-4-23			
第9章 不等式	2009-4-24～2009-5-13	教师D	教师A	2009-5-14
第15章 代数式	2009-5-13～2009-6-1	教师A	教师C	2009-6-4
第10章 数据收集和统计图	2009-6-2～	教师E	教师A	2009-6-10
期末考试	2009-7-6			

表6.1显示所有教师(除了教师A)在准备两个不同的章节的任务安排。身为备课组组长的教师A,在与所有4名老师合作时,承担了额外的责任。虽然长期计划基本上遵循了课程标准和教材,但备课组根据学生的学习反馈,决定将一章(第15章)列入八年级第一学期计划。

教师们轮流为不同的章节设计测试。他们通常在与备课组组长讨论后定案。为了期中和期末的复习和考试,教师们共同准备复习资料和出测试卷。

制定、讨论和最终确定教案。教案准备阶段通过小组合作形式开展。一般来说,第1章的主要准备者和第二准备者首先讨论。如有需要,本章准备者亦可与备课组组长协商。然后,主要的准备人员以电子文件的形式将本章所有教案的初稿整理出来,分发给备课组的所有教师。最初准备的教案为每一节课提供了基本的要素,包括教学目标、重点和难点的教学,必须要写出例题和对学生练习题的最低要求等。

在每周的备课组会议中,主要的准备者会花2个小时的时间解释不同章节内容的重点和难点,以及教学中容易被忽视的问题等。其他教师可以提问或者提出修改建议。例如,在准备第7章(三角形)时,两个准备者没有包括"用尺规作图"这一内容。在每周一次的讨论中,其他老师认为这一章是最适合包含这些内容的地方,并提出了建议。同时,教师们意识到这一内容不应该作为一种算法来讲授,否则可能会限制学生的思维。他们最终决定把这些内容设计为"游戏",让学生们思考和发现用直尺和圆规可以作出什么样的图形。

在每周例会的讨论后，每位教师根据学生的情况、自身的教学经验和教学风格修改第一份教案草稿。一般来说，每位老师都会打印出第一份教案草稿，并在草稿上标注可能的修改，然后在另一页写上可能的补充。

3.1.3　教师通过备课进行合作

以上案例说明教师合作几乎贯穿于备课的整个过程。它们合作的性质具有以下特征：

共同的责任。小组准备过程表明：这些教师在备课中负有共同的责任。他们的责任分担体现在：(a)轮流担任不同章节的教案编制者；(b)以配对形式明确他们在备课中的作用。在这学期中，每位老师都成为一个章节的主要准备者，为另外一个章节的次要准备者，备课组组长比其他 4 位老师承担了更多的责任。

团队合作。备课组强调团队合作。首先，一对教师在一起准备一个教案。这些配对教师分成二人小组，每一章的准备都有不同的搭档。二人小组工作完成后，备课组全体成员在每周例会上一起讨论。准备一节课并不仅仅是教师的个人工作，从制定和完成长期计划到制定和讨论教案，都是建立在团体工作的基础上。

持续的相互支持。与中国许多其他学校一样，备课组和办公室安排使教师能够经常就教学和学生的学习进行交流。这些频繁的互动和讨论为教师的工作和课堂教学提供了持续的相互支持。这些教师的合作超越了基于任务的团队合作和会议，深入到他们在办公室的日常对话中，甚至在午餐时。

注重提高教学质量。这些教师合作的一个重要特点是其背后的目的。学校 B 的一位老师告诉我们，小组准备和合作可以帮助老师在同一年级的不同班级保持相似的教学进度，也可以帮助老师分享教案和其他教学材料。更重要的是，教师还指出，小组备课和合作有助于教师更好地理解教材内容和课堂教学。从而提高了课堂教学质量。

3.2　案例二：以网络合作形式进行教学设计

随着课程改革和网络技术的迅猛发展，中国的教学科研活动在形式、内容、管理等方面都发生了重大的变化。特别是近年来，网络合作作为一种新型的教研活动被广泛应用。

与中国传统的校本教研组不同,网络合作的活动形式和组织方式更灵活。它们超越了学校和地区界限,使教师能够在教学研究方面包括备课方面进行合作。在最近一项关于中国教师专业技能提升的研究中,李业平和綦春霞(2011)关注了一个教师通过网络合作研讨设计教案的案例。在这里,我们以同样的案例,关注网络研讨中教师的合作过程。

3.2.1　网络研修项目

网络合作计划是这项研究的重点,这项研究开始于2007年,目的是为了促进学校采用新设计的教材。特别是“新世纪初中数学”是一套与中国新课程标准相适应的新教材。这套教材是按照“问题情境—建立数学模型—解释、应用和设计”的格式编写的。教学内容呈现方式的巨大差异和教学要求给教师带来了许多教学上的不确定性。

这一套教材已由教育部审核并批准实施,在全国23个省份使用。为了帮助学校更快地适应教材的使用,培训会议采用传统的面对面方式,组织和提供从一个省到另一个省的实施援助。然而,从一个省的每个县或市挑选出来的教师中,只有少数人有机会接受面对面的培训,而且培训的次数很少。大多数使用新课程资料的教师可能只会得到有限的、间接的帮助,在使用新课程资料时也会遇到许多不确定因素。许多教师需要持续的支持,传统的面对面的培训方式无法满足这些教师的需求。因此,北京教材编写组利用中国数学课程网,为使用这套教材并对分享和讨论教学内容感兴趣的教师提供网络学习。

到目前为止,已有30所学校参与了这项网络研修活动。这些学校位于14个省,并且这30所学校中有13所学校(43.3%)为农村服务。因为学校的参与是自愿的,所以一些学校更早地加入,并且比其他学校(例如1～2次)更频繁地参与(例如10次)。自2007年以来,30所学校中约有50%参加了四次或更多的网络研修会议。

网络合作特别关注教师们如何使用这套教材备课。教材编写组每两周和参与活动的学校和教师进行一次网络交流。每次的线上会议持续约1～1.5小时,其中有一所学校在准备、呈现和分享预先选定主题的教学设计方面起主导作用。其他学校和参与讨论的教师随后加入网络讨论。

3.2.2 准备、分享和讨论教案的过程

根据组织者收集的信息,网络合作项目将不同学校使用这套教材的老师联系起来。网络合作的主要活动是分享和讨论预先选定主题的教案。通过分享和讨论,网络合作的目标是:

(1) 充分利用不同地区教师的经验和智慧,促进同行学习,解决教材使用中可能出现的问题,通过分享和讨论,提高课堂教学质量。

(2) 加强来自不同地区的教师之间以及教师和教材编写者之间的联系,并为使用教材的学校和教师提供持续的支持。

基于该项目的目标,在参与该项目的学校和老师的引领下,一个具有独特架构的网络合作平台应运而生。虽然学校和教师的参与是自愿的,但以下三个小组构成了网络合作,并有助于确保其运作和潜在的增长。

(1) 专家指导小组:这个小组包括教材编写者和各学校的骨干教师。来自教材编写团队的专家为教师的教案提供反馈,并加入网络教研组回答教师的问题。在不同基层学校的骨干教师主要负责组织和管理他们的学校参与网络研讨活动(包括安排开通和维护他们学校的网上博客,以及在加入其他学校网络时,选择教师展示他们的教学设计),提供指导和在网上聊天室回答问题。

(2) 活动小组:这个小组由参加活动的学校及其老师组成。自 2007 年开始以来,已有 30 所学校参与了这一网络合作项目。从 2007 年到 2010 年夏季,共组织开展了 54 次网络研讨活动。

(3) 技术支持小组:该小组包括网络研讨总部和参与学校的技术支持人员。每个参与学校都有一名技术支持成员负责设计和维护网络博客,帮助教师学习如何使用网络聊天室,解决网络聊天过程中可能出现的技术问题。网络研讨总部有 4 名技术人员。他们负责维护"新世纪初中数学"网络研讨博客和聊天室,安排和记录网络研讨活动,发布网络活动通知,为所有参与活动的学校提供技术指导。

在网络研讨合作的准备和管理过程中,这三个小组别扮演着不同的角色。事实上,线上会议只是整个过程的一部分。合作研讨需要在网上会议之前进行大量的准备工作。特别是,准备和开展网络合作研讨活动有如下三个主要阶段。

第一阶段:提案和审查阶段。每学期由教材组和学校提前确定讨论的主题列表。每所参与的学校需要选择一个主题准备教学设计和组织网络讨论,并且需要

提出选题方案提交专家指导小组审批。一旦提案获得通过,学校的准备工作就会在教材编写小组的帮助下进行。

第二阶段:校本准备阶段。由于负责主持某一主题的学校承担展示教学设计和引导讨论的责任,因此主备课学校及其教师需要在合作前进行充分的准备工作。主备课学校不仅要与校本教研组进行常规的合作,还要与技术人员合作,与教材编写团队建立沟通,并组织学校博客。

第三阶段:网络研讨阶段。当网络例会开始时,网络聊天室的活动通常按以下顺序进行,时间为 1~1.5 小时:

(a) 主办单位宣布线上活动即将开始。

(b) 主备课学校介绍和分享他们对预先选定的主题及其教学设计的看法,并指出与此次主题和教学有关的主要问题。这里的时间通常限制在 10~15 分钟。

(c) 其他教师参与问题讨论并提出建议(或提出其他重要问题)。每位教师的发言时间限制在 5 分钟。

(d) 主备课学校指导讨论,并从他们自己的角度回答问题(10 分钟)。

(e) 组织者总结线上活动。

(f) 网络学习总部的一个管理人员总结最近的网络博客讨论。

3.2.3　教师通过网络研讨进行合作

网络合作学习涉及不同阶段的多方互动,它与传统的校本合作有许多不同。尽管如此,网络合作研讨的性质仍然可以用以下四个特征来描述。

共同的责任。在这个网络研讨项目中,不同学校的不同教师轮流设计课堂教学。这促使所有参与活动的学校在制定教案时共同分担责任。此外,由于一所主备课学校自愿报名,准备并牵头讨论选定的内容主题的教学内容,所有参与活动的学校在网络研讨活动之前和期间都能清楚自己的角色和责任。角色清晰也有助于促进不同学校之间明确分工。

从 2007 年到 2010 年夏季,30 所学校轮流进行了 48 个主题的网络研讨,其中包括 7 年级 12 个内容主题、8 年级 10 个内容主题、9 年级 14 个内容主题以及 12 个非年级特定主题。

团队合作。网络合作研讨在整个过程中还包含多个团队合作。首先,主备课学校的老师们作为一个团队一起为预先选定的主题准备和设计教案。他们的校本团队工作类似于传统的备课组活动,并增加了技术人员的参与。事实上,当所有参与活动的学校和老师都参加网络研讨活动时,网络研讨的团队合作就变得更加突出。

持续的网络相互支持。这项网络合作研讨也得到了网络博客的支持。这为主备课学校的教师提供了渠道,使他们能够从学校内部以及远程的教师那里获得建议和反馈。与此同时,主备课学校的老师也能得到教材编写团队专家的持续支持。

注重提高教师专业水平和教学质量。虽然参与网络合作研讨项目不是强制性的,但是这个项目不仅仅是让教师们聚在一起,而是关注于提高教师的专业技能和教学质量。特别地,李业平和綦春霞(2011)从两个教师案例中记录了参与活动的教师通过网络合作研讨来提高他们的专业水平的情况,包括对教材及其内容的理解、对学生学习和教学的观点,以及采用不同的教学方法来吸引学生参与课堂教学。

此外,网络合作研讨项目包括以下几个方面:

分析教材内容。例如,在网络会议的开始,主备课学校阐述他们对预先选择的内容主题的理解,这有利于教师参与者理解内容主题和教材的编排。

讨论学生对某一特定内容的学习,例如如何培养学生的计算能力,或学生几何学习中可能发生的变化。

设计一些典型或新内容主题的教学课程,如有理数、实数、因式分解、函数、平行四边形、圆或平移和旋转。

讨论和改进课堂教学的一些方面,例如如何设计和实施关于新概念的高质量课堂、如何设计有效的复习课,以及如何设计和实施高质量的练习课。

这些方面的覆盖也有助于参与活动的教师反思教学,提高教学水平。

4 讨论和结论

我们从这两个案例中得到的启示是,教师之间的合作是在备课的过程中自然而然地结合在一起的。无论是校本备课组活动还是线上研讨合作,中国教师都倾向于通过合作和分享来提高教案的质量和教师的专业水平。教师合作进行备课的性质可以概括为四个特点：(1)分担责任；(2)团队合作；(3)持续的相互支持；(4)注重提高教学质量。

案例研究表明，把教师的教案作为最终成果之外的东西是很重要的。虽然中国教师的教案与美国的教案有很多相似之处，但也存在很多不同之处(例如 Cai & Wang，2006；Li，2009)，不清楚的是中国教师如何制定他们的教案。通过对中国备课过程的考察，我们对中国教师合作的特征有了更好的认识，考察和学习中国教师在备课中的实践和合作，应该有助于其他教育制度的教育者和教师反思自己的做法，并找出可能的替代方法。

需要指出的是，中国教师在备课中合作具有特定的目的。通过合作，可以提高教案和后续课堂教学的质量。此外，通过合作进行备课对教师本身来说是一项很有价值的职业活动，不仅可以加深他们对教材内容的理解，还可以思考和制定更好的教学方法。通过各种专业活动，包括备课，教师在课程和教学中积累了自己的专业知识，从而形成了高质量的课堂教学。

研究结果提醒我们区分备课和教案非常必要。中国教师的备课实践表明，他们从备课过程中获益。如果不考察备课过程的特点，以及教师教案中的共性和差异，那么就无法展现出备课的优点。

中国教师实践中的备课也表明，其他教育系统中的数学教师和教育工作者应该超越通过备课活动制定出教案的范畴。跨国家、文化和制度间可能存在的差异，可能使中国教师的合作具有独特性(如教师办公室安排和校本教研组)，在其他教育系统中不具有可行性。然而，对其他教育系统来说，重要的不是实践的形式本身，而是合作的性质。这种合作可以被描述为：(1)分担责任；(2)团队合作；(3)持续的相互支持；(4)注重提高教学质量。在强调具备以上相似特征的合作方式的基础上，新异的方法和实践终将会被发掘。

参考文献

Blomeke, S., Paine, L., Houang, R. T., Hsieh, F. -J., Schmidt, w., Tatto, M. T., et al. (2008), Future teachers' competence to plan a Jesson: First results of a six-country study on the efficiency cf teacher education, *ZDM-International Journal on Mathematics Education*, 40,749 – 762.

Cai, J. , & Wang, T. (2006). U. S. and Chinese teachers' conceptions and constructions of representations: *A case of teaching ratio concept. International Journal of Science and Mathematice Education*, 4,145 – 186.

Cao, C. (1990). *Teaching and learning secondary school mathematics*. Beijing: Beijing Norma University Press (in Chinese).

Cao, Y. (2008). *On mathematics instruction*. Beiing: Higher Education Publishing House (in Chinese).

Collaboration group, thirteen universities and colleges (1980). *Mathematics textbook and pedagogy in secondary school*. Beijing: Higher Education Publishing House (in Chinese).

Fernandez, C. , & Yoshida, M. (2004). *Lesson study: A Japanese approach to improving mathematic teaching and learning*. Mahwah, NJ: Lawrence Erlbaum.

Hogan, T. , Rabinowitz, M. , & Craven, J. A. Ⅲ (2003). *Representation in teaching: Inferences from research of expert and novice teachers*. Educational Psychologist, 38, 235 – 247.

Leinhardt, G. , & Greeno, J. G. (1986). The cognitive skill of teaching. *Journal of Educational Psychology*, 78(2),75 – 95.

Li, Y. (2009). U. S. and Chinese teachers' practices and thinking in constructing curriculum for teaching. In S. L. Swars, D. W. Stinson, & S. Lemons-Smith (Eds.), *Proceedings of the 31st annual mecting of the North American Chapter of the International Group for the Psycholog of Mathematics Education* (pp. 911 – 919). Athens, GA: Georgia State University.

Li, Y. , Chen, X. , & Kulm, G. (2009). Mathematics teachers' practices and thinking in lesson plan development: A case of teaching fraction division. *ZDM-International Journal on Mathematics Education*, 41,717 – 731.

Li, Y. , Li, J. (2009). Mathematics classroom instruction excellence through the platform of teaching contests. *ZDM-International Journal on Mathematics Education*, 41,263 – 277.

Li, Y. , & Qi, C. (2011). Online study collaboration to improve teachers' expertise in instructional design in mathematics. *ZDM-International Journal on Mathematics Education*, 43,833 – 845.

Liu, J. & Li, Y. (2010). Mathematics curriculum reform in the Chinese mainland: Changes and challenges. In F. K. S. Leung & Y. Li (Eds.), *Reforms and issues in school mathematics in East Asia* (pp.9 – 31). Rotterdam: Sense.

Ma, L. (1999). Knowing and teaching elementary mathematics: *Teachers' understanding of furndamental mathematics in China and the United States*. Mahwah, NJ: Lawrence

Erlbaum Associates. .

O'Donnell, B. , & Taylor, A. (2006). A lesson plan as professional development? You've got to be kidding! *Teaching Children Mathematics*, 13,272 – 278.

Paine, L. , & Ma, L. (1993). Teachers working together: A dialogue on organizational and cultural perspectives of Chinese teachers. *International Journal of Educational Research*, 19,675 – 697.

Wang, E. (2005). Rethinking about mathematics lesson planning with the new curriculum conception. Jilin Education, 7,28 – 29.

Wang, D. & Wang, H. (1989). *Education*. Beijing: People's Education Press (in Chinese).

Ying, R. J. (1980). A study of teacher planning. Elementary School Journal, 80(3),107 – 127.

Zhou, Y. (2004). From "lesson plan" to case-based lesson planning collaboration. *Instructional Design in Elementary Mathematics*, 5,8 – 9.

/第三部分/

中国的数学教学实践
和课堂环境

前言

安妮·沃森(Anne Watson)①

中国的改革与其他国家的"改革"有一些共同之处,其目的是使教师从要求学习者获得知识和技能这种主要的传授方式转向内容、教学和评价的综合方法,包括应用、问题解决、独立思考和创造性。课程和教学方法应该更贴近学生的兴趣和思维方式,并通过探究和实践活动为学生提供直接经验。2001年,随着新的课程标准和教材的实施,全国范围内开始进行改革。考试题目的性质也随之发生了变化,客观、程序性问题的比例下降了,而探索性、主观问题的比例上升了。然而,地方考试和责任机制在很大程度上仍然依赖于传统的笔试。在一些国家,数学教学改革已经转向以学生为中心的价值观,拓宽了学校数学教育的目标,并走向对话型师生关系。相比之下,中国的课程改革旨在引领价值观、课程广度和课堂关系的转变(Liu,Li,2010)。然而,作为一名欧洲教育者,我看到了许多相似之处。读到各国有关课程与教学改革的问题,既令人欣慰,又感到沮丧——令人欣慰的是,类似的适应问题随处可见,之所以感到沮丧是因为人们还在期盼能对旧问题提出新的见解。这4章作为一个整体,提供了一些新的观点,并且我相信这些观点超越了特定的文化背景。

我将从第10章开始介绍,在这一章中,丁锐和黄毅英使用各种框架和分析工具,在较大的学生样本和许多教师中调查了小学课堂环境和教学方法的现状。假设有一个从传统环境到建构主义环境的连续体,可以发现教师正处于从一端向另一端迁移的过程中。在这个过程中出现了几个变化的指标,例如真实生活情境的运用和讨论有所增加。虽然研究的大多数课堂或多或少都处于建构主义范式的环境下,但有相当一部分课堂是传统的,还有少数仍然非常传统。

---

① 安妮·沃森,英国牛津大学。

　　我想厘清研究中易混淆的几个术语。第一，"建构主义"最初是一种学习理论，如果学生主动建构知识的意义，而不是接受教师预先包装好的知识，那么无论教学是怎样的，他们都在建构意义。在重视回忆技巧和事实的课堂上，学生可能会将数学理解为事实和方法的集合。在专注于解决问题、讨论和小组活动的课堂上，学生可能会认为数学是集体的、互动的，是解决问题的方式。这两种特征描述都无法刻画数学的全部性质。两种方法都会使学生无法辨别、预测、应用和理解基本数学结构的含义。例如，完全依赖于算法来进行除法运算无法实现意义的建构，比如"一个数除以 2 得到这个数的一半"，而通过特殊的情境设计来解决比例问题会使学生难以理解乘数的作用。在这两种类型的课堂中，教学法决定了学生是被记忆的方法所困，还是束缚在特殊的方法中，抑或跳出这些陷阱。无论是哪种类型的课堂，好的教师总能提炼出关键的数学思想。在第 9 章中，赵冬臣和马云鹏描述了 4 位教师所做的尝试，即通过现实数学、讨论以及与他人合作的新课堂正统观念，使学生能够理解关键的数学思想，并能熟练地运用。课堂的情感层面和社会层面似乎是主要的焦点，教师也在不同程度上适应了这些变化。

　　另一个术语是"问题解决"，在某些文化中，它的意思是"将应用题理解为要执行的运算过程"，但在另一些文化中则意味着"通过一系列数学子目标来解决复杂的问题，提出和检验猜想，直到得出合理的答案"。何种教学更有可能成功，取决于所使用的含义。美国和英国的比较研究（例如，Senk & Thompson，2003）显示，与那些接受特定方法"训练"的学生相比，具有解决开放性、拓展性、协作性问题经验的学生在解决此类问题上表现得更好，也更擅长解决不熟悉的问题，但如果要解决的问题仅仅是传统形式的文字问题，那我们就不能指望这一发现能站得住脚。在任何学习评价中，那些被"训练"用特定的方法解决问题的学生能更好地运用这些方法。此外，对真实情境在数学教育中的使用在国际上没有明确的说法。我们需要知道情境是否仅仅为数学提供图象（例如用混合的彩色球来表示比例），或动机（比如关于足球或流行音乐），或问题来自情境，并且解法与情境相关，还是问题来自情境，但提供了一种解决数学问题的通法。在这四种情况下，我们期望情境对学习产生不同的影响。我希望大家注意到这些混淆，并不是因为我来自英国，而是我相信掩饰情境和数学学习之间的不同关系，会模糊我们对于学生可以学习什么的理解。

第9章和第10章表明教师不愿意放弃对课堂的控制,但允许协商,并且第9章清楚地说明了为什么会出现这种现象。从表面上看,赵冬臣和马云鹏给我们描绘了熟悉的教师形象,他们试图理解新的要求,同时也坚持他们对学生的数学需求和考试制度的看法。但如果他们是课堂上的数学专家,为什么要放弃控制呢?我不认为这个问题在国际上得到了充分的回答,因为一些改革言论走向极端,会让学生自食其果,不得不自己重新发现关键的数学思想。全世界的读者都意识到潜在的紧张形势。中国教师并不是唯一担心熟练程度和技能不会在改革课程中得到发展的群体。21世纪的观点可能是我们并不需要熟练掌握通过手持数字技术就可以即时完成的方法,但一个更微妙的观点可能是掌握这些方法仍然是有用的,例如,识别出现的倍数、预期某些代数运算的结果、适应和理解多步骤过程中的各个阶段,并知道何时使用哪个操作以及它如何有助于得到答案。如果"以学生为中心"被解释为"以学生为导向",那么很难看出如何解决这些问题。

我之所以用相反的顺序提出这些章节,是因为第7章和第8章阐述了超越这些熟悉的问题和紧张形势的见解,并提出了一些独特的观点,探讨了课程主题内容的本质。这与我自己的担忧是一致的,即在关注数学教学"怎么做"时,我们可能会忽略"是什么"。对我来说,关键的问题是:在数学课程中可以学到什么?在这样的环境中,我们可以构建什么样的数学概念和意义?我将从黄毅英、林智中和陈美恩对变式教学的描述开始介绍。变异理论是规划教学和教材的理想工具,因为它提出了两个相关的设计挑战:"这个数学概念的关键特征是什么"以及"变式的哪些维度会给学习者带来这些特征的经验"。在这一理论中,环境乃至课程本身都没有特定的风格和结构。该理论仅限于探讨主题内容的预期方面在课程中是如何实施的,以及学习者将因此获得什么样的生活经验。它把注意力集中在学习的机会上。

基本思想是,学习者注意到什么在不变的背景下变化,或什么在变化的背景下不变。然后,学习者从这些经验中进行归纳推理。无论是教科书上的任务还是开放式的实践任务,在任务中仔细地呈现变式,都能揭示数学结构和方法,并使学习者注意到联系和区别,从而引出概念。这种方法受到了中国的顾泠沅与西方的马顿(Marton)及其同事的倡导(Gu, Huang & Marton,2004),它不仅开始用于描述所学知识,而且还用于建构认知环境(例如,Watson & Mason,2006)。

黄毅英、林智中和陈美恩举例说明生成的和现实的例子如何为数学现象提供不同的切入点,不同的图标和图示如何提供关系的不变结构,以及不同的符号表示如何描述一个不变的意义。然后再通过在一个变异维度内扩大变化范围来拓展这一意义。显然,他们所描述的课程在数学上是连贯的;这些例子和情境使人们能够接触到逐渐形式化和具体化的思想,然后再进一步拓展和建构。

在第 8 章中,莫雅慈从数学连贯性的角度,而不是从整体的课堂风格来分析教学。为了使学生能够体会到连贯性,而不仅仅是教师的意图,教师必须通过互动策略来创造和发展程序性和概念性的联系。确定连贯性要求分析数学概念是如何在一节课内和课与课之间、课堂常规和课堂话语中发展的——所有这些都被协调起来,使学生尽可能地体会到预期的数学思想。我选择在脑海中带着"变式"的观点去阅读她的分析,看看是否有相似之处——发现确实存在。莫雅慈认为:"概念性联系主要是指对数学对象和技能的描述和解释,而过程性联系则是指技能和程序的应用或拓展。"而且,正如第 7 章所示,所有这些都可以通过任务、例子和互动中的变式来实现。

莫雅慈得出的结论是,她研究的教师所实现的连贯性取决于主题联系、复习、话语、变式的巩固以及总结。这提醒了我,在一项对 3 所学校的课程研究中,我们发现数学知识最薄弱的教师,最不善于进行以数学为重点的整合,或讨论所做工作的数学含义,无论他们的一般教学技能有多好(Watson & De Geest,2012)。对我来说,莫雅慈这一章中最重要的特征就是"是什么—为什么—怎么做"渗透在教学报告中。"是什么"可以通过将讨论与从经验和例子中进行归纳推理相联系来实现;"为什么"可以通过拓宽经验领域和借鉴其他想法来实现;"怎么做"可以通过体验多重表征和转换表征来实现,并通过概括和具体化新概念来进行总结。所需的推理不仅仅是学习者的归纳。在第 9 章中,很明显,归纳既可以导致模仿,也可以引起对特定变化的敏锐关注。显然,这需要的不仅仅是引入小组活动或在教学和学习中保持一种传授方式。教师需要数学知识来建构经验,使学习者专注于关键的概念。

这 4 章提出的观点利用了国际上对课程和教学方法的变化的关注,将我们的注意力转向数学内容的建构和呈现方式。

参考文献

Gu L., Huang, R., & Marton, F. (2004). Teaching with variation: A Chinese way of promoting effective mathematics learning. In L. Fan, N. Y. Wong, J. Cai, & S. Li (Eds.), *How Chinese learn mathematics: Perspectives from insiders* (pp.309 – 347). Singapore: World Scientific.

Liu, J. & Li, Y. (2010) Mathematics curriculum reform in the Chinese mainland: Changes and challenges. In F. Leung and Y. Li (Eds.) *Reforms and issues in school mathematics in East Asia: Sharing and understanding mathematics education policies and practices* (pp.9 – 32). Rotterdam: Sense Publishers.

Senk, S. & Thompson, D. R. (Eds.) (2003). *Standards-based school mathematics curriculum: What are they? What do students learn?* Mahwah, NJ: Erlbaum.

Waston, A. M & Mason, J. (2006) Seeing an exercise as a single mathematical object: Using variation to structure sense-making. Mathematical Thinking and Learning, 8(2), 91 – 111.

Waston, A. & De Geest, E. (2012) Learning coherent mathematics through sequences of micro-tasks: making a difference for secondary learners. *International Journal of Science and Mathematics Education*, 10, 213 – 235.

第7章　变式教学
——数学变式教学

黄毅英[1]　林智中[2]　陈美恩[3]

1　序言：华人学习者现象

在过去的几十年里，"华人学习者现象"已经成为教育研究领域的热点（Watkin & Biggs，1996；Wong，2004）。尽管在人们的印象中，华人学习者的成长环境不利于深度学习，但他们的表现胜过许多西方学生。他们总在国际比较研究或竞赛中取得佳绩，比如国际数学奥林匹克竞赛（IMO）、国际教育进展评价（IAEP）、国际数学与科学研究（TIMSS）以及国际学生评价项目（PISA）等。在最近一次 PISA 测试的结果中，也发现了相同的现象（Ho et al，2011）。人们普遍认为，华人的学习强调基本技能，而这有助于在这些项目中取得高分。沿着这个思路，有人提出了搭建起由基本功通往高层次思维能力的桥梁的建议（Wong，2006，2008；Wong，Han & Lee，2004）。"变式教学"被认为是其中一种方式（Zhang & Dai，2004）。

西方和中国都提出了类似"变式教学"的思想（Zhang & Dai，2004）。比格斯（Biggs）（1994）、马顿（Marton）和沃特金斯（Watkins）、唐（Tang）（1997）解释了在华人地区普遍存在的重复学习和机械学习之间的区别。重新诠释现象图式学的早期发现，所得结论是：审辨在概念形成的过程中是必不可少的，而变异对于发展审辨能力也是不可或缺的，因此，有变化的重复是导向学习和理解的关键（见

---

[1] 黄毅英，香港中文大学。

[2] 林智中，香港中文大学。

[3] 陈美恩，香港荔枝角天主教小学。

Bowden & Marton，1998；Marton & Booth，1997）。为了说明这一点，学生可以通过观察不同类型的三角形来辨别等腰三角形的概念，比如等腰三角形、非等腰三角形、大小不同的三角形、颜色不同的三角形和材料不同的三角形。通过对这些三角形的研究，学生会意识到长度（两边相等）是概念的关键属性，而不是位置、颜色、材料等。这是变异教学理论的基础（Runesson，1999）。

此外，一个概念包含多个维度。举个例子，数具有基数性和序数性。这些维度的丰富程度表明了学生学习成果存在质的区别（Marton & Säljö，1976）。一旦考虑到维度，学习和教学就从"学会了多少"（学习的数量层面）转移到"理解有多深"（学习的质量层面）（Biggs，1991）。区别就在于学生形成的概念有多丰富。从更广义的角度来看，学生所经历的经验空间（例如，一个有更多变化的学习环境）越广阔，学习的结果空间就越丰富（Wong，2008；Wong，Marton & Lam，2002）。

自 20 世纪 80 年代初以来，中国大陆一直在开展"变式教学"的实践（Gu，1992），取得了令人鼓舞的成绩（Bao，Huang，Yi & Gu，2003a，2003b，2003c）。从字面上看，汉语"变式"的意思是有变异的（教学）方式（"变"是指变异，"式"是指"方式"）。在下面的章节中，我们将概述变式教学的理论基础以及它在数学课堂上的实践。然后，在一系列实验的基础上，观察变式教学的效果。接着，我们将介绍设计变式课程和教学框架的步骤。最后，讨论未来的研究方向。

2 变式教学

2.1 变式教学的起源

正如前面所提到的，变式教学起源于 20 世纪 80 年代在上海开展的一项教学实验（Gu，1992）。由于其对学生学习的积极影响，在中国得到了广泛的应用。顾泠沅与他的合作者提出了两种变式：概念性变式和过程性变式（Gu，Huang & Marton，2004）。在概念性变式中，通过非标准形式来突出概念的本质属性。正如上一节中所提到的例子，通过观察不同大小、不同材料和不同颜色的三角形，学生逐渐理解等腰三角形是根据三角形的形状（两边的长度）来定义的，而不是它的颜色和材料。这就是所谓的概念性变式(Bao，Huang，Yi & Gu，2003b)。

过程性变式涉及一系列脚手架的设计。例如，在学生处理了源问题(例如，解方程 $x+5=6$)之后，教师对问题稍作变化。比如，可能会改变数字(例如，解方程 $x+2.5=1.7$，$3x+8=6$，$3x+\frac{1}{2}=3.5$ 等)，可能会改变表达形式(例如，解方程 $y+8=9$，$(x+7)+5=6$，$2x+8=x-9$ 等)，可能会改变呈现方式(从算术到几何)，或者改变问题的背景(在应用题的情境中)。通过对比这些不同的问题，学生可以发现一般的规则和模式(不变的)。

2.2　变式的四种基本类型

以顾泠沅与他的合作者的工作为坚实基础，黄毅英、林智中和孙旭花(2006)从数学学习的本质出发，重新分析了"变式"的现有形式，并提出了归纳变式、广度变式、深度变式和应用变式四种基本类型，这些变式类型都是课程发展的重要组成部分。

简而言之，"归纳变式"是从大量的真实情境中获得通则和概念。通过在数学任务中系统地引入变式，来巩固这些通则。但学习者只是通过各种问题拓宽他们的知识范围，并没有引入新的通则和概念，这称为"广度变式"。从某个角度来说，通过进一步改变数学任务的类型，学习者能掌握更多的数学知识，这就是"深度变式"。然后把数学应用到各种各样的实际问题中，这就是"应用变式"。这个过程是一个连续的循环，随着每个循环的完成而深入。这就是变式课程的基本设计。

在下面的章节中，这四种变式类型将会通过数学问题来进行阐释。

2.2.1　归纳变式

关于"速率"这一主题，首先给学生介绍"率"的不同实例(例如，出生率和网页点击率)；一旦学生理解了"率"这一概念，他们就能认识到速率只是另一种形式的率。

2.2.2　广度变式

在学生解决源问题之后，引入其他变式问题。图 7.1 就是关于"体积"的一组问题示例。

源问题

变式问题

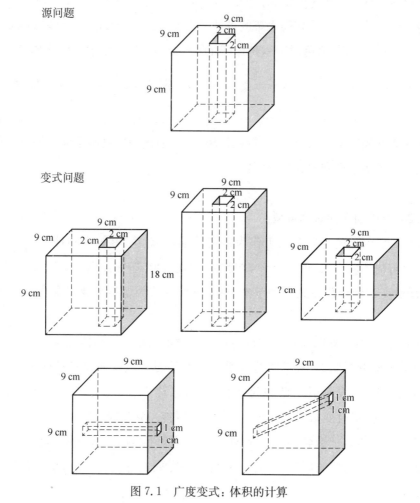

图 7.1 广度变式：体积的计算

来源：改编自黄毅英、林智中、陈美恩、王艳玲（2007，p.16）。

2.2.3 深度变式

在"分数除法"的教材中，学生首先复习了**整数**的除法。接着教师给学生提供一个真实的生活情境，让他们在不同数量的人当中分享半个饼，他们必须要想出**用整数除以分数(非整数)**的算法(图 7.2)。由于问题巧妙地从整数转化到非整数，所以这不仅是形式的变化，而且是正在讨论的基本概念的实质性变化，因此，这是一个深度变式而不是一个广度变式。

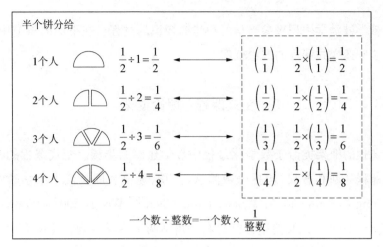

图 7.2 深度变式：从整数的除法到分数的除法

来源：改编自孙旭花、黄毅英、林智中(2009，p.11)。

2.2.4 应用变式

将变式的前几个阶段所学到的概念和技巧应用到真实的生活情境中(例如，学生必须应用他们所获得的知识来解决其他生活情境中的问题)。图 7.3 就是应用"百分比"概念的一组问题的示例。

题组（1）：已知初始值，求出新的值；
已知初始值和新的值，求出百分比；
已知新的值和百分比，求出初始值。

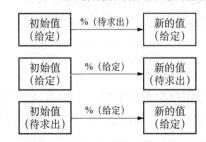

题组（2）：关于百分比增加或减少的问题。

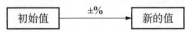

题组（3）：建立了基本模式后，可以继续处理相关的情境。

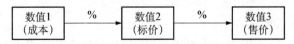

图 7.3 应用变式：百分比问题

变式教学鼓励学生积极参与学习和建构知识的过程。在下面的章节中,我们将会进一步阐述变式课程的理论框架。

3 变式课程:理论框架

变式课程的框架类似于数学化过程中数学建模的步骤。变式课程的框架被用于开发课程计划和教材,包括分数除法、体积、速率和周长四个小学数学主题(Chan,Wong & Lam,2010;Wong,Lam,Chan & Wang,2007;Wong,Lam,Sun & Chan,2009),以及使用百分比和三角学两个中学主题。课程在常规的课堂环境中实施,教师讲解、小组合作和学生活动照常进行。变式课程本质上不是一种新的教学方式,它的优势在于学习路径的设计,通过精心搭建的脚手架来促使学生获得进步。

这些主题是由香港教育局(教育发展委员会,2000)制定的正式课程的一部分。为了提高学习效率,在学生学习的恰当时间运用变式原理。有时候,需要搭建脚手架,但有时候必须更系统地提出问题。这些恰当的时间是由试点调查确定的,通过检查学生的作业,从而发现他们在理解上的困难(在中国大陆,这些被称为“难点”)。

在这些主题的详细设计中,我们可以清楚地看到“变式教学”的应用。在下面的章节中,将会对“速率”这一主题的详细设计进行描述和解释。

3.1 课程设计

依照理论框架,同时考虑到知识结构和学生学习的难点,我们开发了主题“速率”的课程单元和教材。该主题的关键点是理解“速率”的概念以及“速率”、“距离”和“时间”之间的关系。主题“速率”的概念框架如图7.4所示。

理解速率的概念涉及下列公式:

速率=距离÷时间; (7.1)

距离=速率×时间; (7.2)

时间=距离÷速率。 (7.3)

尽管公式(7.1)可以被认为是速率的定义,但许多学生没有认识到这三个公

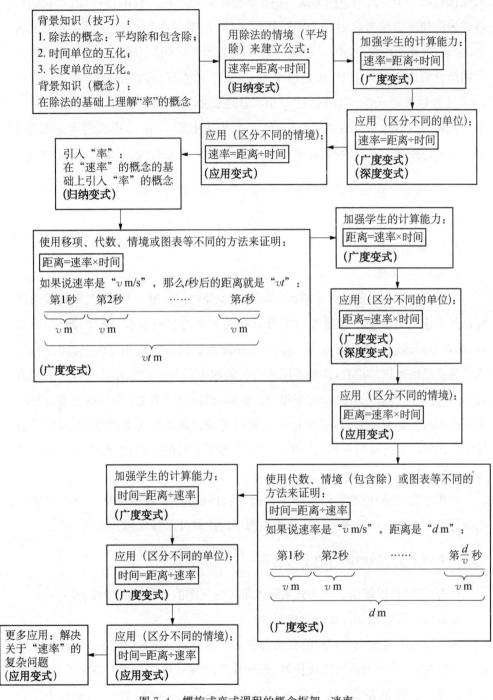

图 7.4　螺旋式变式课程的概念框架：速率

式仅仅是同一个关系的不同形式。由于小学生可能不懂方程的移项,所以我们将通过乘法和除法互为逆运算来说明如何由(7.1)推导出(7.2)。因此,借助逆运算,公式"速率＝距离÷时间"变成了"距离＝速率×时间"。这也可以通过图解法来辅助说明。在图 7.4 中,如果速率用 v ms^{-1} 来表示,那么距离就是 1 秒后为 v m,2 秒后为 $2v$ m,t 秒后就是 tv m。总的来说,强调"距离＝速率×时间"。

公式(7.2)和(7.3)的关系也是如此。如果速率是 v ms^{-1},那么走 v m 需要 1 秒。给定总距离为 d m,我们要求出 d m 中有多少个 v m。这正是包含除的概念。因此,学生能够发现走完全程所需时间为 $\dfrac{d}{v}$ 秒,从而理解"时间＝距离÷速率"。

3.2 教学计划

3.2.1 第 1 课

"速率"的整个主题包含 6 节课,每节课 35 分钟。在第一节课,主要的教学目标是引入速率的概念。教师和学生分享有关速率的日常经验(例如,跑步)。比如,比较不同运动员的世界纪录。学生会逐渐意识到当距离相等时,时间越短意味着跑步速率越快。接着,比较不同运动员的跑步距离。学生开始理解在给定的时间内,距离越远意味着跑步速率越快。最后,教师提问学生:当这些运动员的跑步距离和时间都不相同时,哪个运动员跑得更快。要回答这个问题,教师可以引导学生比较每个运动员在相同的单位时间内跑了多远的距离,由此引入"速率"的概念(**归纳变式**)。

在课堂上,教师说明如何描述一个运动物体的速率,即单位时间内的运动距离就是运动物体的平均速率。一个物体的平均速率可以写成如下形式:

$$\text{一个物体在这段时间内的平均速率} = \frac{\text{这段时间内的距离}}{\text{所用时间}} \text{。}$$

接着,教师可以使用上述公式来引入常见的速率的单位(米/秒或 m/s):

速率(米/秒)＝距离(米)÷时间(秒)。

还可以运用除法(平均分)的概念来建立上述公式。例如,如果 100 米自由泳比赛的冠军以 50 秒的成绩完成比赛,那么他平均每秒游多少米?答案是:100÷50＝2(米)。 也就是说,这个冠军游泳的速率是:100(距离)÷50(时间)＝

2(m/s)。我们也可以使用直观教具来深化理解，比如行程图。

之后，教师可以改变所用的数字或涉及的情境，来丰富学生在"速率"方面的经验（**广度变式**）。

3.2.2　第 2 课

在复习了第一节课所学的速率的定义之后，教师借助更多的日常经验（例如，火车的行驶）来引入速率的另一个常见单位：千米/小时。就像第一节课那样，教师可以改变所用的数字或涉及的情境，来拓宽和加深学生的理解（**广度变式**）。然后要求学生完成一系列的"变式"练习，来加强他们的计算能力（**广度变式**和**应用变式**）。

3.2.3　第 3 课

学生现在应该理解了前两节课所介绍的公式，是用来描述速率、距离和时间之间的关系：

$$速率 = \frac{距离}{时间} \tag{7.1}$$

然后教师稍微改动公式，帮助学生理解给定速率和时间，如何计算距离（**深度变式**）：

$$距离 = 速率 \times 时间 \tag{7.2}$$

如上所述，如果学生不理解移项的技巧，教师可以借助逆运算来帮助学生理解公式(7.1)和公式(7.2)之间的关系（**深度变式**）。在这个过程中，插图也有所助益。此外，教师可以通过改变例题的数字和情境，深化学生的理解（**广度变式**）。

3.2.4　第 4 课

本节课的教学目标是引入第三个公式：

$$时间 = 距离 \div 速率 \tag{7.3}$$

教师再次运用移项或逆运算的方法来得到这个公式，接着改变题目中的数字、情境，甚至是单位(m/s，km/h)（**广度变式**）。学生逐渐意识到虽然很多内容发生变化，但是"时间"、"距离"和"速率"这三个概念之间的基本关系是不变的。

3.2.5　第 5 课

在复习速率、距离和时间的关系之后，引入更复杂的问题，如相遇问题、追及问题等（**应用变式**）。

3.2.6　第6课（拓展）

在本节课，教师扮演着引导者的角色，引导学生独立解决各种各样的问题，并总结这些问题背后的一般模式。这些问题示例如下：

- 美国的一个大胃王 Joey Chestnut 的平均进食率（进食量/分钟）。
- 饺子包装比赛（件/分钟）。
- 编织羊毛手套（双/天）。
- 打印机的打印速率（页/分钟）。

与其他教学一样，在变式教学中，教师必须促进学生概念的形成。经验丰富的教师可以系统地引入变式，通过重复学习来促进学生的理解。要精心设计脚手架，不要为了变式而变式。教师最好要对主题的教学难点进行分析，从而搭建相应的脚手架来帮助学生克服这些学习障碍。不必要的变式可能会给学生造成困惑。如上所述，精心设计的变式课程能够使学生理解公式背后的关系和模式，而不仅仅是让学生机械地记忆。

4　变式课程：实验和效果评价

为系统地设计变式课程，香港的研究团队已经做出了一系列尝试，并付诸实践和评价（见 Chan, Lam & Wong, 2007；Chan, Wong & Lam, 2010；Wong, Lam, Chan & Wang, 2007；Wong, Lam & Sun, 2006）。这些研究采用了类似前后测准实验设计的方法，比较实验组和对照组学生的学习结果。这些学习结果主要被分为两类：认知与情感。前者关注学生的知识，后者包括学生对数学的态度、数学焦虑和数学观（详情请参见以下内容）。

通过 t 检验、分层回归分析或协方差分析（ANCOVA），可以发现实验组在认知结果上的表现比对照组更好。实验之后两个组的情感结果的得分都略有下降。换句话说，学生在情感层面没有显著变化（详情请参阅 Wong et al, 2009）。基于这些发现，另一项研究在2010年开展，采用了类似的设计，但对其中两处进行改进（Chan, Wong & Lam, 2010）：

（1）为了增加趣味性，对教材进行了修改。

（2）延长实验时间。实验组进行两个单元的变式教学，观察长时间（大约 3 个星期）的教学是否会给学生带来更明显的变化，尤其是在情感结果方面。

4.1　研究过程和研究对象

与以往的研究一样，2010 年开展的研究遵循了前后测准实验设计，对比了变式课程和标准教材（为香港大多数学校所使用）的学习效果。选择的两个主题是速率和周长。

在实验开始前一周，对实验组和对照组进行了前测，而在每个主题的教学完成后的一周内进行后测。前测和后测都持续了大约 40 分钟。两个组每个主题的教学时间大致相同。

4.2　研究工具

在前测和后测中，都采用了一些完善的问卷和数学测试，分别对数学的情感因素和认知因素进行测量。为了强化测量工具，采用方差最大旋转法来生成旋转因子。在《数学态度量表》中，提取了"喜爱"和"价值"这两个因素。《数学焦虑量表》有四个因素：学习、考试、问题解决和抽象；《数学观量表》有三个因素：数学是有用的、数学是计算和数学需要思考。详情见表 7.1。各分量表的内部一致性信度在 0.73~0.92 之间。

采用协方差分析和分层回归分析来记录这些认知因素和情感因素的变化。

表 7.1　前测和后测的结构和工具

认知因素	工　具	
前测问卷	• 预备知识：根据实验前所教课程开发的项目	
后测问卷	• 获得的知识：根据课程指南的目标和内容开发的项目	
情感因素	工具	示例
前测问卷	• 数学态度量表（Aiken，1979） —喜爱 —价值	我喜欢在学校学习数学。 数学有助于发展思维，教人学会思考。

续表

情感因素	工具	示例
	• 儿童数学焦虑量表(Chiu & Henry, 1990)	
	—学习	在数学课上听老师讲课。
	—评估	在数学考试的前一天思索这次考试。
	—问题解决	听另一个同学讲解数学题。
	—抽象	打开一本数学书时,一整页都看不到任何数字,只有字母。
	• 数学态度语义差异(Minato, 1983)	数学是美妙的……丑陋的。
	• 数学观量表(黄毅英、林智中和黄家鸣,1998)	
	—数学是有用的	数学在日常生活中有广泛的应用。
	—数学是计算	数学与公式有关。
	—数学需要思考	数学是要求我们动脑的学科。
后测问卷	• 与前测问卷一样	

4.3 研究结果

总体而言,两个组的分数存在显著差异。随着变式课程(速率)的实施,在协方差分析中协变量的影响是显著的($F=172.491$, $p<0.001$)。而且,(前测的)协变量和因变量之间存在一定的关系(效应)。在控制了前测效应后,后测也有显著的效应($F=39.257$, $p<0.001$)。部分的效应可归因于实验组和对照组之间的差异(即变式课程的实施)。

实施变式课程(周长)后,实验组(分数:62.759)在后测中的表现比对照组(分数:58.781)更好。通过变式课程的学习,学生的认知能力似乎有所提高。然而,在控制了前测效应后,后测并没有明显的效应($F=3.533$, $p<0.05$),这意味着结果并不具有统计学意义。换句话说,通过变式课程,学生的认知能力略有提升,但实验组和对照组之间并没有显著差异。

在实验之后,实验组的学生在一些情感因素上的分数有显著的增加。在数学态度方面包括"喜爱"、"价值"和"语义差异";在数学焦虑方面包括"学习"、"考试"、"问题解决"和"抽象";在数学观方面包括"数学是有用的"、"数学是计算"和

"数学需要思考"(详情请参见 Chan，Wong & Lam，2010)。这与以往的研究相比，显然是向前迈进了一步。

5　讨论和总结：为什么和怎么做

从 2006 年到 2010 年在香港小学进行的一系列实验和评价研究中，实验组的表现令人鼓舞，这表明变式课程的理论优势可以在课堂上实现。实验中的四个主题都证实了这一点，无论是在算术(分数除法)、几何(体积)或者测量(速率和周长)等方面。认知能力的提升可以归因于传统教学只强调机械的计算，而没有对概念的形成给予足够的重视。在设计现有的变式教材时，我们认真分析并确定了促进学生形成概念的关键学习要素，并考虑了学生的预备知识。这也可以解释为什么使用变式教材的学生比其他学生表现得更好。

同样令人振奋的是，实验组在一些情感结果上表现出了积极的变化。这可能得益于教材更贴近学生的日常生活、更加有趣。

在本研究中，"喜爱"和"价值"之间具有很强的相关性，这表明如果变式教学可以给学生带来成功的学习体验，那就有可能向学生传递积极的学习态度，增强情感因素。正交旋转后，这两个因素加起来占总方差的 49.63%。"喜爱"和"价值"这两个因素的内部一致性系数分别为 0.896 和 0.897。从长远来看，积极的学习态度意味着学生会在数学学习上投入更多的精力，从而形成一个正反馈循环。因此，在今后的设计中，变式教学应该包含可能有利于改善情感结果的因素。

然而，研究小组充分认识到本研究的局限性。第一，本研究涉及的样本容量不大。而且，前后测准实验研究设计并没有充分揭示复杂学习过程的黑箱。四种变式类型的哪些要素对学生的认知学习有积极的影响？变式课程对于不同类型的学生是否有不同的学习效果？为了了解变式教学的优势，我们有必要回答这些问题。研究小组认为，开展更大规模的研究，对学生如何学习概念和发展能力进行更深入的分析(包括对定性数据的分析)，这对于进一步加强变式教学是必不可少的。

此外，研究小组亦充分意识到教师并不熟悉变式数学课程和教材。在实验期间的课堂观察中，研究者发现教师本身对变式教学的质量有很大的影响。如果教师对变式教学的精髓没有透彻的理解,那么他们的表现可能比使用传统教材的教师更差。为了使变式课程更加有效,教师必须对学科有深刻的认识,同时要充分了解学生的学习需求。目前的研究仅限于 17 个班级,并没有提供足够的数据说明教师如何以最有效的方式开展变式教学。进一步的研究将有助于回答这个有趣的问题。毕竟,即使教师严格地按照所开发的课程(包括教材)进行教学,也不一定能达到预期的学习效果。相反地,变式课程应该是在课程、教师和学生之间展开三方互动的一种手段,正是这种互动促进了课堂学习。

总而言之,这种根据顾泠沅和马顿(Marton)的理论工作改编的新的数学课程形式已经在目前的研究中表现出潜力。对于中国香港或其他国家的课程开发者和教师来说,这种形式的数学课程和教学值得进一步探索。

参考文献

Aiken, L. R. (1979). Attitudes toward mathematics and science in Iranian middle school. *School Science and Mathematics*, 79, 229 – 234.

Bao, J., Huang, R., Yi, L., & Gu, L. (2003a). Study in bianshi teaching [in Chinese]. Mathematics Teaching [*Shuxue Jiaoxue*], 1, 11 – 12.

Bao, J., Huang, R., Yi, L., & Gu, L. (2003b). Study in bianshi teaching — II [in Chinese]. Mathematics Teaching [*Shuxue Jiaoxue*], 2, 6 – 10.

Bao, J., Huang, R., Yi, L., & Gu, L. (2003b). Study in bianshi teaching — III [in Chinese]. Mathematics Teaching [*Shuxue Jiaoxue*], 3, 6 – 12.

Bowden, J., & Marton, F. (1998). *The university of learning*. London, England: Kogan Page.

Chan, A. M. Y., Lam, C. C., & Wong, N. Y. (2007). The effects of spiral bianshi curriculum: A case study of the teaching of speed for Primary 6 students in Hong Kong. In C. S. Lim, S. Fatimah, G. Munirah, S. Hajar, M,. Y. Hashimah, W. L. Gan, & T. Y. Hwa (Eds.), *Proceedings of be 4th East Asia regional conference on mathematical education* (pp. 349 – 354). Penang, Malaysia: Universiti Sains Malaysia.

Chan, A. M. Y., Wong, N,. Y., & Lam, C. C. (2010). In search of effective mathematics teaching and learning in Hong Kong Primary schools: The impact of Spiral Bianshi mathematics curriculum on students cognitive and affective outcomes. In Y.

Shimizu, Y. Sekiguchi, & K. Hino (Eds.), *Proceedings of the 5th East Asia regional conference on mathematical education* (Vol. 2, pp. 559 - 566). Tokyo, Japan: Japan Society of Mathematical Education.

Chiu, L. -H., & Henry, L. L. (1990). Development and validation of the Mathematics Anxiety Scale for Children. Measurement and Evaluation in Counseling and Development, 23(3),121 - 12.

Curriculum Development Council. (2000). Mathematics education key learning area: *Mathematics curriculum guide* (P1 - P6). Hong Kong: Printing Department.

Fan, L., Wong, N. Y., Cai, J., & Li, S. (Eds.). (2004). *How Chinese learn mathematics: Perspectives from insiders*. Singapore: World Scientific.

Gu, L. (1992, August). *The Qingpu experience*. Paper presented at the 7th International Congress on Mathematical Education, Quebec, Canada.

Gu, L., Huang, R., & Marton, F. (2004). Teaching with variation: A Chinese way of Promoting effective mathematics learning. In L. Fan, N. Y, Wong, J. Cai, & S. Li (Eds.), *How Chinese learn mathematics: Perspectives from insiders* (pp. 309 - 347). Singapore: World Scientific.

Gu, M. (1999). *Education directory* [in Chinese], Shanghai, China: Shanghai Educational Publishing.

Ho, S. C., Cheung, S. P., Chun, K. W., Lau, K. C., Lau, K. L., Wong, K. L., et al. (2011). *The fourth HKPISA report: PISA 2009*. Hong Kong: Chinese University of Hong Kong.

Marton, F., & Booth, S., (1997). *Learning and awareness*. Mahwah, NJ: Lawrence Erlbaum Associates.

Marton, F., & Säljö, R. (1976). On qualitative differences in learning: I — Outcome and process. *British Journal of Educationl Psychology*, 46,4 - 11.

Minato, S. (1983). Some mathematical attitudinal data on eighth grade students in Japan measured by a semantic differential. *Educational Studies in Mathematics*, 14(1),19 - 38. doi: 10.1007/BE00704700

Watkins, D. A., & Biggs, J. B. (Eds.). (1996). *The Chinese learner: Cultural, psychological and contextual influences*. Hong Kong: Comparative Education Research Centre, University of Hong Kong; Melbourne, VIC, Australia: Australian Council for Educational Research.

Watkins, D. A., & Biggs, J. B. (Eds.). (2001). *Teaching the Chinese learner: Psychological and pedagogical perspectives*. Hong Kong: Comparative Education Research Centre, University of Hong Kong; Melbourne, VIC, Australia: Australian Council for Educational Research.

Wong, N. Y. (2004). The CHC learner's phenomenon: Its implications on mathematics education. In L. Fan, N. Y. Wong, J. Cai & S. Li (Eds.), *How Chinese learn mathematics*：*Perspectives from insiders* (pp.503 – 534). Singapore：World Scientific.

Wong, N. Y. (2006). From "entering the Way" to "exiting the Way"：In search of a bridge to span "basic skills" and "process abilities." In F. K. S. Leung, K. -D. Graf, & F. J. Lopez-Real (Eds.), *Mathematics education in different cultural tradition — A comparative study of East Asia and the West：The 13th ICMI Study* (pp.111 – 128). Boston, MA：Springer.

Wong, N. Y. (2008). Confucian heritage culture learner's phenomenon：From "exploring the middle zone" to "constructing a bridge." *ZDM-International Journal on Mathematics Education*, 40,973 – 981.

Wong, N. Y., Han, J. W., & Lee, P. Y. (2004). The mathematics curriculum：Toward globalization or Westernization? In L. Fan, N. Y, Wong, J. Cai, & S. Li (Eds.), *How Chinese learn mathematics：Perspectives from insiders* (pp.27 – 70). Singapore：World Scientific.

Wong N, Y., Lam, C. C., & Sun, X. (2006). *The basic principles of designing bianshi mathematics teaching：A possible alternative to mathematics curriculum reform in Hong Kong* [in Chinese] (School Education Reform Series No.33). Hong Kong：Faculty of Education, The Chinese University of Hong Kong; Hong Kong Institute of Educational Research.

Wong, N. Y, Lam, C. C., & Wong, K. M. P. (1998). Students' and teachers' conception of mathematics learning：A Hong Kong study. In H. S. Park, Y. H. Choe, H. Shin, & S. H. Kim (Eds.), *Proceeding of the ICMI-EAST Asia regional conference on mathematical education* (Vol. 2, pp.275 – 304). Seoul, Korea：Korean Sub-Commission of ICMI; Korea Society of Mathematical Education; Korea National University of Education.

Wong, N. Y., Lam, C. C., Chan, A. M. Y., & Wang, Y. L. (2007). The design of mathematics spiral bianshi curriculum：Using three primary mathematics topics as examples [in Chinese]. *Education Journal*, 35(2),1 – 28.

Wong, N. Y., Lam, C. C., Sun, X., & Chan, A. M. Y. (2009). From "exploring the middle zone" to "constructing a bridge."：Experimenting in the spiral bianshi mathematics curriculum. *International Journal of Science and Mathematics Education*, 7,363 – 382.

Wong, N. Y., Marton, F., Wong, K. M., & Lam, C. C. (2002). The lived space of mathematics learning. *Journal of Mathematical Behavior*, 21(1),25 – 47.

Zhang, D., & Dai, Z. (2004, July). *The "Two basics" mathematics teaching approach and open ended problem solving in China*. Regular lecture delivered at the 10th International Congress on Mathematical Education, Copenhagen, Denmark. Retrieved from http://www. icme10. dk/proceedings/pages/regular_pdf/RL_Zhang,％20Dianzhou ％20and％20Zaiping％20Dai. pdf

第 8 章　连贯性的五个策略
——对一名上海教师课堂教学的分析

莫雅慈①

1　引言

广大教育工作者和研究者认为连贯性在教学中发挥重要作用。就数学而言，"连贯的数学课程必须按照一定的方式安排教学内容，使得新概念建立在已有的概念之上"（Watanabe，2007，p.3）。除了课程之外，连贯性在实际的数学教学中是至关重要的，它被视为亚洲国家数学课堂的一个显著特征。然而，很少有研究探讨如何在实际教学中实现连贯性。

本章将从下列问题开始：什么是教学连贯性？如何在数学课堂上实现连贯性？能否从中国数学课例中提炼出教学连贯性的策略？针对这些问题开展的研究还很少见。本章试图通过借鉴文献中所报道的几项研究的观点，并分析一位上海数学教师的一组实验数据，对这些问题作出简要的回答。本章以一位上海教师的连续四节（7 年级）数学课为例，围绕联立方程这一主题，说明了该教师如何通过教学方法实现课堂的连贯性。这种方法通过对一小部分数据进行深入分析来提供实际课堂教学的具体细节。本研究通过确定五个策略，来帮助理解如何在数学课上创造教学连贯性。此外，通过将这五个策略详细地提供给数学教师，希望本章能对"中国教师如何教数学和改进教学"这一主题有所贡献。特别地，本章讨论了两个研究问题：

教师在课与课之间和一节课内建立联系的策略是什么？

不同教学任务之间的程序性和概念性联系是如何在这些任务的互动过程中建立起来的？

---

① 莫雅慈，香港大学。

2 教学连贯性的框架：主题联系、课堂常规和课堂话语

什么是教学连贯性？简而言之，就是教师如何开发课程，以帮助学生建立对一个主题的连贯理解。在数学教学中，教学内容本身有助于提高课堂的清晰度和连贯性。在 TIMSS 录像研究（一项国际比较研究）中，特别调查了课与课之间的数学内容是如何联系的。问题之间的数学关系被编码为重复、数学相关、主题相关和不相关(Hiebert et al.，2003)。在 TIMSS 录像研究的分析中，连贯性被定义为课程中所有数学成分的（内隐和外显的）相互关系。评分为 1 表示一节课有多个不相关的主题或话题，而评分为 5 表示有一个中心主题贯穿整节课。在 TIMSS1999 录像研究中，可以发现香港的数学课在主题连贯性方面的评分高于其他城市(Hiebert et al.，2003，p.196)。许多其他的研究也发现连贯性在数学教学中具有重要作用（例如，Chen & Li，2010；Wang & Murphy，2004)。然而，教学连贯性的许多特征在很大程度上仍是未知的。出于本章的目的，我们在已有相关工作的基础上，提出了一个教学连贯性的框架。教学连贯性可以通过以下三个方面来实现：主题联系、课堂常规和课堂话语。

学校里教授的数学主题之间有着连贯的联系，这并非巧合。"课程不仅仅是一系列的活动集：它必须是连贯的，集中于重要的数学，而且使各年级的数学系统化。"(NCTM，1999)"集中和连贯的数学课程是通过努力和明确的目标来设计的。"(NCTM，2006,2009)渡边(Watanabe)(2007)认为，连贯课程的重要因素包括课程本身的内容和教师的视野。内容的连贯性关系到一节课的各个环节如何互相联系，以及这种关系是否能被显性地表示和（或）解释。这种关系的表现在很大程度上取决于问题和学习活动的设计。另一个因素是这个主题的数学彻底性，即学生是否有机会彻底了解一个主题，使他们能够看到主题的丰富性，并有足够的预备知识去探索主题的具体方面或延伸的观点。教师的视野，或教师如何突出主题的"焦点"，也是很重要的。在关于评价中美数学教师的比较研究中，马立平也提到了教师能力的重要性(Ma，1999)。马立平(1999)认为，教学的连贯性和彻底性主要依赖于教师对于知识应如何传授或呈现给学生的观念。学生在课堂上的思维连贯性取决于教师在教学过程中实现连贯性的策略。关于中国课堂数学教学连贯性的研究并不多见，但

其中一些研究的发现主要集中在三个方面：主题联系、课堂常规和师生话语。

2.1　主题联系

教学连贯性受到课内和课间的主题联系、主题内的活动设计以及活动之间关系的影响（Wang & Murphy，2004）。陈希和李业平（2010）对四节分数除法的课进行了分析。他们开发了一个框架来观察教师如何通过教学帮助学生建立知识联系和连贯性。总的来说，这些课通过一个连贯的主题结构联系起来，教学内容为分数除法的概念和算法。这些分析还反映了对该主题的深入透彻的研究，为学生深入理解该主题的概念和技能奠定基础。

2.2　课堂常规

课堂常规是指回顾知识和总结等常规步骤。例如，陈希和李业平（2010）发现在他们研究的课堂中，教师用了超过 30% 的课堂时间来复习以前的知识和引入分数除法的概念。这些复习内容是在课堂上创造连贯性的主要特征。内容总结也是中国数学课堂的重要组成部分（例如，上海市青浦县数学教学改革实验组，1999；Mok，2006a，b）。出于研究的目的，我们将总结定义为强调课堂的主要内容，突出整节课的重点。同样的，总结（在日本被称为"matome"）的使用在日本数学课堂上也很重要（Shimizu，2007）。清水（Shimizu）进一步认为，总结是实现亚洲数学课堂连贯性的一个重要方面。

2.3　课堂话语

王涛和墨菲（Murphy）（2004）研究了中国数学课堂中的话语，发现课堂话语的显著特征是连贯性，即是指用统一的或有关联的言语和行为，来创造一种有意义的话语。他们从教育学、心理学和社会学等方面探讨了连贯性所带来的积积教学效果。在课堂话语中，教师在活动中运用过渡性讲解，这表明语言是显性地联系结构化活动的有力工具。在中国数学课堂上，社会学和心理学的连贯性表现为一贯以来的仪式（例如，一节课以问候和陈述开始，如"上课"和"让我们开始上课"），它暗示了作为参与者的教师和学生，在课堂话语中承担着各自的责任。陈希和李业平（2010）分析了教师在课堂上精确地表达观点和事实时所产生的话语中的显性过渡和偶然联系。这些技能和特征在教学连贯中发挥着重要的作用。

3 数据背景：课程的选择

本章使用的数据来源于学习者视角研究(LPS)的数据集。LPS 是由墨尔本大学的大卫·克拉克(David Clarke)领导的国际项目,研究 16 个国家的数学课堂。每个国家或地方都参与了数据收集。共同的方法包括收集 3 位优秀的数学教师连续几节课的录像和课程资料。这些被当地研究人员遴选出来的教师,被公认为开展了"优质的教学实践"。这些数据还包括师生访谈。丰富的数据集使研究人员能够选择相关的子数据集,从不同的角度再现课堂。本文的目的是发现在课与课之间和一节课内创造连贯性的策略,以及如何在课上建立程序性和概念性联系。在一些策略中,重点主要是在一节课内建立连贯性。因此,对同一节课中的话语、内容和活动进行细致的分析是非常必要的。然而,为了说明如何有效地使用主题联系、复习等策略,还必须在连续的课程之间保持一致性。因此,我们选择了四节连续的七年级的课,从 SH1－L05 到 SH1－L08,这些课形成了一个连贯的主题单元。这四节课都是在同一个班级由同一名教师执教,从而有机会深入地探索如何在课与课之间和一节课内形成连贯性。

这些课的主题按顺序为"方程组及其解的意义"(L05)、"代入法"(L06)和"消元法"(L07 和 L08)。虽然这些课可以被视为一个主题相关的序列,但它们各自的重点也为研究如何发展概念性知识和程序性知识的侧重点之间的差异提供了机会。

4 分析方法

原始的课程是用中文进行授课,我们将上课的录像进行转录,并将所有的课堂实录翻译成英文。采用陈希和李业平(2010)修改的一组代码进行标识:(1)复习、引入新内容、总结等主要事件;(2)课堂讨论、小组讨论等课堂活动;(3)课堂各环节之间的程序性和概念性联系。如有需要,请参阅中文课堂实录和录像带,以作澄清。

首先,每节课的课堂实录被分为三个部分:复习、引入新内容以及每个学习任务的小结。每节课的初始编码都是按时间顺序对事件和活动的流程及形式进行概述,并体现了对各环节内容之间联系的初步理解。示例如下:(CD)课堂讨论、(GD)小组讨论、(CW1)课堂作业——部分学生在黑板上进行板演、(CW2)课堂作业——学生在座位上完成作业,以及(HW)家庭作业。在下一个阶段,我们采用了几个步骤来观察教师如何在教学中加强连贯性。

步骤 1:仔细察看课堂实录,观察在一节课内概念性联系和程序性联系如何通过课堂互动关联起来。简而言之,概念性联系主要指对数学对象和技能的描述和解释,而程序性联系则是指技能和程序的应用或拓展。

步骤 2:强调显性的过渡性讲解。这些过渡性语言暗示了教师建立联系的明确意图,并引起学生注意到这些联系。例如:"让我们看看这个。在上节课中我们列出了……";"现在让我们看看刚才讨论的问题"。

步骤 3:将课堂开始时的复习与上一节课的内容进行比较,以检查课与课之间是否有连贯性(见表 8.2)。

5   分析和结果

通过对这连续四节课的分析,揭示了实现教学连贯性的五个策略:内容的主题安排;"复习"的运用;"是什么—为什么—怎么做"的技巧;变式练习,巩固新知;"总结"的运用。

在下面的章节中,首先通过比较课堂的教学目标来呈现课与课之间的主题联系,然后再介绍其他四个策略。连续的课程之间的连贯性主要是通过课与课之间的主题联系和在每节课开始时的复习来实现的。一节课内的连贯性则是通过其他四个策略来实现的。在描述其他四个策略的同时,我们还对课 SH1 - L06 进行详细的分析,展示了如何在一节课内通过例题和活动来建立各环节之间的联系和连贯性。

5.1   策略一:主题联系中的"是什么—为什么—怎么做"

比较所选课程的教学目标和内容,其中有连续两节课的主题都是"联立二元一次方程"。活动目标和课堂问题的列表显示了教师计划如何将课堂上的概念和程序算法联系起来。主题和教学目标如表 8.1 所示。

表 8.1　所选课程的主题和教学目标

SH1－L05：引入二元一次方程组
- 二元一次方程组的概念
- 二元一次方程组的解的概念
- 用列表法解二元一次方程组

SH1－L06：代入法
- 复习方程、解方程、二元一次方程及二元一次方程组的解
- 给定方程，用一个未知数表示另一个未知数
- 给定方程的一个未知数，求出另一个未知数的值
- 检验方程的解是否正确
- 解方程组

SH1－L07：消元法（第一课时）
- 给定方程，找到两个未知数之间的关系
- 解释等式的性质
- 用代入法求解方程组的合理性

SH1－L08：消元法（第二课时）
- 复习消元法
- 用消元法解二元一次方程组，其中两个变量的系数不相同

　　从表 8.1，我们可以看出内容的顺序和呈现遵循数学对象或技能的层次关系。在第一节课（L05）中，学生学习了什么是二元一次方程组。与此相关，他们还学习了二元一次方程组"解"的含义。然而，要掌握这些概念，学生首先必须学习什么是二元一次方程和"方程的解"的性质。复习时重温了这一前提。在课堂练习中，学生必须学会应用"什么是二元一次方程"来判断给定的方程组是不是二元一次方程组。这样一来，需要应用"是什么"来解决问题，这强化了学习二元一次方程的含义的目的。因此"是什么"的问题变成"怎么做"的问题：如何应用数学对象的定义和含义来解决不同情境下的问题？随着对 L05 的内容目标和"二元一次方程"这一前提概念的理解，学生认识到，对二元一次方程"组"的理解取决于对二元一次方程的理解，而且，鉴于一个方程的无穷多解被归结为一个解或无解，所以二元一次方程组的含义不仅仅是一组方程。因此，这些不同的数学概念之间的联系具有内在的逻辑性和层次性，学生只有在教师的指导下进行讨论，通过不同的相关例题和练习，才能看出这种联系。关于"是什么"和"怎么做"的问题形成了一种教学策略，帮助学生理解这些概念的内在联系。

　　观察这三节课之间的联系，可以发现接下来的两节课 L06 和 L07 确实回答了

"怎么做"的问题,因为在 L05 中学习了"是什么"之后,这两节课向学生展示了解方程组的两种不同的方法。在 L06 和 L07 中讲解每种方法时,学生通过这种方法"是什么"、方法"为什么"有效以及"怎么"实施该方法这三个方面,进一步丰富了对算法的理解。包含以"是什么"、"为什么"和"怎么做"为目的的例题和练习,是在同一主题下建立数学概念之间的紧密联系的一个显著特征。此外,虽然 L07 和 L08 都和子主题"消元法"有关,但 L08 整节课可以看作是 L07 学习过程的延伸。也就是说,L07 更注重"是什么"和"为什么",而 L08 关注"怎么做"。

5.2　策略二:"复习"的运用

教师以复习开始他的每一节课。我们分析了每节课开始时的复习内容和上一节课的内容,以寻求课与课之间的连贯性。分析表明,复习的主要作用体现在两个方面:回顾以前的课程;为新的学习做准备。在本节中,我将以 L06 为例说明教师如何运用复习。教师在一张幻灯片上展示了四个任务,以此进行复习(见表8.2)。他明确表示,这是对上一节课内容的回顾:"今天,在讲授一个新的主题之前,让我们回顾一下我们学到了什么。我们来复习一些概念。"这种过渡性语言的使用直接将这节课与上一节课联系起来(Wang & Murphy, 2004)。在上节课中已经讨论了这四个任务所包含的数学概念(例如,方程和解方程)。

表 8.2　SH1－L06 中复习的四个任务

(1) 定义:(i)方程;(ii)解方程;(iii)二元一次方程;(iv)二元一次方程的解。
(2) 改写方程 $2x + 3y = 6$,用 y 来表示 x。
(3) $x + y = 12$。如果 $y = 2x$,求出两个未知数。
(4) 一名学生解下面这对方程:$x + 3y = -5$;$y = 2x - 4$。他得到的解是 $x = 1$, $y = 2$。你认为他的答案正确吗?

除了复习所学的知识,这四项任务可以看作是上一课内容的一个连贯的缩影,因为它们都是关于上节课所学的方程和解方程。每个任务都揭示了概念的不同方面。如果不调查上节课发生了什么,很难看出这些不同方面之间的联系是如何建立起来的。尽管如此,我们可以看到任务(1)到(4)以不同的方式通过内容之间的数学关系连贯地联系在一起。它们之间的关系和连贯的复习搭建了一个学习新知识的平台,并自然地引出了新课的内容。

对于任务(1),"方程"(i)和"解方程"(ii)都是关于相同的基本数学概念"方程(一般式)",并形成一个连贯的单元,而"二元一次方程"(iii)和"二元一次方程的解"(iv)形成了另一个类似的连贯单元。"方程"和"二元一次方程"这两个概念是互相联系的。后者"二元一次方程"是一种特殊类型的"方程",其定义是在方程的基础上规定了方程的次数和未知数个数。此外,在呈现方式上,从一般到特殊,单元(iii)和(iv)与单元(i)和(ii)形成了一个特殊的概念类比。在师生互动中,促使学生回忆这些概念并非难事。

> T:让我们来复习一些概念。首先,什么是方程? 好吧,告诉我。
> *S:含有未知数的等式叫做方程。
> *注:"S"代表一个不知名的学生。

在任务(2)中,用 $y = f(x)$ 的形式重新表示一个方程,或用一个未知数表示另一个未知数,是解方程常用的技巧。同时,它可以单独被看作一个二元一次方程的解,因为 $y = f(x)$ 的形式解释了如何列出 x 和 y 的数值,并明确地表示如何用符号的形式根据 x 计算出 y。因此,任务(2)与任务(1)存在概念性联系。

任务(3)" $x + y = 12$。如果 $y = 2x$,求出两个未知数的值"是一个程序性任务,因为它要求学生进行计算,以得出答案。这项任务确实是为了找到满足这两个方程的未知数,但方程是以条件的形式呈现的。这使得它看起来是在一个附加的约束条件下寻找方程" $x + y = 12$ "的解。 类似于任务(2),它是关于解方程的,在概念上和程序上与任务(1)和(2)相关联。分析表明,任务(3)与这节课后半部分的新内容密切相关,这将会在下一节进行讨论。不过,复习的时候老师只让学生给出答案,然后便继续下一个任务。

任务(4)要求全班学生判断给定的一对数字是否是一组方程的解。这是一个概念性问题,不要求学生解方程,只需要理解"解"的含义。同样,它与任务(1)有着概念性联系。

对 L06 的复习进行分析,发现复习实际上不仅仅是简单地帮助学生回忆已有的知识经验,而是学习的一个重要部分。假设把问题放在一起可以提醒学生上节课发生了什么,那么课堂上的复习可以被看作一个独立的环节,言简意赅地揭示了概念之间的连贯性。

5.3　策略三：课堂话语中的"是什么—为什么—怎么做"的技巧

5.3.1　是什么和为什么：重新讨论任务(3)

当教师开始引入这节课的新内容时,重新讨论了复习中任务(3)的问题"$x +y=12$。如果 $y=2x$,求出两个未知数的值"。我们将第二轮记为"任务(5)",以作区分。在前面的复习中,一名学生给出了 x 和 y 的值,然后教师继续下一个任务。对于任务(5),教师明确地告诉学生他们将重新讨论任务(3)。教师说道,"看到第三题,x 加 y 等于 12,y 等于 $2x$。让我们看看,我们的同学刚刚算出 x 等于 4,y 等于 8。孩子们,你们是怎么得到的? 谁能告诉我?"教师请全班学生来解释这名学生是如何得到答案的,解决了"为什么"可以将" $y=2x$ "代入到第一个方程的问题,最后引入了方程组的表示形式,取代了任务(3)中的条件语句表示。

> T：现在我们来看看刚才讨论的问题。看到第三题,x 加 y 等于 12,y 等于 $2x$。让我们看看,我们的同学刚刚算出 x 等于 4,y 等于 8。孩子们,你们是怎么得到的? 谁能告诉我?
>
> S：将 $y=2x$ 代入方程 $x+y=12$。

教师听到代入的想法,继续提问,"为什么我们可以把 $y=2x$ 代入到方程 $x +y=12$? "

> T：现在看看这个。如果我们把 $x+y=12$ 作为第一个方程,$y=2x$ 作为第二个方程,现在我问你们一个问题,为什么我们可以把 $y=2x$ 代入到 $x +y=12$ 中? 请解释我们可以把方程二代入方程一的原因。来,告诉我。
>
> S：(……)
>
> T：告诉我,安西娅。
>
> 安西娅：这是因为它们都有一个未知数。
>
> T：好的,你能告诉我吗?
>
> 班德森：这是因为第二个方程的 y 值是由 x 的表达式来表示的。因此,

最后我们可以……把这个表达式代入原来的方程 $x+y=12$。所以原方程的 y 值现在就转换成了这个表达式。

邀请学生对答案进行详细阐述是非常重要的。在任务(3)中,问题的陈述以两个方程作为条件,并顺理成章地通过代入来求出 x 和 y 的值。这种设计使得聪明的学生可以凭直觉进行代入,或者自然而然地想到通过代入来解决问题。随着对"为什么"问题的探究,学生不得不重新思考这一过程,而明确的讨论证明了代入这一步骤的合理性,事实上,这是一个非常重要的伏笔,代入是当天将要学习的一个关键步骤。教师听了学生的讨论,继续讲解,并提出了两点。第一,任务(3)中的两个方程以二元一次方程组的标准形式来表示,因此这两个方程分别被称为"方程一"和"方程二"。有了这一转变,任务(3)成为代入法的第一个例子,通过让学生在贡献想法的过程中承担重要角色来说明这种新的方法。第二,教师用更一般的方式讲解了这个方法,并命名为"代入法",这是这节课的重点。因此,对任务(3)的重新讨论形成了代入法概念化的一个重要的初始过程。

T:我们把第二个方程代入第一个方程。看看第一个方程发生了什么变化? 它变成了只含有一个未知数的方程。对吗? 它变成了一个一元一次方程。因此,这种方法叫做代入法。

5.3.2 怎么做:方法的演示

这节课的下一个环节是任务(6),它有两个形式相似的问题。教师用这个任务一步一步清楚地演示了代入法。演示是通过以教师为主导的问答方式进行的。课堂互动显示出几个特征。

第一,这些步骤都是明确的,并通过问题提示学生。例如:"我们应该先做什么?";"完成第一步之后,下一步应该做什么?"第二,教师引导学生仔细思考每一个步骤,例如:"想一想。";"为什么我们要将第一个方程进行变形,而不是第二个方程?"第三,教师讲解了如何在这个过程中给方程标记号,这简化了方程的解法和求解步骤,例如,"我们称这个方程为方程三"。然后,教师直接提问学生对于每一步的思路,例如:"我们应该代入第一个方程还是第二个方程?";"x 的值是多少?"问题 $6b$ 类似于问题 $6a$,并通过它们的相似性,引出方程的标准形式($ax+by=c$)。在某种程度上,问题 $6b$ 可以被看作重复练习,因为它使学生能够立即在类似的情境下应用所学到的知识。然而,根据未知数系数的特征,教师把学生的注意力吸引到关键点上,即如何用一个未知数表示另一个未知数。这一步骤在代入法中非常重要。

　　T:1 减去 $2y$,好的,我们把这个方程叫做方程三。好吧,我想问,为什么我们要将第一个方程进行变形,而不是第二个方程?

　　S:因为方程一的系数是 1。

　　T:哦,方程一的系数是 1。让我们看看。我们可以将方程一和方程二进行变形。在这个问题中,我们用 y 的表达式来表示方程一的 x 值。

　　T:那么数字就简单多了。看看这个,在完成第一步之后,下一步应该做什么?

5.4　策略四:变式练习,巩固新知

这节课剩下的部分是练习环节。总共有 5 个问题(见表 8.3)。

表 8.3　巩固训练的问题

课堂作业

Q1: $\begin{cases} 2x+3y=1, \\ 7x-8y=6。 \end{cases}$

Q2: $\begin{cases} \dfrac{x+y}{2}+\dfrac{x-y}{3}=6, \\ 4(x+y)-5(x-y)=2。 \end{cases}$

讨论课堂作业的解法。

幻灯片 TQ1~TQ3

TQ1: $\begin{cases} 2x+3(5x+7y)=4, \\ 5x+7y=2。 \end{cases}$

TQ2: $\begin{cases} 4x-3y=0, \\ 10x+9y=11。 \end{cases}$

TQ3: $\begin{cases} 3x-2y=5, \\ \dfrac{3x-y+5}{4}-\dfrac{3x+2y-25}{11}=0。 \end{cases}$

在这个环节中,学生先独立完成课堂作业,然后由教师带领全班进行讨论。教师从课本中抄写了两个问题(Q.1和Q.2)在黑板上,作为课堂作业。他先简单地解释了这些问题,然后让全班学生独立完成。在讲解的过程中,他强调了两点:(1)标准形式(Q.1);(2)在尝试解方程组之前如何把Q.2从非标准形式转化为标准形式。在让学生自己解决这两个问题之前,他又再次解释了标准形式。同时还邀请了一些学生在黑板上展示他们的解答。这一练习直接和任务(5)的教学相联系,为学生提供了练习和巩固知识的机会。学生完成作业后,教师继续在全班讨论他们的答案。接着,教师在事先准备好的幻灯片中展示了3个问题(TQ1到TQ3)。这3个问题在进行代入的方法数量差异更大。他没有让学生回答问题,而是让他们"讨论"解方程的步骤。

这实际上是一种完全不同的活动。它发生在这节课快结束的时候。教师带领学生讨论了这3个问题。这项任务要求很高,互动的过程主要是教师讲解,学生在教师的邀请下给出了两个答案。不难想象,并非全部学生都能很快地理解所有的细节,但教师的讲解可以清楚地引导他们完成各个步骤。由于这节课即将结束,时间有限,这样做可能有助于他们巩固刚刚学到的知识。

5.5 策略五:总结的运用

5.5.1 小结:"阅读"课本总结

总结或结束语是一种重要的教学技巧,教师在一连串的讲解和互动之后,以此来建立连贯性和突出重点。任务(6)结束后,在教师主导的互动中进行了简短的总结。接着,教师让全班学生直接阅读课本上解二元一次方程组的步骤总结。

> T:我们刚刚做了这两个问题。有没有人能对这几个步骤做一个简单的总结?解释用代入法解二元一次方程组的步骤。
>
> T:来吧,你能告诉我吗?这是解方程的一个步骤。说得不完整也没关系。
>
> T:其他同学可以进一步阐述。那么,让我们看看,用这种方式来解决这两个问题,第一步我们要做什么?第一步,(……)你来告诉我。
>
> S:我们可以用含未知数的表达式来表示另一个未知数。
>
> ……

T：在第 31 页，让我们一起来看一下。翻到 31 页。好的，这五个步骤已经写出来了。因为内容比较多，我就不把它们写在黑板上。

T：好的，让我们一起读。解二元一次方程组的步骤如下。准备好了吗？

课本上的总结列出了解二元一次方程组的主要步骤，并重申了之前所讨论的内容：

(1) 将方程变形，用一个未知数表示另一个未知数。

(2) 将变形后的方程代入另一个方程中，使其转化为一个一元一次方程。

(3) 解这个一元一次方程，求出一个未知数的值。

(4) 将求得的未知数代入(1)中变形后的方程中，求出另一个未知数的值。

(5) 把方程组的解用大括号联立起来……(译文)

5.5.2 课堂小结，突出重点

最后，在这节课快结束的时候，教师进行总结，并布置作业。教师强调了执行这些步骤的两个要点：

(1) 准确性是一个基本要求，关键是要确保在代入之前方程的变形是准确的；

(2) 根据方程的类型和格式选择不同的代入方式。

这部分可以看作是阅读课本小结的续篇。这不是重复，并且只有在巩固训练之后才能进行。

6 结论：五个策略

华人如何教和学数学受到越来越多的关注。虽然中国数学课堂不太可能找到一个典型代表，但是中国文化背景蕴含的一些特征已经逐渐被教育工作者和研究者们揭示出来(Lopez-Real，Mok，Leung & Marton，2004)。通过众多学者的研究，中国数学课堂文化的一些特征已经广为人知，例如：强调"双基"(Zhang，Li & Tang，2004)；教师往往被认为是权威，在课堂上扮演着非常重要的领导者和指导者的角色(例如，Mok，2006a，b；Wang & Murphy，2004)；通过示范和练习来培养解决问题的能力(Huang & Leung，2004)。人们认为连贯性在数学中很重要，因此它对于我们如何设计和创造学生的学习体验来说也很重要。众所周知，课堂教

学的连贯性是亚洲国家教学的一个重要特征,尤其是在中国的数学教学中(Chen &
Li 2010;Stigler & Perry, 1988)。与已有的研究相比(例如,Chen & Li, 2010),
本文不主张采用新的分析方法来研究连贯性问题。相反,作者的目的是确定建立
连贯性的策略和技巧,这在本研究中得到了详细的论证。因此,本章对教师而言
具有现实意义。

这些研究结果将为教师如何以连贯的方式来组织课堂和设置问题提供一些
思路。连贯性是数学固有的特征,但只有当教学足够全面,使学生对主题内容的
细节有充分的了解时,才能实现课堂教学的连贯性。细节的彻底性对于学生充分
理解概念和程序,从而理解主题的一致性和连贯性是很重要的(Watanabe,
2007)。要实现彻底性,简单地包含内容和问题是不够的。实际教学中的互动至
关重要。教学中的过渡性讲解在明确课堂的连贯性方面也发挥了支持作用。在
课堂话语分析中,教师对"是什么—为什么—怎么做"问题的运用和呈现方式对学
生而言是一种重要的引导,是教师以一种理性的方式通过例题和练习与学生进行
互动。没有这种教学方法的复杂性,就不可能彻底理解这一主题。

连贯性也可以通过课堂常规来加强,比如复习和总结。通过仔细研究课堂数
据,可以发现复习和总结发挥了重要的作用,但它们本质上有很大差异。复习不
仅是为了帮助学生回忆,还起到了更大的作用。复习是在开始上课时进行的,为
营造互动话语的氛围进行热身。这些内容是学生已知的,因此,他们很容易参与
到课堂中并积极回答问题。复习本身就是上一课的选择性缩影。它代表了对主
题和教学的连贯理解。另一方面,总结强调并巩固了课堂上所呈现的大量新知
识,不仅可能发生在这堂课快结束时,而且可以在任何教师认为合适的情况下进
行小结。内容目标是教与学要达到的里程碑。仪式代表了精心安排课堂上所有
事情的教师的微妙期望。最后,分析认为教师通过五个教学策略实现了教学的连
贯性。这五个策略可以概括为:

(1) 内容的主题联系中的是什么—为什么—怎么做;

(2) "复习"的运用;

(3) 课堂话语中的是什么—为什么—怎么做的技巧;

(4) 变式练习,巩固新知;

(5) "总结"的运用。

参考文献

Chen, X. , & Li, Y. (2010). Instructional coherence in Chinese mathematics classroom — a case study of lessons on fraction division. *International Journal of Science and Mathematics Education*, 8,711 – 735.

Clarke, D. , Keitel, C. & Shimizu, Y. (2006). The Learners' Perspective Study. In D. Clarke, C. Keitel & Y. Shimizu (Eds.), *Mathematics Classrooms in Twelve Countries: The Insider's Perspective* (pp.1 – 14). Rotterdam: Sense Publishers.

Hiebert, J. , Gallimore, R. , Garnier, H. , Giwin, K. B. , Hollingsworth, H. , Jacobs, J. , et al. (2003). Teaching mathematics in seven countries: Results from the TIMSS 1999 video study. Washington: U. S. Department of Education, National Center for Education Statistics.

Huang, R. , & Leung, F. K. S. (2004), Cracking the paradox of Chinese learners: Looking into mathematics classrooms in Hong Kong and Shanghai. In L. Fan, Fan, N-Y. Wong, J. Cai, & S. Li (Eds.), *How Chinese learn mathematics* (pp.348 – 381). New Jersery: World Scientific.

Lopez-Real, F. , Mok, I. A. C. , Leung, F. K. S. & Marton, F. (2004). Identifying a pattern of teaching: An analysis of a Shanghai teacher's lessons, In L. Fan N-Y. Wong, J. Cai, & S. Li (Eds.), *How Chinese learn mathematics* (pp.382 – 412). New Jersery: World Scientific.

Ma, L. (1999). *Knowing and teaching elementary mathematics*. Mahwah: Lawrence Erlbaum.

Mok, I. A. C. (2006a). Shedding light on the East Asian learner Paradox: Reconstructing student-centredness in a Shanghai classroom. *Asia Pacific Journal of Education*, 26, 131 – 142.

Mok, I. A. C. (2006b). Teacher-dominating lessons in Shanghai — An insiders' story. In D. Clarke, C. Keitel & Y. Shimizu (Eds.), *Mathematics Classrooms in 12 Countries: The Insiders' Perspective* (pp.87 – 97). Rotterdam: Sense Publishers.

National Council of Teachers of Mathematics. (1999). *Professional standards for teaching mathematics*. Reston, VA: National Council of Teachers of Mathematics.

National Council of Teachers of Mathematics. (2006). *Curriculum focal points for prekindergarten through Grade 8 mathematics: A quest for coherence*. Reston, VA: National Council of Teachers of Mathematics.

National Council of Teachers of Mathematics. (2009). *Guiding Principles for Mathematics Curriculum and Assessment*. Available from http://www. nctm. org/ standards/content. aspx? id＝23273.

Shimizu，Y. (2007). Explicit linking in the sequence of consecutive lessons in mathematics classroom in Japan. *Proceeding of the 31st Conference of the International Group for the Psychology of Mathematics Education*，*South Korea*，4，pp.177 - 184.

Wang，T. ，& Murphy J. (2004). An examination of coherence in a Chinese mathematics classroom. In L. Fan，N-Y. Wong，J. Cai，& S. Li (Eds.)，*How Chinese learn mathematics* (pp.107 - 123). New Jersery：World Scientific.

Watanabe，T. (2007). In pursuit of a focused and coherent school mathematics curriculum. *The Mathematics Educator*，17(1)，2 - 6.

Zhang，D. ，Li，S. ，& Tang，R. (2004). The"two basics"：Mathematics teaching and learning in Mainland China. In L. Fan，N-Y. Wong，J. Cai，& S. Li (Eds.)，*How Chinese learn mathematics* (pp.189 - 207). New Jersery：World Scientific.

第9章　课程标准实施前后优质课堂的特征
——四节中国数学示范课的对比分析

赵冬臣[①]　马云鹏[②]

1　引言

　　为了提高课堂教学质量,优质课的研究吸引了越来越多研究者的兴趣(例如,Li & Shimizu,2009)。"优质"是一种体现价值取向的社会建构,因此在不同的社会环境中优质课的内涵也有所不同(例如,Clarke,Emanuelsson,Jablonka & Mok,2006)。同一国家或地区在不同历史时期对优质课的理解也有所区别。同时,研究者认为同一国家或地区在不同时期的"优质课"也具有一些相同的要素和特征(例如,Huang,Pang & Li,2009;Li & Yang,2003)。尚不清楚的是,多年以来"优质"课堂教学的哪些特征发生了变化,又有哪些保持不变? 目前中国非常重视数学课堂教学的研究,为了增进对数学课堂教学的认识和理解,我们旨在通过对比近来的和多年前的"优质"数学课,来辨别和检视其可能发生的变化。

　　过去,特别是从2001年数学课程标准实施以来,中国数学教育发生了翻天覆地的变化。改革旨在为中国所有学生提供切实可行的和高质量的数学教育(Liu & Li,2010)。新课程强调学生要全面发展,鼓励学生独立思考,学会与他人合作交流(MOE,2001,pp.2-3)。提出教学要密切联系学生的日常生活,使得学生可以将数学和现实世界相联系(MOE,2001,p.51)。新课标还鼓励教师进行创造性的教学设计和实践,而不是机械地将教材中的知识灌输给学生(MOE,2001,p.51)。中国当前的课程改革反映出与传统实践的显著差异。这吸引了许多数学教育者和研究者的兴趣,去辨别和检视优质课在改革的背景下是否发生相应的变

---

① 赵冬臣,哈尔滨师范大学。
② 马云鹏,东北师范大学。

化。事实上,黄兴丰、庞雅丽和李士锜(2009)已经比较了三节不同年代的中学数学示范课的异同。研究发现近 30 年来许多创新的教学方法已经被引进数学课堂,但这三个年代的数学课也有一些共同特征,比如,高频率的问答交流、教学过程包含许多的"小步子"。这些发现启发我们提出一个有关中国小学数学课堂的类似问题:新课程标准实施前后小学数学课堂是否发生了变化? 如果有,这些变化具体是什么?

近 20 年来,中国数学课堂教学的研究已经受到了许多教育家和研究者的广泛关注(例如,Huang, Mok & Leung, 2006;Huang & Leung, 2004;Leung, 1995;Li & Li, 2009;Stevenson & Stigler, 1992)。然而,优质数学课堂教学的构成仍然不被大众所了解。本研究通过分析四节不同历史时期的小学数学示范课,研究"优质"课堂教学的共性和差异。特别是当前教育改革重视优质课堂教学,选择新课程标准实施前后的数学优质课进行研究,可以使我们更好地理解优质课堂教学的特征。

2　研究方法

2.1　课的选择

在中国,负责管理学校教育研究的国家级和省级单位经常会组织教学比赛和教学展示活动(见 Li & Li, 2009)。本研究中的四节示范课都是特意在四个国家级的小学数学教学比赛中选取的,聚焦于同一个主题"认识分数"。这四节课分别执教并被收录于 1997 年、1998 年、2005 年和 2008 年(在下文这四节课相应地被简称为 L1、L2、L3、L4)。我们选择这些课进行比较,是基于以下三方面考虑:第一,所有这些课都是在特定时期内根据它们取得的荣誉被评定为"优质课";第二,这些课都是围绕同一主题在同一年级阶段进行的;第三,L1 和 L2 是在课程改革之前被收录的,而 L3 和 L4 是在新课程实施之后被收录的。因此可以辨别和检视它们之间的差异。

2.2　数据来源

所有选取的录像课都被转录成文字形式。根据每一个教学活动在录像中的位置标记它们的时间刻度(起止时间)。此外,还收集了三节课(L2、L3、L4)的教案和使用的教材用于后续分析。

2.3 数据分析

分析采用"自上而下"和"自下而上"的双重策略,辨别和检视四节课的共性和差异。在第一阶段,我们先确定整体的分析框架,而不是特定的编码,这样我们的分析就可以涵盖课堂教学的主要方面。参考 TIMSS1999 录像研究(Hiebert et al.,2003),我们的分析集中在三个维度:(1)课的结构;(2)教学内容;(3)教学方式。此外,为了充分利用收集到的教案和教材,我们又增加了两个维度:教学目标和教材使用。总的来说,最终形成了包含五个维度的分析框架,来解决以下几个问题:

(1)教学目标:教师希望学生从本节课学到什么?

(2)课的结构:整节课由哪些不同的教学活动构成?

(3)教学内容:为了实现教学目标,教和学了哪些内容?

(4)教学方式:师生以何种方式围绕教学内容展开教学?

(5)教材使用:教材在教学过程中发挥怎样的作用?

在第二阶段,应用"自下而上"的策略对每个维度进行数据分析。通过持续比较法对数据进行定性分析(Glaser & Strauss,1967)。反复观察课堂录像并阅读课堂实录,直到产生每个维度的一些主题。例如,师生互动可以用来说明教与学的特征。在互动中,我们发现教师的提问非常频繁,四节课存在不同的互动模式。因此,可以对提问的频率、类型和互动模式进行分类,以便进行下一阶段的分析。最后,我们进行了精确的分类。更多详情将在下一节中报告。

在第三阶段,利用前一阶段确定的分类对四节课进行编码。每节课的所有数据都由第一作者和一名研究生助理分别进行独立编码。检验了这四节课每种分类的编码者信度,结果显示编码者之间的一致性超过 87.5%。对于检验出的不一致的编码,经过商讨后得出了一致的编码。

编码后,对一些类别,比如持续时间、提问类型和互动时间等进行定量分析。但在某些方面持续进行定性分析。

3 研究结果

3.1 教学目标

L2、L3、L4 这三节课在知识与技能方面包含一些共同的教学目标。这些目标在于帮助学生：(1)建立初步的分数概念，认识几分之一；(2)知道分数的各部分名称(即分子、分数线和分母)；(3)正确读、写简单的分数。这三节课也都关注学生数学思维的发展。

L3 和 L4 包含"比较分数的大小"的教学目标，而 L2 不包含这一目标。我们没有收集到 L1 的教案，但教学过程表明，它和 L2 一样没有包含"比较分数的大小"。

另外，L3 和 L4 还包含了一些能力和情感态度方面的目标，如下所示：

……引导学生学会和同伴交流数学思考的结果，获得积极的情感体验；使学生体会数学来自生活的实际需要，感受数学与生活的联系，进一步产生对数学的好奇心和兴趣。

(L3)

……在活动中培养学生的合作意识……

(L4)

因此，L3 和 L4 包含一些相同的教学目标，例如合作意识、学会交流、情感体验和兴趣等，而 L2 没有提出此类目标。简而言之，L3 和 L4 的教学目标比 L2 范围更广，涵盖数学知识和学生的发展等方面。

3.2 课的结构

这四节课都包括四种教学活动，各有不同的目的：

(1) 复习。目的是激活原有的知识经验。

(2) 教学新内容。目的是获取以前课上没有学过的知识、概念、技能或程序。

(3) 练习新内容。目的是巩固新内容，学会将知识迁移到新的情境中。

(4) 总结。目的是帮助学生在课上对前面所学的新内容或教学活动有一个全面的认识。

L1 还包括"布置课后作业"。

在图 9.1 中,左边一列显示了四种教学活动在每节课中的位置。每节课从复习旧知识开始,引出本节课的新内容。新内容被划分成若干部分逐一教学。一些新内容教学完毕,教师会让学生进行练习。当学生完成了所有新内容的学习后,就会提供大量的练习。教师会在每节课的教学过程中或临近结束时进行小结。教学新内容和练习之间的交替更迭非常明显。这些课都被划分成许多的"小步子",但 L1 和 L2 相比 L3 和 L4 由更多的"步子"组成。

"教学新内容"和"练习新内容"累计占教学时间的 $85\%\sim95\%$,其中练习占 $35\%\sim55\%$(见图 9.1 的右边一列)。这表明练习和教学新内容一样被予以重视。

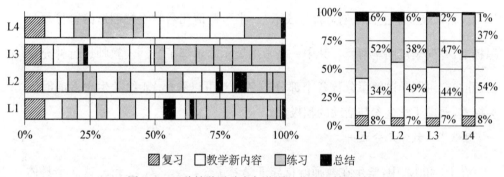

图 9.1　四种教学活动在每节课的位置和持续时间

注:L1 的"布置作业"仅占整个课时的 0.49%,因此在图中省略。

3.3　教学内容

3.3.1　复习和引入分数

每节课都从复习开始,目的在于帮助学生回忆起以前与分数学习相关的经验。四节课的复习都采取平均分配物品的形式,但问题呈现形式不同。

在 L1 中,教师首先复习了什么是"平均分"。然后将一个纸做的蛋糕分成两块,并问学生这两个部分是否相等。在学生回答"是"之后,教师提出一个问题:每一块占整个蛋糕的多少? 在 L2 中,教师在投影上依次呈现四幅图。结合每幅图,提出了四个关于平均分配物品的问题,比如:把 12 个苹果平均放到 4 个盘子里;把 1 块蛋糕平均分成两份。接着,学生对每个问题的分配结果进行思考。

在 L3 中,教师在投影仪上呈现 2 名小孩郊游的情境图,要求学生帮助这 2 名小孩平分食物,包括四个苹果、两瓶水和一个蛋糕。他们要解决这三个问题。在 L4 中,分给每一对同桌一套学具,包括 2 件用卡片做的衣服、2 条用卡片做的裤子、2 张长方形卡片、4 张正方形卡片、2 张圆形卡片和 1 条彩带。要求学生和他们的同桌平分每种学具,并记录每个学生拿到的每种学具的数量。

四节课的复习都能有效地激活学生已有的知识经验,但是与 L1 和 L2 相比,L3 和 L4 的情境和现实生活联系更紧密,任务更加真实。在每节课的复习之后,学生遇到了困惑:一半没有办法用他们以前学过的整数来表示。教师们借此契机引入"分数"的概念。在 L1、L2 和 L3 中,教师直接引入"$\frac{1}{2}$"来表示"一半"。而在 L4 上,教师鼓励学生自己创造符号表示"一半",邀请几名学生把创造的符号写到黑板上,并向全班同学解释。其中一名学生展示并解释了"$\frac{1}{2}$"。教师进行补充说明,并向全班同学讲解了分数各个部分的名称。可以看出 L4 给学生更多的时间去探索,调动了学生参与活动的积极性。

3.3.2 教学几分之一

在 L1 和 L2 中,学生在教师的指导下学习了 $\frac{1}{2}$、$\frac{1}{3}$、$\frac{1}{4}$、$\frac{1}{5}$ 和 $\frac{1}{10}$ 这 5 个具体的分数。在 L3 和 L4 中,分数的教学似乎由两个部分组成:第一,教师只向全班学生讲解一两个分数。具体地,L3 教学 $\frac{1}{2}$,而 L4 教学 $\frac{1}{2}$ 和 $\frac{1}{3}$。第二,教师鼓励学生通过折纸表示出其他的分数。学生表示出许多分数,例如 $\frac{1}{4}$、$\frac{1}{8}$、$\frac{1}{16}$ 和 $\frac{1}{32}$,然后在课堂上或小组内与其他同学分享。总的来说,这四节课的学生都至少学习了 3 个具体的分数,并从多个角度经历了分数概念的形成。四节课在这一环节都体现了"变式教学"的特征(见 Gu, 1999, p.186),教师通过不同的例子变换非本质特征,来帮助学生理解分数的本质特征。

对于分数的本质特征,4 位老师都强调了"平均分"是学习分数的前提。当学生通过演示分配物品的过程来得到分数时,教师要求学生不能忽略"平均分",并且要明确分数表示的是部分占整体的多少。通过学习具体的分数,帮助学生理解分数的含义，即"把一个整体平均分成 X 份，其中的一份就是这个整体的 $\frac{1}{X}$"。很明显 4 位教师都认为这一点很重要，是学生学习分数要掌握的重点。

　　不过，在具体的教学过程中，四节课却表现出不同的画面（见图 9.2）。L1 和 L2 以紧密的"小步子"展开，通过 5 道例题使学生一步步地跟随教师学习。教师的指导非常细致，如同交响乐指挥。相应地，学生就像乐队的演奏者，按部就班地演奏既定的乐谱。虽然在 L3 和 L4 中教师的引导也很明显，但他们在学生熟练掌握 $\frac{1}{2}$ 之后给学生布置开放性任务，通过折纸来表示分数。L3 和 L4 就像足球比赛，教师的角色就像是教练，制定比赛方案，但留给学生（足球运动员）独立发挥的空间。如图 9.2 所示，由于讲解了 5 道例题并进行相应的练习，也就难怪 L1 和 L2 比另外两节课包含更多的"小步子"。

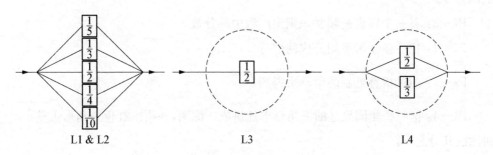

图 9.2　四节课的"教学几分之一"的印象图

3.3.3　比较分数的大小

　　L3 和 L4 都包含"比较分数的大小"，帮助学生理解"分子都是 1 的分数，分母大的分数反而小，分母小的分数反而大"的规律。L3 请学生比较用同样大的圆形纸片折出的 $\frac{1}{2}$、$\frac{1}{4}$ 和 $\frac{1}{8}$ 的大小。L4 请学生比较用同样大的正方形纸片折出的 $\frac{1}{4}$、$\frac{1}{8}$ 和 $\frac{1}{16}$ 的大小。两节课都借助直观的比较让学生自己总结规律。L1 和 L2 则没有安排这一内容。

3.3.4　练习新内容

　　四节课基本上都在教学新内容之后安排了练习。这些练习包括应用新知识解决常规的和非常规的问题。L1 有 12 个练习环节,L2 有 8 个,L3 有 7 个,L4 有 4 个。从练习环节的数量上看,L1 的数量最多,而 L4 明显少于其他三节课。但从练习占教学时间的比例来看,四节课的差别不大(见图 9.1)。

这四节课都安排了一些常规的练习,比如判断一幅图的彩色部分能否用分数来表示,确定一个图形占整体的几分之一,通过折纸来表示一个分数,以及读写分数。然而,不同于 L1 和 L2 的大部分练习是以数学情境呈现的,L3 和 L4 的练习是以现实生活的情境呈现的。下面展示了从 L3 和 L4 选取的 7 个练习环节。

P4—3:指出一面国旗、一个五角星和一块巧克力中的分数。

P5—3:指出校园布告栏上的分数。

P6—3:观察小孩的图片,估计并用分数表示每幅图中小孩的头部长度占他身高的多少。

P7—3:看一个广告视频并识别出广告中的分数。

P1—4:把一条丝带平均分成两部分。

P2—4:通过折叠纸制的学具来得到 $\frac{1}{2}$。

P4—4:把一些相同尺寸的三角形卡片拼成一幅图,并指出红色三角形占整个拼图的几分之一。

注:举个例子,编码"P4—3"代表 L3 的第 4 个练习环节。

在 L3 中,国旗、巧克力和校园布告栏都是学生在现实生活中熟悉的事物。L4 中动手实践的任务也和学生日常生活任务类似。因此,这些练习不仅巩固了学生所学的知识,也让学生体会到分数和现实生活的密切联系。

3.4 师生互动

分析显示,四节课在教学方式上的共性和差异主要集中在师生互动。参照 TIMSS1999 录像研究(Hiebert et al,2003,pp.53 - 54),将课堂互动模式分为三种类型:完全的公共互动、混合的(公共的和非公共的)互动、完全的非公共互动。对不同互动类型的分析显示,四节课的公共互动均占各自教学时间的 70% 以上,这表明四节课都以公共互动为主导。下面将对互动的形式和性质进行分析。

3.4.1　公共互动的形式

我们发现四节课中最常见的互动形式就是师生问答。每节课中数学提问的频次都超过了 60 次(分别是 63 次、89 次、117 次和 75 次)。为了进一步研究提问在教学过程中的分布情况,将整节课按照一分钟一个片段进行划分,统计每个片段内的提问次数。结果显示,每节课都有超过 70% 的片段至少包含了一个问题。这表明在每节课中教师提问的分布相对广泛。而且,某些片段的问答交流非常密集。每节课都至少有一个片段包含了不少于 6 次提问。

进一步分析发现,四节课的数学提问都是以要求学生回忆、识别、判断、计算(通常是口算)为主。然而,高层次的思维问题,比如说"你为什么这么想"、"你是怎么得出结论的",或"你能从这个活动中发现什么",所占的比例非常低,尤其是在前三节课中(L1 占 8%,L2 占 3%,L3 占 9%)。与前三节课不同,L4 的高层次思维问题的比例相对较高(15%)。这四节课大部分提问的目的并不是促进学生深入地思考,而是为了集中学生的注意力,保持课堂教学的连贯性。课堂上几乎所有的问题都是由教师提出的,只有 L4 有一个问题是由学生提出的,其余三节课没有学生提出问题。这表明四节课的师生互动都是以教师为主导。

3.4.2　公共互动的性质

为了了解师生互动的性质,对师生话语进行分析,从而揭示新的数学知识是如何传递或生成的,以及教师如何在互动过程中促进学生的学习。由于练习的目的主要在于巩固和应用所学的知识,因此我们的分析只关注教学新知识过程中的互动。根据目前课堂互动特征的相关研究(例如,Cestari,1998;Voigt,1995;Wood,1994),本研究把互动类型分为三种模式:(1)模仿模式;(2)漏斗模式;(3)聚焦模式。正如塞斯塔瑞(Cestari)(1998)所描述的,在模仿模式的互动中,教师倾向于频繁地呈现观点,使学生通过模仿教师或重复观点的方式进行记忆。在伍德(Wood)(1994)提出的分类中,漏斗模式是指教师提出一系列引导性问题,这些问题不断收敛学生的可能性,直到学生得出准确的答案。相反地,在聚焦模式中,首先提出要解决的问题的基本内容,而教师的角色是指出这些问题的关键特征(Wood,1994)。

话语分析表明,四节课都有漏斗模式的师生互动,但模仿模式在 L1 和 L2 中更普遍，只有 L3 和 L4 有聚焦模式。下面呈现了从每节课"认识 $\frac{1}{2}$"的环节选取的话语记录，从中可以看出四节课的区别。

本文中以下课堂实录的代码说明：

T	教师
S_1、S_2 等	某一名学生
SS	全体学生或大部分学生
A	教师和学生
〔　　〕	表示学生或教师的动作

【L2 的课堂实录】

T：今天，我们来认识一种新的数，一起看，〔呈现主题"分数"〕读。

SS：分数。

T：诶，把一个蛋糕平均分成两份，每一份是这个蛋糕的二分之一。〔在黑板上写 $\frac{1}{2}$〕

T：读。

SS：二分之一。

T：好，二分之一。一起看，〔展示两块蛋糕〕这两块蛋糕怎么样啊？一样大，必须两块蛋糕要一样大才能表示把这个蛋糕……？〔等待学生的回答〕

A：平均分成了两块。

T：把这句话完整地读一遍，预备齐。

SS：把一块蛋糕平均分成两块，每块是它的二分之一。

上述教师让学生模仿或复述的情况也在 L2 中教师教学 $\frac{1}{3}$、$\frac{1}{4}$ 和 $\frac{1}{5}$ 的过程中出现过。下面是 L1 的课堂实录，体现更典型的模仿模式的互动。

【L1 的课堂实录】

T：现在我们来学习例 1。请看，把一个蛋糕平均分成了两块，我们就可以说每块是这个蛋糕的二分之一。跟老师把这句话说两遍,把一个蛋糕平均分成两块,说。

SS:把一个蛋糕平均分成两块。

T:每块是这个蛋糕的二分之一。

SS:每块是这个蛋糕的二分之一。

[接着教师和学生把这句话又说了一遍]

在 L1 和 L2 中,教师先陈述了 $\frac{1}{2}$ 的含义,然后让学生模仿。教师更加强调让学生准确表述 $\frac{1}{2}$ 的含义,而不是理解的过程。相反地,L3 和 L4 呈现的是另外的互动模式。

【L3 的课堂实录】

T:蛋糕被分成了两部分,那么每一部分占这个蛋糕的多少呢?

SS:一半。

T:很好,可是这一半该用怎样的数来表示呢? 有谁知道? [一名男孩举手]来,这位男同学。

S_2:二分之一。

T:诶,[面向全班同学]同学们听说过吗?

SS:听说过。

T:哦,有同学听说过了。这个数"$\frac{1}{2}$"就是一个分数。今天我们就一起来认识分数。仔细观察,我们把蛋糕平均分成了几份?

SS:两份。

T:每部分正好是这两份中的?

SS:一份。

T:一份。看,我们把它平均分成了两份,每一份就是这个蛋糕的二分之一。谁会读? [提问一名学生]拿话筒。

S_3:二分之一。

T：还有谁？你来。[提问另一名学生]

S$_4$：二分之一。

T：咱们一起来读。

SS：二分之一。

T：真不错！同学们，这一份是蛋糕的二分之一，那另一份呢？

A：也是蛋糕的二分之一。

T：看来呀，把一个蛋糕平均分成了两份，每一份都是这个蛋糕的？

SS：二分之一。

T：真棒！诶，同学们，这"它"指的是谁呀？

SS：蛋糕。

T：哦，蛋糕。现在你能说说我们是怎么得到这个蛋糕的二分之一的吗？来，和你的同桌说一说，开始。[学生开始交流]

正如 L3 这段教学实录所示，教师让学生表达他们对 $\frac{1}{2}$ 的了解，然后通过提问把学生的注意力聚焦于 $\frac{1}{2}$ 含义的关键点上。学生通过思考和回答教师的提问，加深了对 $\frac{1}{2}$ 含义的理解。接着，教师又让学生互相交流 $\frac{1}{2}$ 是如何得到的。在已经理解了 $\frac{1}{2}$ 的基础上，学生很容易准确地表述出来。这段教学和 L1、L2 明显不同：新知识不是单纯地从教师一方传递给学生，而是在教师和学生的问答中生成的。在 L4 中，分数的知识也不是由教师传递给学生的，但是师生之间的互动模式和 L3 又有所不同。当几名学生把自己创造的表示一半的符号写到黑板上之后，教师请其中两名学生解释他们创造的符号的含义，然后教师又请另外一名学生进行解释。

【L4 的课堂实录】

T：孩子们，老师想告诉你们的是，古代的阿拉伯人根据生产和分配的需要，创造了一个表示一半的符号。而这个符号现在也在同学们的创造之中，那就是它,[指着黑板上写的"$\frac{1}{2}$"]这个是谁想出来的?

S_5：我。

T：说说看,大声点。

S_5：因为中间的这一条横线代表一条彩带,下面的"2"代表两个人,上面的"1"代表两个人分一条彩带,每人分到了一半。所以我用了这个符号来表示。

T：噢,[面向全班同学]你们看,她把整个的分配过程用一个符号表示出来了,多不简单啊! 小姑娘,那老师想问问你,你会读它吗?

S_5：不会。

T：不会。有没有人会? 这么多,那个小孩儿[提问一个小男孩]。

S_6：二分之一。

T：你怎么知道它读作二分之一呢?

S_6：因为"2"在下面做分母,"1"在上面做分子,中间是一条分数线,这条分数线把分数分成了两个部分。这个符号就叫做二分之一。

T：你看,他不仅会读,而且还说得那么详细。大家一起跟他读一下。

SS：二分之一。

T：那个小姑娘读一下。

S_5：二分之一。

T：好,让我们再读一遍。

SS：二分之一。

T：今天这节课,我们一起来认识它。这是一个数,是我们数家族中的重要成员,叫做"分数"。接下来我们就一起来认识分数。

在这段互动中,"$\frac{1}{2}$"的含义不是由教师指出,而是在学生的解释中呈现出来的。这与L1、L2明显不同,也和L3有一定程度上的区别。教师鼓励学生表达他们的理解,并与全班同学分享,新知识是由学生生成的。这段互动体现了聚焦模式的特征。

在"比较分数大小"的互动过程中,由于L3和L4的教师都鼓励学生自己总结

"当分子是 1 时,分母越大,分子越小"的规律,并解释他们的发现,所以聚焦模式的特征在 L3 和 L4 中有更明显的体现。四节课在师生互动方面的明显差异是,L3 和 L4 中的学生相比 L1 和 L2 的学生有更多探究和讨论的机会。从认识论的角度来看,L3 和 L4 中有更多的数学知识是由师生互动生成的,而很明显在 L1 和 L2 中新知识是由教师传递给学生的。考虑到四节课都存在漏斗型的互动模式,教师的引导和启发不容忽视。但是,L1 和 L2 中教师的知识传递者的角色更加明显,而在 L3 和 L4 中教师则扮演着学生学习的合作者的角色。

3.5 教材使用

本研究的四节课涉及了三个不同版本的教材,其中 L1 和 L2 使用的是同一个版本,L3 和 L4 分别使用或参考了另外两个版本。这四节课教师对教材的使用有所不同。L1 和 L2 的大部分教学内容都是从教材上选取的,而且它们的呈现顺序与教材上的例题和练习题保持一致。完成例题和练习题构成了 L1 和 L2 教学过程的主要内容。L3 中的教师采用了教材上的部分例题和练习题,也自主设计了一些活动和练习。他还开发了各种各样的教学资源,例如,他展示了一些小孩的图片,让学生用分数估计每幅图中孩子的头部长度占他身高的多少。他还调整了一张国旗的图片和一段广告视频,让学生在这些材料中观察和辨别出分数。L4 没有采用教材上的任何例子或练习,所有的教学资源都是教师自己开发的。相反地,L1 和 L2 在教学内容的选择上紧跟教材,教材在这两节课中都发挥了非常重要的作用。

进一步对比三本教材,可以发现,关于"分子是 1 的分数"这部分内容,L1 和 L2 使用的教材包含了 5 道例题,分别认识 $\frac{1}{2}$、$\frac{1}{3}$、$\frac{1}{4}$、$\frac{1}{5}$ 和 $\frac{1}{10}$,而 L3 和 L4 使用的教材只编排了 $\frac{1}{2}$ 和 $\frac{1}{4}$ 两个例子。这可能就是 L1 和 L2 相比 L3 和 L4 采用了更多例题的原因。由于 L1 和 L2 讲解 5 道例题花费了大量时间,所以只能把"比较分数的大小"安排在下一节课。相比之下,L3 和 L4 集中讲解了一两个关键的例题,所以有足够的时间在一节课内完成"比较分数大小"的教学。因此,可以认为教材的内容编排也影响了 L3 和 L4 的教学设计。对教材的不同使用情况表明,L3

和 L4 为了实现教学目标,把教材中的例题和练习题作为备选方案,而不是唯一的教学资源的来源。

4　讨论

从上述结果可以看出,L3 和 L4 与 L1 和 L2 在几个方面存在差异。例如,L3 和 L4 把合作、兴趣、情感态度视为学生发展的目标,而 L1 和 L2 只强调和数学相关的目标。四节课都是学生在教师的引导下进行学习,但 L3 和 L4 还为学生提供自主学习的机会。L3 和 L4 的教师比 L1 和 L2 的教师在教材的使用上更具有创造性。本研究所选的课在各自时期内被视为示范课,因此可以认为这四节课的大部分课堂活动答合相应社会背景下的主流教学信念。这些课反映了数学教师和教育家在特定时期内推崇的"优质课"的特征。考虑到中国当前的数学课程改革,便不难理解这四节课之间的差异。L3 和 L4 大多数独特的特征和当前改革提倡的教育理念是一致的。

研究结果还表明这四节课有一些共同特征。目前的研究表明,这些特征大多数符合中国数学课堂的特征。四节课的结构非常类似,都包括复习、教学新内容、练习和总结。在过去的半个世纪,这种模式可能是受到"五环节教学"模式的影响,即"复习—导入—讲解—巩固—小结"(Zhang, Li, & Li, 2003, pp. 113 - 115)。这些课都强调练习,这可以看作"讲练结合"的特征(Ma, Zhao, & Tuo, 2004)。自 20 世纪 60 年代以来,在"学生要巩固所学的知识需要充分的练习"(Zhang, Li, & Tang, 2004)、"熟能生巧"(Li, 2006)等理念的支配下,"讲练结合"的教学方法一直占据主导地位。这些课被划分为许多的"小步子",大多数课堂时间用于开展公共活动,其中教师提问是最频繁的形式。这与黄兴丰、庞雅丽、李士锜(2009)对过去 30 年的中国中学数学示范课的研究结论一致。因此,虽然 L3 和 L4 表现出许多课程改革的特征,但它们也包含着中国数学教育的一些传统要素。

通过许多跨文化的比较研究,可以发现不同国家之间的数学课堂教学共性与差异并存(Stigler & Hiebert, 1999;Leung, 1995)。本研究发现,同一国家在不同历史时期内的数学课堂也存在差异和共性。这和黄兴丰、庞雅丽、李士锜(2009)

对中国中学数学课堂的研究发现是一致的。教学是一种文化活动（Stigler & Hiebert，1999，p.86）。教学改革是一个持续的、渐进的过程（Stigler & Hiebert，1999，p.132）。通常，改革的目的是纠正现有的弊端，发展预期的优势。然而，改革是在传统的土壤中孕育而生的，因此必然包含一些传统的要素。尽管本研究中L3和L4已经明显表现出改革的特征，但我们应该意识到，在大多数课堂上进行改革仍需时间。

所以，一方面我们应该研究过去的教学实践，给改革预留足够的时间。另一方面，我们应该重新审视传统的教学实践，取其精华去其糟粕。教学作为一种文化活动，不可避免地受到一系列核心信念的影响，这种影响通常是内隐的、潜移默化的。因此，教育家有必要去理解和揭示出蕴含在教师行为背后的教学信念，尤其是那些习以为常的观念和行为。研究发现这四节课有许多共同特征，这些特征已经存在许久，根深蒂固，但这并不意味着它们在未来就会被推崇和坚持下去。举个例子，频繁的教师提问是本研究中常见的一个特征，但高频率的提问一定正确吗？这一现象背后所蕴含的文化信念是什么？这对学生的学习和发展又意味着什么？总而言之，我们应该反思，中国数学教育的这些稳定的特征是否适合中国当前教育的发展，是否应该保留和发扬，还是应该摒弃。是否有一些数学教育的传统经验被我们忽略了？这些问题还需要进一步的探索。

本研究没有试图预测任何改进数学教学的具体策略或方法，而是引发人们关注更广阔的层面——历史和文化的视角。换句话说，改革和改进教学实践应该考虑到历史传统和文化信念的影响。虽然这一含义来自一项关于中国数学课堂的研究，但对于其他国家想改进教学实践的教育者来说，也可能有所启发。

5 结论

本研究通过对比四节示范课，发现不同年代的优质课共性与差异并存。改革过程中的两节课突出了新课程改革提倡的教育理念。特别地，这两节课以更加宽广的视角看待学生的发展，包含了更多与现实世界密切联系的问题和任务。学生有更多的空间进行自主学习，教师改编教材，对教学内容进行补充，而不是拘泥于教材。在共性方面，四节课展示了许多中国数学教育长期以来的共同特征。所有课的结构都包括复习、教学新内容、练习和总结,其中练习和教学新内容一样被予以重视。所有课都被划分为许多的"小步子",在教学过程中教师的引导非常明显。4位老师都要求他们的学生掌握数学知识的重点。四节课都以公共互动为主导,其中师生问答交流频繁出现。

研究表明数学教育的发展是一个连续的、渐进的变化过程,改革和传统的教学实践之间并非完全冲突和排斥,它们可以交融互补。

6　研究不足与展望

由于本研究的主要目的是将改革前的两节课和改革过程中的两节课进行对比,因此忽略了同一时期的两节课之间可能存在的差异和每节课的特色。而且,本研究所选取的课时间跨度还不够长,仅有11年,并且只关注一个数学主题。作为个案分析,本研究的结论不足以概括其他示范课和日常课的情况。为了全面了解"优质课",还需要更多时间跨度更长的示范课。此外,如果未来的研究中能有相同主题的示范课的跨国比较,将会更加有趣。

7　致谢

感谢编辑和审稿人对本研究提出的宝贵意见和建议,还要感谢刘丽艳(Liyan Liu)博士、林奈特·范克威克(Lynnette van Kerkwijk)女士和高莉莉(Lily Gao)女士的各种帮助。本研究得到了中国"国家教育科学规划项目"的资助(No. EHA110357)。

参考文献

Cestari, M. L. (1998). Teacher-student communication in traditional and constructivist approaches to teaching. In H. Steinbring, M. G. B. Bussi, & A. Sierpinska (Eds.),

Language and communication in the mathematics classroom (pp.155 – 166). Reston: National Council of Teachers of Mathematics.

Clarke, D. J., Emanuelsson, J., Jablonka, E., & Mok, I. A. C. (Eds.) (2006). *Making connections: Comparing mathematics classrooms around the world.* Rotterdam: Sense Publishers.

Glaser, B., & Strauss, A. L. (1967). *The discovery of grounded theory: Strategies for qualitative research.* Chicago: Aldine De Gruyter.

Gu, M. (1999). *Education directory.* Shanghai: Shanghai Education Press (in Chinese)

Hiebert, J., Gallimore, R., Garnier, H., Givvin, K. B., Hollingsworth, H., Jacobs, J., et al. (2003). *Teaching mathematics in seven countries: Results from the TIMSS 1999 video study.* U. S. Department of Education. Washington, DC: National Center for Education Statistics.

Huang, R., & Leung, F. K. S. (2004). Cracking the paradox of the Chinese learners: Looking into the mathematics classrooms in Hong Kong and Shanghai. In L. Fan, N. Y. Wong, J. Cai, & S. Li (Eds.), *How Chinese learn mathematics: Perspectives from insiders* (pp.348 – 381). Singapore: World Scientific.

Huang, R., Mok, I., & Leung, F. K. S. (2006). Repetition or variation: "Practice" in the mathematics classrooms in China. In D. J. Clarke, C. Keitel, & Y. Shimizu (Eds.), *Mathematics classrooms in twelve countries: The insider's perspective* (pp.263 – 274). Rotterdam: Sense Publishers.

Huang, X., Pang, Y., & Li, S. (2009). Inheritance and development of mathematical teaching behaviors: A comparative study of three video lessons. *Journal of Mathematics Education*, 18(6),54 – 57 (in Chinese).

Leung, F. K. S. (1995). The mathematics classroom in Beijing, Hong Kong and London. *Educational Studies in Mathematics*, 29,297 – 325.

Li, S. (2006). Practice makes perfect: A key belief in China. In F. K. S. Leung, K. D. Graf, F. J. Lopez-Real (Eds.), *Mathematics education in different cultural traditions: A comparative study of East Asia and the West* (pp.129 – 138). New York: Springer.

Li, S, & Yang, Y. (2003). The evolution and tradition in the development of teaching. *Journal of Mathematics Education*, 12(3),5 – 9 (in Chinese).

Li, Y., & Li, J. (2009). Mathematics classroom instruction excellence through the platform of teaching contests. *ZDM-International Journal on Mathematics Education*, 41,263 – 277.

Li, Y., & Shimizu, Y. (Eds.) (2009). Exemplary mathematics instruction and its development in East Asia. *ZDM-International Journal on Mathematics Education*, 41, 257 – 395.

Liu, J. & Li, Y. (2010). Mathematics curriculum reform in the Chinese mainland: Changes and challenges. In F. K. S. Leung & Y. Li (Eds.), *Reforms and issues in school mathematics in East Asia: Sharing and understanding mathematics education policies and practices* (pp.9 – 32). Rotterdam: Sense Publishers.

Ma, Y., Zhao, D., & Tuo, Z. (2004). Differences within communalities: how is mathematics taught in rural and urban regions in Mainland China? In L. Fan N. Y. Wong, J. Cai, & S. Li (Eds.), *How Chinese learn mathematics: Perspectives from insiders* (pp.413 – 442). Singapore: World Scientific.

Ministry of Education, China (2001). *Mathematics curriculum standards for compulsory education stage (experimental version)*. Beijing: Beijing Normal University Press (in Chinese).

Stevenson, H. W., & Stigler, J. W. (1992). The learning gap. New York: Simon & Schuster.

Stigler, J. W., & Stigler, J. (1999). *The teaching gap*. New York: Free Press.

Voigt, J. (1995). Thematic pattern of interaction and sociomathematical norms. In P. Cobb & H. Bauersfeld (Eds.), *The emergence of mathematical meaning: Interaction in classroom cultures* (pp.163 – 201). Hillsdale, NJ: Lawrence Erlbaum.

Wood, T. (1994): Patterns of interaction and the culture of mathematics classrooms. In S. Lerman (Ed.), *Cultural perspectives on the mathematics classroom* (pp.149 – 168). Dordrecht: Kluwer Academic Publishers.

Zhang, D., Li, S., & Li, J. (2003). *Introduction of mathematical pedagogy*. Beijing: Higher Education Publishing House (in Chinese).

Zhang, D., Li, S., & Tang, R. (2004). The "two basics": Mathematics teaching and learning in Mainland China. In L. Fan, N. Y. Wong, J. Cai, & S. Li (Eds.), *How Chinese learn mathematics: Perspectives from insiders* (pp. 189 – 207). Singapore: World Scientific.

第 10 章　中国数学课堂的学习环境

丁锐[①]　黄毅英[②]

1　引言

在过去的 20 年里，跟全球学生相比，远东地区学生的出色表现，尤其是在数学方面，已经引起了社会学家、教育家和心理学家的关注。大量的研究在探讨"儒家文化圈（CHC）[1] 学习者现象"，从社会、文化和教育等因素来解释这些学生的优异成绩。研究者已经反复证明了相比西方学生，"儒家地区"的学生更倾向深层的学习，而不是机械学习。另一些研究支持这样的一种假设：亚洲学生出色的学术表现归因于他们能把记忆和理解结合起来，而这在西方学生身上是不常见的（详情请参阅 Wong，2004）。而且，以往通常认为"教师作为（CHC）课堂权威"与良好的学习环境是相悖的，但比格斯（Biggs）(1994) 对此提出了一个新观点，他认为师生关系应当是一种"导师与弟子"的关系。此外，赫斯（Hess）和东（Azuma）(1991) 指出，CHC 的课堂教学是教师权威与学生中心的结合。这一切都表明 CHC 地区有着独特的成功的学习环境。这正是本文的主题：描述中国数学课堂的实际情况以及在课程改革的背景下可能发生的变化。

我们先对学习环境研究的悠久传统作简要介绍，然后重点探讨中国数学课堂。这将作为当代中国数学课堂学习环境的一系列实证研究的背景，在本文后面会进行报告。

---

① 丁锐，东北师范大学。
② 黄毅英，香港中文大学。

2　学习环境

自 20 世纪 60 年代末期,教育研究者对课堂环境的研究表现出越来越浓厚的兴趣。这里的课堂环境指的是课堂的心理社会学习环境。真实的和理想的课堂环境都是调查研究的重点。人们研究了这些环境和学业成绩、学生的学习方式以及其他学习结果之间的关系(详情请参阅 Fraser,1994)。

尽管西方国家在课堂环境方面已经开展了大量的研究,但我们注意到可能存在文化差异。CHC 的学习环境还没有得到充分的研究。在过去几十年里,西方有各种各样的工具用于测量课堂环境,但采用西方的工具在华人社区开展的研究并不能取得令人满意的信度,尤其是在香港(Wong,1993)。这表明不仅需要重新开发量表,而且西方和 CHC 地区对学习环境这一概念的理解可能存在差异。我们用定性的方法成功开发了一个有效测量 CHC 数学课堂环境的工具(Wong,1993),并且用它进行了大量的研究。这些研究包括相关性分析、回归分析、结构方程模型以及大量的差异性研究(理想—现实、学生—教师之间的差异)。与此同时,中国对课堂环境的研究开始增多(Jiang,2002;Li & Guo,2002;Sun & Xie,2007),但教育环境随着当前课程改革而发生改变,我们还需要开展更多的研究。

近几十年来,建构主义受到了越来越多的关注。这不可避免地给课堂环境带来了改变,并为学习环境的研究开辟了一个新的领域(Fraser,Dryden & Taylor,1998;Gerber,Gavallo & Marek,2001)。建构主义课堂的测量工具也随之被开发,其中应用最广泛的是《建构主义学习环境量表》(CLES),包括了个人相关性、不确定性、批判的声音、权利的分享和学生协商五个维度(Taylor,Fraser & Fisher,1997)。

在华人地区,特别是中国台湾和中国大陆,当前的数学课程改革提倡建构主义(Lam,Wong,Ding,Li & Ma,in press)。建构主义的一些特征被融入到课程中,如小组讨论、探索、交流等。有关的课程通常被称为"建构主义课程",而具有上述特征的课堂则被称为"建构主义课堂环境"。同样地,对建构主义课堂环境的测量可能存在文化差异。例如,"权利的分享"在中国数学新课程中并没有明显的体现。所以,需要开发一个新的工具用于准确测量中国的建构主义课堂环境。下面我们报告四项研究。首先，用定性的方法描述中国数学课堂的现状，开发一个测量工具并用本研究收集的数据进行检验。其次，调查新的数学课堂是否真正发生了变化。最后，进行大量的比较研究，分析课堂环境和学生的学习方式、学习表现之间的关系。在那之前，我们先简要地介绍中国数学课堂发生的变化。

3　中国数学课堂

人们通常认为中国人是在一个不利于学习和理解的环境中成长起来的。他们的教室普遍都很拥挤，教师相当注重讲授、记忆以及为校内考试和统考做准备。学生被视为被动的学习者，靠死记硬背来学习。随着这些年对"CHC 学习者现象"的不断研究，越来越多关于中国学习环境的信息才被发现。

黄毅英(2004)总结了典型的中国数学课堂学习环境的特征如下：

- 教学内容准备充分，结构严谨；
- 学生循规蹈矩、聚精会神地听教师讲解；
- 教学流程很少被学生的问题打断；
- 教师通过提问来检查学生听课情况；
- 教师很少在课堂上照顾个别差异。

但是，

- 教师注意对个体担负道德培养的责任，包括与学习无直接关系的方面；
- 教师会在课后进行个别辅导；
- 有许多有指导的课外学习(包括作业和辅导班)。

黄毅英(2006)提出了一种可能性，即 CHC 的课堂环境是由教师主导，但以学生为中心。

在 2001 年中国数学课程改革之后，更加强调动手实践的经验、在问题中学习、多重表征和一题多解(Lam et al, in press)。课堂环境已经发生了改变。表10.1 总结了中国传统的数学课堂学习环境和建构主义课堂学习环境的差异(Ding, 2010)。

通过表10.1 的对比，可以看出传统的数学课堂和建构主义数学课堂并不是截然对立的关系。这呼应了早期的研究结果(Burns, Menchaca & Dimock, 2002; Roelofs,

Visser & Terwel，2003)，许多课堂处在"建构—传统"这个连续体的不同位置上。

　　因此，下一步将研究在新课改下中国数学课堂学习环境是否发生了显著变化？典型的中国数学课堂处于"建构—传统"这个连续体的哪个位置上？学生所感知到的课堂环境究竟如何？不同类型的课堂环境如何影响学生的学习表现？

表 10.1　中国传统的数学课堂环境和建构主义课堂环境的对比

传统的数学课堂	建构主义数学课堂
共性	
教师注重学生的基础知识 学生积极参与学习 教师专业水平高	
差异	
1. 重点是教师的授课，学生倾向于接受老师给予他们的知识。	1. 学生是学习的主体，被期待能主动提出新观点。
2. 学生认真听讲，积极回答老师的问题。	2. 学生积极提出问题，表达自己的观点。
3. 学生通常在课后自学和互相帮助。	3. 鼓励学生合作和参与小组讨论。
4. 学生在理解之前通过记忆来学习。	4. 学生在学习中理解理论，用他们自己的方式学习新知识。
5. 人们相信多做练习非常有利于巩固学生所学的知识。	5. 鼓励学生将他们所学的知识应用到日常生活中。
6. 主要教授科学知识。	6. 要求学生形成自己的概念。
7. 采用大班教学。	7. 广泛采用适合小班教学的小组讨论。
8. 教材与学生的日常生活经验无关。	8. 教材和学生的日常生活经验密切联系。
9. 鼓励学生模仿标准答案。	9. 强调批判性思维、创新思维和解决方法的多样性。
10. 教师是榜样和权威。	10. 教师是推进者和帮助者。
11. 教师为学生提供精心设计的问题情境。	11. 教师为学生提供真实但复杂的现实生活情境。
12. 教材内容精心准备，结构严谨，集中于分析和解释例题。	12. 有丰富的资源和技术来支持学生接触到原始材料。
13. 一旦教师发现有学生理解错误，他们很有可能批评学生。	13. 教师更有可能去挑战学生的原始概念，而不是批评学生。
14. 遵守规则是非常重要的。	14. 参加活动是必不可少的。
15. 学习环境是封闭的。	15. 学习氛围是开放的、民主的。
16. 强调唯一的评价结果。	16. 过程更重要，更能反映问题，重视多样化的评价方式。

4 实证研究[2]

我们在这里报告四项相关研究的结果。为了对课程改革背景下的中国数学课堂进行深入研究,我们需要开发出有效测量中国课堂环境的工具。为此,先用定性的方法描述中国数学课堂的现状,这是第一项研究的课题。测试工具的开发和检验则构成了第二项研究。第三项研究利用测试工具,对比了中国各种类型的数学课堂。最后,研究了课堂环境和学生的学习方式、学习结果之间的关系。

4.1 研究方法和研究对象

我们根据不同研究的需要采用定性或定量的研究方法。在第一项研究中,采用了课堂观察(3 个班级)、焦点团体访谈(34 名学生)、开放性问题(73 名学生)、短文(33 名学生)和访谈(3 名教师)。研究对象主要来自深圳市(中国南部的发达城市)两个区的 4 所小学和长春市(中国东北部的省会城市)。

在长春市的 6 所小学里(2 所城市学校、2 所郊区学校和 2 所农村学校),共有来自 33 个班的 1416 名学生被邀请参加另外三项研究。(更多详情,请参阅 Ding,2010)

4.2 研究工具

采用了改进的《学习过程问卷》(LPQ)(Kember,Biggs & Leung,2004)、《数学观量表》(CMS:包括"数学是计算"、"数学需要思考"、"数学是有用的"分量表)(Wong,Lam & Wong,1998)、艾肯(Aiken)开发的《数学态度量表》(AMLAS:包括"喜爱"、"动机"、"不害怕"、"价值"分量表)(Aiken,1979)以及在研究 1 中开发的课堂环境量表。我们还收集了学生平时的数学测试成绩和三个开放性数学问题的分数。(详情请参阅 Ding,2010)

研究 3 获得的这些工具的拟合指数在可接受范围内。[3]RESEA 的范围从 0.068到 0.11、NFI 从 0.91 到 0.97、NNFI 从 0.85 到 0.96、CFI 从 0.92 到 0.97,以及 GFI 从 0.94 到 0.97。(更多详情,请参阅 Ding,2010)

4.3　研究 1 的结果：中国数学课堂环境的现状

结果显示，新课程实施以来，中国的小学数学课堂发生了许多变化。最明显的就是小组讨论的增加。几乎所有老师和学生都指出在数学课堂上有大量的小组讨论。小组讨论为学生提供更多的机会去参与学习，表达自己的观点，并学会倾听和理解别人的观点。大多数学生都很有兴趣参与讨论，这使得他们更加自信。小组讨论创造了一个更好的学习氛围。

然而，组织小组讨论对教师的专业技能提出了要求。教师不仅要选择适合学生讨论的主题，还要面临一个最紧迫和最困难的挑战，即学生的学习差异。一名学生说道："老师经常让我们讨论简单的问题，把困难的问题留在后面。"每个学生都有他自己的需求，但不可能仅仅通过一个讨论的主题来引起所有学生的兴趣。另一方面，小组讨论能激发学生学习数学的兴趣。这在课堂上占用了大量的学习时间，也剥夺了学生练习新习得的知识或应用它们解决数学应用题的时间。因此，一些教师抱怨学生在数学问题解决上非但没有表现得更好，反而更糟糕。一位老师还提到，也许小组讨论或活动在小班级里（例如，少于 30 名学生的班级）更容易操作，因为在大班教学中很难照顾到每个学生的需求（在中国的一些城市学校，一个班有 50 多名学生）。

新课程提倡教师的角色从知识的传授者转变为学生学习的促进者。然而，本研究的结果显示，大多数情况下教师依然是传授者。尽管教师在备课时会在更大程度上考虑学生的学习能力和情感，包括利用各种各样的活动，如游戏、小故事和户外调查等来提高学生的学习兴趣，激励他们参与和学习，但课堂教学仍然由教师或教师队伍设计和主导。虽然有时候教师会向学生征询数学教学的建议，并根据学生的意见来调整教学进度和表达风格，但学生很少有机会参与课堂设计。在大多数课堂上，教师讲授仍然是主要的教学方式。一名学生说道："通过听讲，我可以学好数学。"一位老师也说道："学生可以通过认真听讲来跟随我的思路。"为了帮助学生理解一个关键点，教师会一遍又一遍地解释。从教师的角度来看，练习仍然非常重要，因为最终学生必须在考试中解决数学问题。为了防止学生解决数学问题的能力下降，教师尝试了各种各样的手段，例如投入更多的时间到教学上、进行课后辅导和布置更多的作业。许多教师甚至用旧课本上的数学问题来让学生练习，然而其中一些问题在新课程中已经不再重要。

新数学课程强调现实生活情境,从而表明数学不只是抽象的理论和公式。然而,正如本研究所揭示的,教师和学生对这一举动并不一定持积极态度。部分教师相信,越来越多地运用日常经验,会影响学生分析和解决与情境无关的数学问题的能力。教师们还认为,虽然学生更善于表达,但他们更不愿意解题了。这些信息表明了现实生活中的数学和深奥的数学之间的冲突(Cooper & Dunne,1998)。尤其是对接受传统数学教育的教师们来说,更是如此。他们强调结果(获得问题的解法),而只有少数教师重视问题解决的过程(相关讨论,请参阅 Ding & Wong,2012)。

总之,中国小学数学课堂环境是建构主义和传统教学的混合体。在课堂上,老师讲课,学生解决数学问题,在引入小组讨论之后也是如此。学生们被鼓励去探索,有更多的机会去提出问题,从而发现更多的规则来解决问题。虽然学生的探究活动尚不多见,但课堂环境从某种程度上来说正在发生变化。这已经是中国传统课堂的一个突破。

4.4　研究 2 的结果：新测量工具的开发

访谈记录、研究对象对开放性问题的回答,以及在第一项研究中收集的其他定性数据都被记录下来,并逐渐提取出相关的短语和叙述语。通过模仿黄毅英(1993)的步骤,逐渐开发出《小学数学课堂环境量表》(PMCES)。它由 50 个项目组成,采用李克氏 5 点量尺的形式(1＝从不这样,5＝总是这样),包括七个维度:(a)愉快;(b)教师投入;(c)知识相关;(d)师生关系;(e)学生声音;(f)学生投入;(g)学生协作(除了"师生关系"有八个项目,其余每个维度有七个项目)。和大多数课堂环境量表一样,PMCES 包括两个版本:真实版(学生感知到的真实的课堂环境)和理想版(学生期望的课堂环境)。

对量表的结构进行验证性因子分析,获得令人满意的拟合指数。对于真实版,RMSEA＝0.053,NFI＝0.98,NNFI＝0.99,CFI＝0.99,GFI＝0.86;对于理想版,RMSEA＝0.056,NFI＝0.98,NNFI＝0.98,CFI＝0.98,GFI＝0.85。真实版的因素负荷量的范围从 0.49 到 0.75,理想版的因素负荷量的范围从 0.39 到 0.70。

4.5 研究3的结果：描述中国数学课堂

4.5.1 真实环境和理想环境之间的差异

计算了PMCES的理想版和真实版的各个维度的平均分（见表10.2）。结果显示，在真实版的所有维度中，"教师投入"的分数最高。此外，两个版本在这一维度的分数是具有可比性的。换句话说，大多数学生认为他们的数学老师精力充沛，准备充分，能够详细地解读教材。他们觉得教师能够根据学生的需要改变教学方法和教学计划，也相信教师已经给予他们充分的时间进行观察和思考。这并不是显而易见的。研究一再发现，学生和教师都比他们认为的更喜欢积极的课堂环境（Fraser，1998）。尽管有这些令人鼓舞的量化结果，定性研究（研究1）却显示教师仍然主导着课堂活动。总体来看，大多数学生认为他们的老师工作努力，关心学生，但他们很少能自己选择或设计课堂活动，也很少有机会经历知识的形成过程。

表 10.2 真实的和理想的课堂环境之间的差异（$df = 1415$）

维度	理想的课堂环境		真实的课堂环境		t
	M	S	M	S	
愉快	4.57	.58	3.96	.90	27.41*
教师投入	4.66	.53	4.27	.74	23.16*
知识相关	4.61	.55	4.16	.74	27.73*
师生关系	4.71	.52	4.19	.85	27.11*
学生声音	4.60	.58	4.06	.83	27.11*
学生投入	4.66	.54	4.13	.76	29.25*
学生协作	4.53	.61	3.88	.84	32.04*

注：M 为平均分，S 为标准差，* $p < .001$。

在课堂环境的所有维度之中，学生对"学生协作"的感知和期望的分数最低，差距也是最大的。换句话说，尽管有学生在研究1中反映"几乎每堂课都有小组讨论"，但在"学生协作"方面仍有很大的改进空间。如上所述，课程改革如此强调学生协作，在这方面我们还需要深入研究。

学生感知到的"师生关系"是十分积极的，他们对这种关系的期待也是最高的。定性结果还指出"师生关系"是课堂环境最重要的因素之一。但是,我们必须意识到良好的师生关系并不一定会帮助学生掌握所需的概念或提高学生的问题解决能力(Ding & Wong,2010)。只有当教师掌握所需的概念,有足够的能力引导学生发现和解决问题时,学生才能在正确的道路上发展。因此,不仅要改善师生关系,也要鼓励教师的专业发展。

4.5.2 不同学习环境的课堂之间的差异

正如上面所提到的,大多数课堂位于"建构—传统"这个连续体的不同位置上。研究者从 PMCES 中选取了三个相关的维度("知识相关"、"学生协作"和"学生声音"),使用聚类分析的方法,将课堂环境分为三种不同的类型:建构型课堂、中间型课堂和传统型课堂(更多详情,请参阅 Ding,Wong,Lam & Ma,2009)。结果显示:属于建构型小组的班级有 18 个(共 794 名学生);属于中间型小组的班级有 12 个(共 490 名学生);属于传统型小组的班级有 3 个(共 132 名学生)。

采用单向方差分析,比较三种环境类型中学生学习效果的差异。结果如表 10.3 所示。

表 10.3　不同学习环境类型中学生学习表现的差异

量表	维度	建构型		中间型		传统型		F 值
		M	S	M	S	M	S	
学习取向	深层动机	28.17	5.44	26.16	5.47	25.75	5.46	26.34**
	深层策略	15.96	3.53	14.82	3.49	14.69	3.16	19.71**
	深层取向	44.13	8.37	40.99	8.25	40.45	7.55	27.44**
	表层动机	5.80	2.68	6.30	2.44	6.51	2.54	8.05**
	表层策略	12.75	6.06	13.95	5.45	14.05	5.16	7.82**
	表层取向	18.55	7.59	20.25	6.77	20.56	6.40	10.57**
数学学习态度	喜爱	21.31	3.78	19.76	4.02	18.96	4.03	36.36**
	动机	25.84	4.36	24.37	4.85	23.90	4.52	21.33**
	不害怕	20.68	4.72	19.03	5.11	18.43	4.99	23.79**
	价值	22.15	3.38	21.04	3.69	20.31	3.75	24.62**

续表

量表	维度	建构型		中间型		传统型		F 值
		M	S	M	S	M	S	
数学观	计算	20.88	5.35	21.25	5.18	20.61	4.53	1.14
	思考	20.66	3.70	19.78	3.81	19.38	4.14	10.52**
	用途	21.85	3.62	20.37	4.09	19.93	4.22	31.38**
平时测验	Z 分数	.17	.87	−.04	.89	−.70	1.37	43.54**
问题解决 （每个项目的 满分是 4 分）	问题 1	1.88	1.19	1.39	1.12	1.52	0.98	29.49**
	问题 2	1.54	0.84	1.39	0.80	1.53	0.92	5.17*
	问题 3	1.96	0.88	1.78	0.92	1.83	1.05	6.51*
	总分	5.38	2.06	4.55	2.07	4.87	2.15	24.65**

$* p < .01; ** p < .001$

注：深层取向的分数是深层动机和深层策略的分数之和，表层取向的分数是表层动机和表层策略的分数之和(Kember et al, 2004)。

从表 10.3 可以看出，建构型课堂的学生相对于中间型和传统型课堂的学生来说更倾向于拥有深层动机，采取深层策略，而中间型和传统型课堂的学生更倾向于具有表层动机，采用表层策略。建构型课堂的学生的学习态度更加积极，他们更喜爱数学，更有学习数学的动力，认为数学很重要，而且对学习数学没有很多的焦虑。中间型和传统型课堂的学生的数学学习态度相对没有那么积极，他们不那么喜欢数学，对数学有一定程度的焦虑，认为数学的价值不大，学习数学的动机也不强烈。建构型课堂的学生的数学观更加开放：他们认为数学需要思考，数学在日常生活中有很多用途。与中间型、传统型课堂的学生类似的是，建构型课堂的学生普遍认为计算、精确、数字等是数学的主要特征。

而且，我们发现建构型课堂的学生问题解决的能力显著高于中间型和传统型课堂的学生，但总的来说，所有学生的分数都不是特别高。然而，当我们用方差分析进行两两比较时，发现并不是所有的问题都存在显著差异。建构型课堂的学生在第一道开放性问题（有多个答案的问题）上的得分显著高于传统型课堂的学生，后者又高于中间型课堂的学生。在第二道问题（比较三角形和长方形的相同点与不同点）上，虽然传统型课堂和中间型课堂的学生表现存在显著差异，但建构型课堂的学生得分并没有明显高于另外两种类型。第三道问题（提出不同层次的问题并解答)也是如此。

这支持了定性研究的发现,即一些教师认为新课程的实施并没有提高学生的问题解决能力。由于在新教材中过度使用漫画和图片,学生理解和分析应用题的能力反而下降了。由于传统课堂的教师一直很注重应用题的教学,尽管学生并不经常做开放性问题,但也学习了各种解决问题的技巧。第一个问题类似学生在课堂上遇到的传统问题。当非常规的问题经过反复练习后,就变成常规问题。在新课程下,培养学生的创新思维似乎还有很大的改进空间。

值得注意的是,中间型课堂的学生表现最差。与传统型课堂的教师相比,中间型课堂的教师更愿意去改变自己的课堂,他们会在课堂上采取小组讨论和动手实践,但他们将两种类型混合在一起,反而失去了两种类型的优势。他们的课堂不如建构型的课堂那么积极,同时又丢弃了传统的问题解决教学(Ding,Wong & Ma,2009)。

我们还注意到建构型课堂的学生的传统测验成绩要显著好于中间型和传统型课堂的学生。这些研究本身并不能为这个结论提供直接的解释,但中国台湾的情况或许对我们有所启发。在 20 世纪 90 年代中期,中国台湾的数学课程改革也强调建构主义(Ding & Wong,2012),但包括教师和家长在内的团体在新的冒险中感到不安,因此并没有放弃传统的数学问题教学。换句话说,动手操作和小组讨论只是传统教学方式的附加活动。这与延长教学时间相适应。这是否适用于中国大陆还需要进一步的探索。事实上,建构型课堂的教师可能更有热情,因此即使在引入建构主义教学活动后,他们也倾向于坚持问题解决教学。

4.6　研究 4 的结果：课堂环境、学习方式和学习结果之间的关系

采用 3P(学习的预设、过程和结果)模型(Biggs,1987,1993)使研究概念化,该模型被认为是结构方程模型的先验模型,其中这三个"P"在实施过程中分别为真实的课堂环境、学习方式以及学生的学习表现。结果取得了令人满意的拟合指数：RMSEA$=0.051$,NFI$=0.96$,NNFI$=0.97$,CFI$=0.97$,GFI$=0.85$。这些变量的最终模型(省略了一些指标和无关紧要的路径)和所有的路径系数如图 10.1 所示。

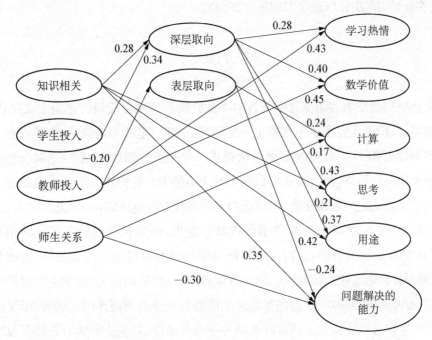

图 10.1 真实的课堂环境和学生的学习方式、学习结果之间的关系的最终模型

注：根据因子分析的结果，"学习热情"是"喜爱"、"动机"、"不害怕"的组合维度。

　　结果显示，学生的日常生活和所学知识的联系越密切，学生在学习数学时更倾向于深层取向，他们更有可能相信数学需要思考，数学是有用的。当学生越积极地参与数学问题解决的学习过程时，他们更倾向于深层取向。当教师较少参与教学时，学生则更倾向于表层取向。而且，如果学生意识到他们的老师充分参与到教学中，他们会表现出更高的学习热情，更重视数学。学生感到与教师的关系越好，他们越有可能相信数学是计算，解决问题的能力反而越低。关于"师生关系"的影响，有一个研究发现与我们的假设相反，学生解决问题的能力甚至受到良好的师生关系的阻碍。这提醒我们良好的师生关系并不一定会帮助学生掌握所需的数学概念或提高解决问题的能力。只有当教师本身掌握所需的概念时，学生才能从教师身上学到这些概念。而且，为了培养学生的问题解决能力，教师必须鼓励学生发现和提出问题。如果教师自身对数学的理解很狭隘，只给学生提供标准答案，那么良好的师生关系只会把学生变成顺从的机器，而没有自己思考的能力(更多详情,请参阅 Ding & Wong,2010)。

5 讨论

上述研究的结果表明尽管中国数学课堂并没有反映出所谓的建构主义课程[4]的全部特征,但确实经历了一些变化。例如,强调现实生活中的数学,学生在课堂上的参与度更高。然而,有些问题也值得进一步关注。例如,小组讨论和合作学习的效果如何? 最终,能否真正提高问题解决的能力? 我们不仅需要在传统方式和建构主义方式之间取得平衡,也要在两者间搭建起一座桥梁(Wong,2006)。

研究 2~4 的结果进一步揭示了现状。首先,尽管新课程引发了一些担忧(Lam et al.,in press),但建构主义提供给学生更多的机会去探索数学、交流思想,以及在日常生活中应用数学。结构方程模型显示"知识相关"对学生学习的深层取向、更开阔的数学观、更高的问题解决能力有显著的预测作用。尽管"学生协作"和"学生声音"(建构主义课堂环境的另外两个维度)对学生的学习表现并没有显著的预测作用,但上述关于"知识相关"的结果反映出建构主义课堂环境给学生的学习带来积极的影响。

其次,教师在访谈中提到,学生学习数学的兴趣提高了,但吸引他们的可能并非数学本身,而是教材里丰富多彩的插图和电脑动画。当学生遇到的数学离真实情境较远时,教师就很难创造出受学生欢迎的课堂氛围。这种表面的兴趣在学习过程中不能持之以恒。建构主义课程的本质在于学习者主动获取知识,这是课程开发者应该思考的问题。

此外,从上述论述中可以看出"师生关系"和"教师投入"在学生学习中扮演着重要的角色。如果教师很少参与课堂,那么学生在学习中倾向于表层取向。这似乎是一个很明显的结果,但"师生关系"和学生的学习表现并不是一个简单的因果关系(Ding & Wong,2010)。良好的师生关系使教师能够创造一个和谐的课堂,但这是否有利于学习又是另一个问题。毫无疑问,这取决于教师的专业性,包括他们的教学技能和数学观。先前的研究表明,如果教师的数学观是狭隘的,那么他们更有可能为学生营造一个狭隘的"生存空间",从而影响学生的学习表现(Wong et al.,2002)。另一方面,如果教师只掌握了建构主义课程的一些表面特

征,那么课堂很可能只是形式热闹,学生并没有参与真正的学习。(Wong,2004)

以前的研究一致表明学生期望一个更加积极的课堂环境(Fraser,1998;Wong,1995)。本研究显示"学生协作"这一维度差距最大。受到考试文化的影响(Wong,2006),同学之间更多的是竞争者而不是合作者。虽然我们并不完全反对竞争,但如果教育者要使合作学习成为可能,他们需要付出更多的努力来解决这个问题。

最后,虽然建构型课堂的学生在其中一个开放性问题中表现较好,但解决问题的能力却不尽如人意。当我们让课堂变得更加活跃时,我们是不是也失去了什么(解决问题的能力)? 为了确保在传统测验中获得高分,我们需要付出什么代价(教学时间)? 在基本功和更高层次的思维能力之间是否有不可逾越的鸿沟?(Wong,2006)这些问题都需要进一步的探索,所有研究者都应该考虑这些问题。

注释

1　通常,CHC(儒家文化圈)地区指的是中国、日本、韩国以及东南亚的其他一些地区。尽管有关于这些地区受儒家思想影响程度的争论(见 Wong,2004),但本文对待这一术语要宽松一些。

2　这里报告的研究来自第一作者在香港中文大学就读期间的博士研究,指导教师为第二作者。

3　拟合指数可接受的标准为:NFI、NNFI、CFI 和 GFI 大于 0.9;RMSEA 小于 0.08。

4　建构主义指的是获取知识的方式。当它转化为课程和教学时,通常指的是一种教学模式,其中包含探究、实践经验、小组讨论,以及开放性问题的使用。(详情请参见 Lam et al.,in press)

参考文献

Aiken, L. (1979). Attitudes toward mathematics and science in Iranian middle school.

School Science and Mathematics, 79,229 – 234.

Biggs, J. (1987). *Student approaches to learning and studying.* Melbourne, VIC, Australia: Australian Council for Educational Research.

Biggs, J. (1993). From theory to Practice: A cognitive Systems approach. *Higher Education Research and Development*, 12,73 – 85.

Biggs, J. (1994). What are effective schools? Lessons from East and West. *Australian Educational Researcher*, 21,19 – 39.

Burns, M., Menchaca, M., & Dimock, V. (2002). Applying technology to restructuring and learning. *Proceedings of CSCL* 2002. Retrieved from http://delivery.acm.org/10.1145/1660000/1658656/p281-burns.pdf? keyl = 1658656&key2 = 8149361031&coll = DL&dl=ACM&ip=137.189.165.79&CFID=16037345&CFTOKEN=35997511.

Cooper, B., & Dunne, M. (1998). Anyone for tennis? Social class differences in children's responses to National Curriculum Mathematics Testing. *The Sociological Review*, 46,115 – 148.

Ding, R, (2010). *Exploration of the primary mathematics classroom environment in the Chinese Mainland* [in Chinese]. Changchun, China: Northeast Normal University.

Ding, R., & Wong, N. Y. (2010), Relationship between mathematics classroom environment and students performance under the Chinese curriculum reform. In Y. Shimizu, Y. Sekiguchi, & K. Hino (Eds.), *Proceedings of the 5th East Asia regional conference on mathematics education* (Vol. 2, pp. 32 – 39). Tokyo: Japan Society of Mathematics Education.

Ding, R., & Wong, N. Y. (2012). Mathematics curriculum reform in China: Latest development and challenges. In H. Yin & J. C. K. Lee (Eds.), *Curriculum reform in China: Changes and challenges* (pp.81 – 94). New York: Nova Science Publishers.

Ding, R., Wong, N. Y., Lam, C. C., & Ma, Y. (2009). The relationship between primary mathematics classroom environment and learning performance [in Chinese]. *Educational Research and Experiment*, 1,73 – 80.

Ding, R., Wong, N. Y., & Ma, Y. (2009). The relationship between primary mathematics classroom environment and students' problem-solving ability [in Chinese]. *Educational Science Research*, 12,39 – 42.

Fraser, B. J. (1994). Research on classroom and school climate. In D. L. Gabel (Ed.), *Handbook of research on science teaching and learning* (pp.493 – 541). New York: Macmillan.

Fraser, B. J. (1998). Science learning environment: Assessment, effect and determinants. In B. J. Fraser & K. G. Tobin (Eds.), *The international handbook of science education* (pp. 527 – 564). Dordrecht, the Netherlands: Kluwer Academic.

Fraser, B. J., Dryden, M., & Taylor, P. (1998). *The impact of systemic reform efforts on instruction in high school science classes.* Paper presented at the annual meeting of the

National Association for Research in Science Teaching, San Diego, California.

Gerber, B. L., Cavallo, A. M. L., & Marek, E. A. (2001). Relationships among informal learning environments, teaching procedures and scientific reasoning ability. *International Journal of Science Education*, 23,535 – 549.

Hess, R. D, & Azuma, M. (1991). Cultural support for schooling: Contrasts between Japan and the United States. *Educational Researcher*, 20(9),2 – 8,12.

Jiang, G. (2002). *Classroom social ecological environment research* [in Chinese]. Wuhan, China: Huazhong Normal University Press.

Kember, D., Biggs, J., & Leung, D. Y. P. (2004). Examining the multidimensionality of approaches to learning through the development of a revised version of the Learning Process Questionnaire. *British Journal of Educational Psychology*, 74,261 – 279.

Lam, C. C., Wong, N, Y., Ding, R., Li, S. P. T., & Ma, Y. (in press). Basic education mathematics curriculum reform in the Greater Chinese Region — Trends and lessons learned. In B. Sriraman, J. Cai, K. -H. Lee, L. Fan, Y. Shimuzu, C. S. Lim, & K. Subramanium (Eds.), *The first sourcebook on Asian research in mathematics education: China, Korea, Singapore, Japan, Malaysia and India*. Charlotte, NY: Information Age.

Li, Y., & Guo, D. (2002). The effects of classroom goal structures on students' achievement goals [in Chinese]. *Psychological Development and Education*, 4,56 – 60.

Roelofs, E., Visser, J., & Terwel, J. (2003). Preferences for various learning environments: Teachers' and parents' perceptions. *Learning Environments Research*, 6 (1),77 – 110.

Sun, F., & Xie, L. (2007). On the urban-rural difference in classroom environment in compulsory education in the eastern coastal developed districts — Take 18 schools in Shanghai, Zhejiang Province as examples [in Chinese]. *Journal of Educational Studies*, 3(3),77 – 85.

Taylor, P. C., Fraser, B. J., & Fisher, D. L. (1997). Monitoring constructivist classroom learning environments. *International Journal of Educational Research*, 27, 293 – 302.

Wong, N. Y. (1993). The psychosocial environment in the Hong Kong mathematics classroom, *Journal of Mathematical Behavior*, 12,303 – 309.

Wong, N. Y. (1995). Discrepancies between preferred and actual mathematics classroom environment as perceived by students and teachers in Hong Kong. *Psychologia*, 38(2), 124 – 131.

Wong, N. Y. (2004). The CHC learners' phenomenon: Its implications on mathematics education. In L. Fan, N. Y. Wong, J. Cai, & S. Li (Eds.), *How Chinese learn mathematics: Perspectives from insiders* (pp.503 – 534). Singapore: World Scientific.

Wong, N. Y. (2006). From "entering the Way" to "exiting the Way": In search of a bridge to span "basic skills" and "process abilities. " In F. K. S. Leung, K. -D. Graf, & F. J. Lopez-Real (Eds.), *Mathematics education in different cultural traditions — A comparative study of East Asia and the West*: *The 13th ICMI study* (pp.111 - 128). Boston: Springer.

Wong, N. Y. , Lam, C. C. , & Wong, K. M. P. (1998). Students' and teachers' conception of mathematics learning: A Hong Kong study. In H. S. Park, Y. H. Choe, H. Shin, & S. H. Kim (Eds.), *Proceedings of the ICMI-EAST Asia regional conference on mathematical education* (Vol. 2, pp.275 - 304). Seoul, Korea: Korean Sub-Commission of ICMI; Korea Society of Mathematical Education; Korea National University of Education.

Wong, N. Y. , Marton F. , Wong, K. M. , & Lam, C. C. (2002). *The lived space of mathematics learning*. *Journal of Mathematical Behavior*, 21(1),25 - 47.

提高教师素质及其教学质量的
有效途径和做法

前言

加布里拉·凯撒(Gabriele Kaiser)[①]

本书第四部分重点介绍了以下三种在中国数学教育中提高教师质量和教学质量的有效途径：

- 师徒结对和公开课；
- 示范课；
- 教学比赛。

接下来的 3 章将以下两个部分联系起来：一部分是提高教师质量及教学质量的实践；另一部分是当前国际上关于数学教育的辩论，包括关于教师专业发展的辩论和关于有效数学教学的辩论两个方面。虽然这两个方面是截然不同的，但以下章节将这两方面结合起来，即通过教师的专业发展来提高教学质量。

韩雪在她的章节中指出，校本师徒结对和公开课活动是教育和培训数学教师的主要途径。通过这两个途径，新教师逐渐熟悉了传统的数学教学核心价值观。师徒结对也有助于以改革为导向的数学教学的实施，这丰富了传统上有限的大学教师教育培训。韩雪指出，中国教师的预备课程十分强调包括数学在内的学科训练，因此以师徒结对和公开课为基础的专业发展侧重于促进教师的数学教学知识。这一做法将中国数学教学的传统观点与改革思想的特征相结合。重要的是要认识到，这种类型的专业发展在中国有悠久的传统。它允许教师之间不断地相互学习，改进和提高他们的教学，但这种形式的专业发展要求师傅和徒弟在以下三个方面评价优秀教师时有同一套标准：价值观、教学语言和教学工具。

黄荣金、李业平、苏洪雨撰写的这一章，探讨了教师如何通过参与开展公开课来提高教学质量的问题，在这种情况下，开展示范课属于校本教研活动。利用一

---

① 加布里拉·凯撒，德国汉堡大学。

个专家教师的案例,黄荣金、李业平、苏洪雨指出开展示范课的方法似乎更适合提高高水平教师以下方面的教学能力:教学目标的明确性和可行性;课程结构的连贯性;对学生学习中可能遇到的难点和思维敏感点进行学情分析。在专家的批判性意见以及合作教学中获得的经验和反思的基础上,教师能够发展出新的专业观,并转化这种新知识来更好地监督学校的年轻教师以及提高自己的日常教学质量。本文的研究表明,当今中国示范课学习的讨论与中国文化中以共同价值观为基础的有效教学方法有着密切的关系。

李俊和李业平在他们的章节中所描述的公开课和教学比赛是新教师在大学教育后提高教学质量的另一种途径,大学教育主要关注内容而不是教学技能。这些途径是基于中国教育的一个独特特征,即中国的教学被理解为一种专业活动,允许公众观察和评论。参加教学比赛和参与公开课被视为一种荣誉并且也是一种进一步发展自己专业知识的途径。在中国,教学比赛是由政府行政部门和各级专业组织大力支持的具有不同层次和文化价值的实践活动。开展公开课以及教学比赛与西方的教学法形成了鲜明的对比,在西方的教学法中,教学是一种更为私人和封闭的专业活动(例如 Kaiser & Vollstedt,2007)。西方教学法普遍认为,教学是一门艺术,不能与其他课程相比,因为它是整个学习环境依赖学生和教师的高度个性化活动,这使教学比赛的想法在西方很难被理解,尤其是在欧洲大陆的教学方法中。

本章指出,提高教学质量以及专业发展的途径和实践高度依赖于文化价值。李业平和凯撒(2011)区分了教师专业发展(即教师专长)的不同定义方式,并在《数学教师专业知识》一书中讨论了东西方定义方式的显著差异。其中一个明显的差异是对东西方文化中专家教师角色的描述。他们讨论到,在西方文化中,为了促进更好的学习,对专业知识的描述主要集中在学习过程和学生个人学习、以及学习过程的组织。例如,从西方的角度来看,以下角色被认为是数学教育专业技能的决定性因素:

- 教师就像一名诊断专家,推断学生的思维和学生的策略;
- 教师就像一名指挥者,建构课堂话语,为数学思想的交流建立课堂规范;
- 教师就像一名建筑师,精心地选择数学任务;
- 教师就像一位讲解河流风貌的导游,将课程内容娓娓道来。

从东方的角度比较专家知识的不同方面,可以看出东方与西方定义方式的明显区别。根据杨新荣(2010)的研究,中国的专家教师应该扮演多种角色,例如:

- 擅长教学,组织良好的教与学过程;
- 做一名研究员,进行自己的研究并发表论文;
- 做一名教师教育者,作为新手教师的良师益友,促进新手教师的专业成长;
- 作为一名学者,在数学等领域有丰富的知识。

李业平、黄荣金和杨玉东(2011)通过对中国专家教师的研究丰富了这一描述,他们明确指出,从事研究和撰写科学论文和书籍是成为专家教师的重要标准。这些论文和书籍必须有助于提高其他教师的专业知识和教学能力。对科学研究有较高的要求,要求专家教师写一本专著或者在省级或省级以上的期刊发表三篇以上的研究论文,从西方的角度来看这是令人惊讶的。他们补充说,一个专家级的教师应该是县级市教学科目的带头人,他在公共课和优质课上表现出了高质量的教学,并且在国家级的教学比赛中获奖。

综上所述,这些提高中国教师素质和教师教学质量的有效途径和实践,体现了许多深植于中国文化和教学法的价值观,这与西方的做法形成了鲜明的对比,西方的做法往往侧重于课堂管理的各个方面。

然而,尽管存在着强烈的对比,这些中国实践都秉承了一个令人关注的核心:提高数学的教与学质量和教师的专业发展水平。对于读者来说,探讨其他文化如何从这些实践中学习将是一个挑战。

参考文献

Kaiser, G. , & Vollstedt, M. (2007). Teachers' views on effective mathematics teaching: Commentaries from a European perspective. *ZDM-International Journal on Mathematics Education* , 39, 341 – 348.

Li, Y. , Huang, R. , & Yang, Y. (2011). Characterizing expert teaching in school mathematics in China — a prototype of expertise in teaching mathematics. In Y. Li & G. Kaiser (Eds.), *Expertise in mathematics instruction: An international perspective* (pp.167 - 195). New York：Springer.

Li，Y.，& Kaiser，G.（2011）（Eds.），Expertise in mathematics instruction：An international perspective New York：Springer.

Yang.（2010）. *Conception and characteristics of expert mathematics teachers in Mainland China* . Unpublished thesis，University of Hong Kong，Hong Kong.

第 11 章　通过师徒结对和开展公开课改进课堂教学

韩雪[1]

在过去的 20 年里,无论是在美国还是在其他国家,教育改革都把重点放在教师的质量上。协助和支持新教师已成为改革的主题之一。指导新手教师已经经历了从提供心理支持、技术支持和指导到在教学表现中协助新教师的范式转变。在中国,初任教师通常通过师徒结对来学习教学。有几项研究(Pain, Fang & Wilson. 2003;Wang, 2002;Wang & Paine, 2001,2003;Wang, Strong & Odell, 2004)探讨了中国的专家教师是如何向新手教师言传身教的。以师徒结对为基础的教师入职培训在中国甚是流行。

教师入职培训系统中一项关于教师早期职业学习的国际研究(Paine, Fang & Wilson, 2003)描述了上海为实现其专业发展的核心目标,给新教师提供了多种支持。上海整个教育体系共同的核心目标是要求新教师"学习常规";掌握教学内容知识;更好地理解学生;获得反思技能。(第 46 页)因此,新教师们沉浸于"公开谈论教学的实践社群"(第 38 页)。在社群内,新教师得到了各种支持,包括校本培训和地区性的培训项目。校本指导将一位新教师与一位师傅配对,而新教师还将参加地区级的研讨课和课程并且参加初任教师的教学比赛(Paine, Fang & Wilson, 2003;Wang, 2002;Wang & Pan, 2001,2003)。校本指导有多种形式,但关键的指导活动是观察和反思师傅和新教师的日常课堂,以及开展公开课。中国教师认为开展公开课是持续改进教学最重要的方法(Han & Paine, 2010)。

在本章,我将阐述和分析两个缺乏经验的教师在校本教研组(TRG)中的师徒结对情况和公开课活动。本研究试图回答这一问题:"师徒结对与公开课活动如何提高教师的数学教学知识?"这两位年轻的教师被安排和一位经验丰富的优秀

数学教师一起教四年级的数学。另一所学校的优秀教师也指导了其中一位教师。师傅们通过共同准备教案和单元测验、观察彼此的课堂、分享和讨论与教学、学习、考试有关的常规的、持续的活动,来帮助他们改进教学实践。在各种学徒活动中,最有效的途径是开展公开课。

1 师徒结对、教研组和公开课

在中国,通过师徒结对来学习教学是非常流行的。新教师在学校开始他们的教学生涯时,通常会被指派向师傅学习,这是要求新教师参加的官方入职培训项目的一部分。一个已经有几年教学经验且有前途的年轻教师,如果与一位专业教师合作,来提高他的知识和技能,就可能成为一名专家。在其他情况下,可能会安排一位年轻、缺乏经验的教师与优秀的教师并肩工作,例如让他们教同一个年级,这是培养年轻教师的一种非正式指导。通过师徒结对,一名新的或不那么有经验的教师在师傅的指导下进行教学实践,或者在师傅的指导下发展成为一名专家教师。在这种背景下,通过师徒结对学会教学意味着学徒充分参与到一个专业团体中,这使其在基于该团队共同的目标、价值观和标准下逐渐成长起来(Wenger,1998)。校本教研组是中国小学教师的专业团体。

中国学校专业发展的一种常见形式是参与校本教研活动(Hu,2005;Li,2004;Shi,2002)。让教师,包括新教师,在教研组办公室中集体工作是不断改进教学的重要组成部分(Han & Paine,2010;Hu,2005;Paine,Fang,Wilson,2003;Paine & Ma,1993;Wang & Paine,2003)。胡光伟(2005)认为,教研组作为一种工作嵌入式的专业发展形式,为教师提供参与一系列专业活动的宝贵学习机会。在专业活动中,准备和开展公开课是特殊的,因为它要求教师的高度投入并且给予教师提高他们知识和技能的丰富机会。

公开课是由教师向一个班的学生授课(有教师会对该课堂进行观察),并且通常会在课后进行公开的汇报和讨论(Paine,Fang & Wilson,2003)。韩雪和潘恩(Paine)(2010)在他们的数学教学研究中讨论了公开课的主要特点:刻意练习。不同类型的公开课都有不同的目标。在中国学校环境中(Wu,2006;Wu & Wu,2007;Yu,2002),公开课可以作为供教师和研究人员研究如何讲授某些主题、实施新思想或讲授不同类型的课程,如新课、复习课和练习课。公开课也可以由一位优秀的教师来讲授,以演示如何在课堂上实施新思想。公开课也可用来培养新教师的教学能力。

通常,一个单元的第一节课或一个重要的或者是有难度的主题会被选为公开课。在确定了课堂内容后,老师会制定一个教案,并与他们的同事合作修改,这些同事可能在学校内外工作。接下来,邀请各位同事观摩预演课,并在课后参加汇报会议,提出意见和建议。重复循环修改教案、预演课程、汇报和讨论课程四个过程。在这个过程中,教师每次都通过给不同的学生上课来预演。当进行公开课时,教师通常会教一个没上过该课程的学生班级,而且随后经常有一个汇报和交流会议。

2 数学教师发展的理论视角

研究者们(Grossman et al., 2009;Morris & Hiebert,2009)发现其他职业的专业教育会让新手参与到特定的核心活动中,从而持续地提高知识基础。格罗斯曼(Grossman)和麦克唐纳(McDonald)(2008)提出了一种新的教师教育框架,即实施教学法。他们认为,教学的核心是实践,需要专业知识和技能。实施教学法强调教学的实践方面是培养熟手型教师的最佳方法(Grossman & McDonald,2008)。一项针对意大利教师教育项目的研究(Lampert & Graziani,2009)发现精心设计教学活动能够更好地为新手教师上一堂好课做准备。实施教学法或刻意地进行核心教学实践,也有助于有经验的教师和新教师的发展。

作为校本教师社群,教研组发展和完善教师的教学实践知识。准备和开展公开课对于充分发挥这一关键作用至关重要。公开课活动为教师创造了深入细致研究教学的机会。让他们在同事和专家的支持和反馈下,在教学的关键方面刻意地、反复地练习。这是一种持续探究教学核心的方法。公开课活动使教师参与实践核心教学方面的可能性可以由以下几个特点说明。

首先,公开课可以创造出重复的、浓缩的经验,让教师通过同事的即时反馈和智慧来改进他们的教学表现。第二,共同开展活动的直接目标是通过教师的合作来改进教学实践。第三,公开课由一群教师和/或专家进行观察、评论和反馈。这些教师和专家的见解关注教学的短期和长期改进。最后,准备和开展公开课融入到学校教师的日常工作中。公开课作为数学教学的刻意练习活动,它鼓励教师通过反复实践数学教学的关键方面来完善自己的知识和技能(Han & Paine,2010)。

3　研究方法

3.1　地点和参与者

对中国一个大的城市地区中一个相对较大的小学进行了实地考察。其中,学校由一年级到六年级组成,学生总数约为 1200 人,并且它在 2001 年后一直参与国家课程改革。这所学校总共有 18 位数学老师。学校里的大多数老师只教一门科目,但少数老师教两门科目。教同一个年级的数学老师组成了年级级别的教研组,比如四年级数学教研组。学区为教师提供每学期两次(中国每年有两个学期)的专业发展活动。为了让教师定期与校外同行互动,学区将 90 所小学划分成几个区域。在每一个区域中,同年级的数学老师都有每月一次的专业发展会议。

本研究的参与教师为 3 名四年级数学教师:杨老师、苏老师和陆老师。四年级学生被分成 5 个班。杨老师和陆老师分别教了两个班,而苏老师只教了一个班,因为她还教了一个五年级的班。每个班的学生每周有 5 节数学课。每堂数学课 45 分钟。除了讲授数学课,杨老师和陆老师每周还分别讲授两节四年级的科学课。这 3 位教师与四年级的美术教师共用一间办公室。学校校长并没有正式任命杨老师为陆老师和苏老师的师傅,但表示希望她指导她们。陆老师和苏老师都有几年的教学经验,而杨老师已有超过 20 年教基础数学的经验。杨老师被认为是该区一位优秀的数学教师。

3.2　数据收集过程

这种民族志实地考察工作于 2006 年 2 月底至 6 月底进行。数据分别有三个来源。第一个数据来源是学校和学区不同地点的观察和实地记录。每周 5 天,我每天花 6 到 7 个小时做实地记录。我在教师办公室、自助食堂、教室和会议室等地方做实地记录。当我参加每周的小组会议、每月的区域学校会议和学区专业发展会议时，我也做了会议记录。

第二个数据来源是对参与者的录音访谈。所有参与教师在学期开始和结束时都接受了正式的采访。本学期初进行的结构化访谈旨在了解他们的个人和专业背景，他们在教学和学习数学方面的信念，以及他们对教师在学校和学区学习机会的看法。为了确定教师们对他们在这学期参与社区活动的想法和感受，另一个结构化的正式采访安排在学期末进行。此外，还进行了许多非正式访谈。最后一个数据来源于各种各样的人工产品，包括课堂资料、教案、教师对教案的书面反馈、月度会议的时间表和主题、学区教学比赛的教师观察记录以及一些学生的工作。

3.3 数据分析程序

我将校本教研组作为本研究的分析单元。首先，数据按照设置进行整理，案例研究主要关注 2 名青年教师在学区的学习，在阅读完小组的全部数据后，我认为有两个关键事件可以说明这两位年轻教师是如何获得支持的，以及他们是如何通过他们教研组的师徒结对和公开课活动提高教学水平的。该团体负责人杨老师曾多次担任陆老师和苏老师的师傅。为了了解教研组的师徒结对在培养青年教师方面的重要性，我们分析了 2 名年轻教师都参加的首个关键事件：备课。因此，为了解释师徒结对，我详述了杨老师对这 2 位青年教师水平发展的主要预期。此外，为了了解新教师是如何通过参与公开课活动提高教学水平的，我比较了多个数据源，包括教案草稿、汇报会议的实地记录、教师的采访、课堂实录来确定陆老师的课堂教学发生了哪些重大变化。当我们收集数据时，苏老师并没有上公开课。

4 指导课例研究

开展研究的 3 年前，这个学区创建了一个新的数学教师专业发展活动——"一节课案例研究"（课例研究）。在这次活动中，几位教师向这个学区中教同一个年级的所有数学教师呈现教案或教案的一部分。然后展示他们课堂教学的录像带。最后是汇报和讨论。

寒假期间,该学区要求杨老师的研究小组就小数的意义和性质这一单元准备课例研究。安排陆老师和苏老师分别研究小数的近似值和小数的意义。他们花了一个月的时间准备这个课例研究。在春季学期的第一周,他们把教案初稿交给杨老师审阅。在每周的小组会议上,杨老师帮助他们修改教案,并在接下来的一个月里,每当苏老师和陆老师请求帮助时,她都会提出建议。她还观看了他们进行录像的预演课和最后的课堂,苏老师和陆老师首先在区域月度会议上展示了他们的课例研究,参加会议的还有学区数学专家 Ya 老师,她和杨老师负责主持会议。苏老师和陆老师听取了同事的意见,在小组会议后继续改进课堂。学期第一个月末,他们向全区所有四年级的数学老师做了最后的展示。

指导陆老师和苏老师准备他们的课例研究时,杨老师使用的某些指导形式在中国非常常见,包括观察和评价学员的课堂,邀请他们去观察她的课堂教学,通过正式和非正式的讨论回顾和修改他们的教案。杨老师的指导重点是教学生如何在知识之间建立联系,创建一个结构化和有序的课,鼓励学生发现知识并讨论他们的数学猜想。

在观察了陆老师的预演课后,杨老师建议她可以考虑帮助学生们根据他们已经知道的四舍五入整数知识来理解四舍五入小数的方法。杨老师认为,通过联系和比较,学生可以发展对数学的理解。学生应该意识到舍入小数和舍入整数的规则是一样的,比如 4827 四舍五入到近百的数就是 4800;4.827 四舍五入到小数点后一位就是 4.8。在预演课上,我们希望学生根据整数四舍五入的方法猜想小数四舍五入的方法。通过比较,我们帮助学生建立起一个知识结构,当他们在不同的主题间建立起联系时,学习就会发生。她(陆老师)没有给学生机会去建立联系并通过比较加深对这种联系的理解。

接下来的一个星期,杨老师又去听了陆老师的课(教的是另一群学生)。根据杨老师的建议,陆老师设计了两个步骤来帮助学生发现这种联系。在回顾了整数舍入的方法后,她要求学生们用可能的方法对下面小数舍入到小数点后两位、后一位和个位进行猜想:8.357、4.742 和 2.954。她把学生分成小组去比较四舍五入整数和小数的方法。两个小组被要求汇报他们的发现。一个男孩报告说:"当我们四舍五入小数时,我们看下一个较低位的地方。"我们使用整数舍入的规则——当数等于或大于 5 时取入,当数小于 5 时舍出(实地记录,2006 - 03 - 17)。上完课后,杨老师与陆老师进行了交流。她发现陆老师给学生太多暗示以致学生们想出了太完美的答案,这导致课堂上没有任何争论。杨老师提出了许多数学老师面临的一个重要问题——在学生仍有机会独立思考并提出自己想法的情况下,数学老师应该给出多大程度的提示?

在最后的准备中,陆老师重新设计了课堂。她首先激活学生已有的舍入整数知识和通过一个问题强调估计在现实生活中的重要性。小红的妈妈去买面包。三袋面包 10 美元。你知道一袋面包多少钱吗? 在复习和总结整数舍入规则后,她提出了另一个问题并且没有给出小数舍入规则的提示。她只是让学生研究一下如何对问题中的小数 8.357、4.742 和 2.954 进行四舍五入到个位数。在学生们分享小组讨论后,陆老师要求学生们反思自己舍入小数的规则的“发现”。她的学生们指出数学概念在很多场合都是相互联系的。通过这两个步骤,陆老师为学生创造了独立思考的学习机会。

杨老师关注的另一个方面是鼓励学生讨论他们的想法并发现新的知识。在谈到她如何帮助年轻教师提高他们的教学时,杨老师说,年轻教师通常没有深刻理解新课程标准和相应的创新教学方法。她的指导目标之一是帮助他们讲授一堂有创造性的课。她在他们每周的教研组会议中检查了苏老师的教案,她不满意这个教案,因为它完全是直接教学,学生参与程度很低。她建议苏老师可以让学生通过独立工作和小组讨论,发现基本的计数单位(0.1、0.01、0.001 等)和小数的位值。他们设计了两个任务,让学生独立完成。一项任务是观察公制尺和找出 1 m 与 1 dm、1 m 与 1 cm 之间的关系并且用分数和小数表示,如 $1\,cm = \dfrac{1}{100}\,m = 0.01\,m$。另一个任务是考虑 1 m 和 0.1 m、1 m 和 0.01 m、1 m 和 0.001 m 之间的关系。将他们的观察作为讨论的主题,学生会在小组中讨论他们发现的关系。杨老师和苏老师预计学生们会得出两个结论:第一,换算成高一级单位的进率是 10;第二个是基本的计数单位。通过这种方式,杨老师试图帮助苏老师讲授一堂让学生通过观察、猜想和讨论来理解数学的课。

在案例研究活动中,杨老师的下一个重点是讲授一个清晰有结构的课。正如她在访谈中提到的,她特别注重帮助年轻教师讲授结构清晰的课堂。苏老师认为,在她教案中最大的改进是,她的课堂变得更有条理,并以一种合理的方式促进了学生数学思维的发展。她说:"当她检查我的教案时,杨老师帮助我在每一步和过渡中重新调整了课堂结构,(这一课)从生活中的小数、可测量的图画、百平方数到抽象的陈述,结构变得非常清晰。"(访谈,2006 - 03 - 09)杨老师用来梳理课堂顺序的基本原理是基本的学习原则——从简单到困难、从具体到抽象、从程序和概念上变化教学来呈现知识(Gu,Huang & Marton,2004)。这两个重新设计的任务反映了她的学习原则。

　　案例的描述和分析表明,杨老师的指导为两位年轻教师提供了提高数学教学内容知识的机会。教研组使陆老师和苏老师能够定期参加师徒结对。通过案例研究的一个例子说明了师傅如何通过师徒结对来培养年轻教师。杨老师使陆老师和苏老师掌握了中国公认的最好的数学教学实践:将已有知识和新知识联系起来、基于学情建立清晰的课堂结构,并让学生参与发现和讨论自己的观点(教育部,2001 年)。师傅的指导对他们学习的影响有可能在他们的教学生涯中持续下去。苏老师承认她希望能有更多机会得到杨老师的指导(访谈,2006 - 03 - 27)。苏老师和陆老师都很珍惜和杨老师在同一个教研组工作的机会。

5　准备并讲授公开课

　　对于新手教师、经验丰富的教师、普通教师或模范教师来说,上公开课的目标各不相同。陆老师主动提出为她所在的区域讲授一节公开课,作为专业发展活动。这不仅是陆老师完善教学技能的机会,也是区域中全体四年级数学老师的学习机会。在秋季学期,陆老师给自己的学生上课,她的学校采用了与区域中其他学校不同的数学教材。由于本研究直到春季学期才开始,所以没有收集到关于她如何准备秋季课的数据。根据采访,杨老师指导她在秋季学期准备并讲授这一课程。在春季学期,这个区域的另一所小学里担任数学教研组组长的陈老师指导陆老师准备和进行公开课。

　　如上所述,每个月杨老师都会为她所在的学校区域中的全体四年级数学老师提供专业发展活动。陆老师主动提出上一堂公开课,陈老师在观看了她的预演课后,提供了即时建议,并修改了她的教案。陆老师向集群中的 14 名四年级数学老师上了公开课。她去了陈老师的学校,给两组不同的四年级学生上了预演课和公开课。

这节课是折线图的介绍。教学目标包括知道折线图是什么、从折线图的解释中获得有用的信息、将统计数据与现实生活联系起来、了解统计及统计中的重要概念。根据教师手册,陆老师的教案描述了这一课的难点在于解释折线图,并找出变化的趋势。课结束后,我与陆老师讨论了她在准备和主持这堂公开课的过程中为改进教学做了哪些改变。

5.1　组织学生学习是陈老师和陆老师在准备公开课时主要关注的问题

传统的数学教学是以教师为中心、全班教学(Gu, Huang & Marton, 2004; Leung, 1995; Paine, 1990; Stevenson & Lee, 1995)。过去 10 年的课程改革(教育部,2001 年,2004 年)鼓励教师采用多种方式组织学生的课堂学习。在本次研究进行时,课程改革已经实施了 5 年,学校也在 4 年的时间里试行了以改革为导向的数学教学模式。然而,教师们仍在学习采用创新的课程和教学。他们需要从全班直接教学的心态转到采用不同的方式来组织学生学习(Lampert,2001)。陈老师和陆老师重点讨论了应该怎样、何时、如何采用不同的方式组织学生学习,包括课堂小组活动、同桌讨论和独立思考。

在预演课中,学生们解决了两道练习题,但只使用了一次同桌讨论和小组合作。剩下的教学部分是全班教学和提问。在汇报会上,陈老师指出,陆老师没有给学生足够的机会来分享和讨论他们自己的想法,因为她总是主动提出问题并征求学生的回答。与预演课相比,最后的公开课采用课堂小组活动一次、同桌讨论三次、独立思考一次。在最后一节课中,学生们在不同的组织方式中更积极地参与学习。陆老师课堂设计的变化对比如表 11.1 所示。

表 11.1　陆老师预演课和最后的公开课中教学设计的变化

教学	预演课	最后的公开课
建模—	讲课	课堂小组活动
例题 1—	提问—寻找答案	全班讨论

续表

教学	预演课	最后的公开课
折线图 1(北京温度)		
指导练习—	提问—寻找答案	独立思考
例题 2—		
折线图 2(住院病人体温)		
指导练习—	同桌讨论	同桌讨论
例题 3—	全班讨论	全班讨论
折线图 3(春节庆祝活动)		
反思—	全班讨论	全班讨论
联系实际生活		
应用—	课堂小组活动	同桌讨论
解决练习题	报告	报告
结束	全班讨论	全班讨论

　　如表 11.1 所示,陆老师似乎习惯用提问并寻求答案的方式教数学。在预演课上,她在讲授两道例题时也用了此方式。在向学生们展示了第一道例题后,陆老师提出了 8 个问题,并让学生们逐一回答。在讲解第二道例题时,她问了 10 个问题,但没有给学生讨论或思考的机会。在汇报会上,陈老师建议改变她的教学方式。认为提问寻求答案的方式,打断了课堂的节奏。因此,它可能会转移学生对课中重要概念的理解。这种教数学的方式也剥夺了学生独立思考的机会,因为有些学生可以快速得到答案,但其他学生却需要花时间把问题想清楚。

　　陈老师建议,当陆老师提出关于北京温度折线图的第一个例题时,可以安排课堂小组活动(图 11.1)。陆老师欣然同意。她本打算让学生们分组做第一个例题,但不知何故,她在课堂上放弃了这个想法。在预演课上,陆老师在展示了当天北京气温的条形图后,她展示了折线图(图 11.1),并问了 8 个问题,向学生们寻求答案。在公开课上,她让学生们分组讨论他们从折线图中观察到的东西。为了引导他们的讨论,她只提出了两个主要问题:你从折线图中获得了什么信息? 你们是怎么看折线图的？接下来 10 分钟的小组讨论让全班同学分享了自己的想法。陆老师利用开放性问题（Vacc，1993）征集学生（现有足够的时间思考和回答问题）的想法。有研究指出可以使用等待策略，使数学课堂中的讨论更加成功，获得更好的效果（Chapin，O'Connor & Anderson，2003）。当学生们报告他们从图表中看到的东西时，他们描述了温度的变化：上升还是下降、变化是快还是慢。这正是这节课的内容——使用折线图来识别连续的变化。例如，一个学生说他预测 18∶00 的温度，大约是 17.5℃，这在他的小组中讨论过。这是学生们在预演课上学习第二道例题后产生的想法。陈老师认为，对于大多数学生来说，这堂课并不难学，所以老师应该相信学生能够自己"发现"和理解重点和难点。课堂小组活动是在课程开始时引导学生找到自己的发现的适当方式。

　　陆老师为了改变讲授数学的方式——问问题、寻找答案，她采纳了陈老师的建议，让学生们独立完成第二道例题。在汇报会上，陈老师 3 次提到陆老师采用讲授法进行教学。她应该抓住一切可能的机会，让她的学生通过独立思考、联系和讨论来构建新的知识。在预演课和公开课上，陆老师都花了大约 6 分钟讲解第二道例题。预演课上的 6 分钟是在老师的引导下进行的，她问了一个问题，然后向学生寻求答案。不同的是，在公开课上，学生们首先独立思考问题，这确保了每个学生都有时间给出自己的答案。然后他们把答案分享给其他人。通过这种方式，陆老师让她的学生自主学习。正如一名老师在公开课后评论的那样，陆老师的课与课程改革一致，课程改革要求学生积极参与数学学习，允许学生提出不同的想法。

　　中国的教师普遍认同黑板（板书设计）对于课堂的重要性（陆老师也为这堂课准备了 PPT 文件）。良好的板书设计被认为是优秀教学的特点之一（Nan & Yin，2003；Peng，2005；Qiu & Ren，1995）。

5.2　陈老师和陆老师在准备公开课时谈到的第二个主要问题是如何设计一个结构清晰、简洁的板书

　　在黑板上所出现的内容不仅是整节课结构的线索，也是总结一节课中重要概念或思想的提纲。在公开课中，陆老师重新设计了板书，以达到这两个效果（图 11.1）。

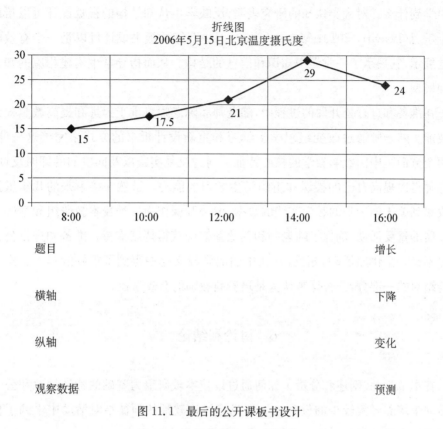

题目		增长
横轴		下降
纵轴		变化
观察数据		预测

图 11.1　最后的公开课板书设计

与预演课的板书设计相比,最终的设计为学生的视觉和语言学习提供了更多的支持。在预演课上,陆老师把这张图放在一个 PPT 文件里。在公开课中,她首先在黑板上画了一个没有数据的图,然后添加数据,画线连接数据。她的学生清楚地看到了使用条形图数据创建折线图的过程,这可能有助于他们思考条形图和折线图之间的共性和差异。随后,课上讨论了这一问题。在汇报会上,陈老师指出,陆老师需要更多地解释横轴和纵轴。陆老师不应该假设所有的学生都能理解折线图中所有的数轴。为了强调横轴与纵轴的重要性,陆老师在黑板上写下了这两个关键词,这有利于学生读折线图。"观察数据"这一关键语句向学生强调了仔细阅读图表的重要性,以便从折线图中获取信息并从中得出结论。黑板右边的四个关键词总结了折线图的关键特征,学生可以根据这四个关键词描述折线图的变化。最后的板书设计简洁地呈现了课堂的核心思想,并明确地告诉学生应该从课堂中学到什么。对人类认知的研究表明，反映学生认知结构的视觉设计可以帮助学生学习（Leavitt，2010；Mayer，2009）。一个好的板书设计可以是一个有效的视觉展示，它展示了一堂课中知识和信息的结构。从而指导学生构建相应的知识心理模型。

在准备和进行公开课的过程中，陆老师和陈老师着重于提炼和提高教学知识和技能。陆老师通过改变组织学生学习和重新设计板书的方式来完善这一课。这两个方面是中国数学教学的核心特征。通过反复实践以及同事们的即时反馈，陆老师得以提高自己的授课和组织学生学习的能力。虽然在接下来的几年里没有收集到关于陆老师的教学实践的数据，但公开课作为一种校本教研组和学区专业发展的重要活动，确保了陆老师和其他新老师获得持续支持。准备和进行公开课并不是一个快照活动，相反，它在中国的学校文化中得到了很好的建设。作为师徒结对的一部分，公开课被认为是培养新教师的有效途径。

6 讨论和结论

在本章中，我阐述和分析了如何通过以校本教研组为基础的师徒结对和公开课活动来培养经验较少的教师。下面我将讨论教师从师徒结对活动中学到了什么以及这个活动是如何提高教师质量和课堂教学水平的。

教师在工作中不断学习，深植于中国的学校文化中。校本师徒结对和公开课活动是提高数学教师水平的主要途径。通过师徒结对和开展公开课，引导缺乏经验的教师融入传统的数学教学核心价值观。与此同时，师徒结对也支持以改革为导向的数学教学的实施。一些研究人员（Paine，Fang & Wilson，2003）认为，中国未来的教师从教师教育项目中接受的教育学培训是有限的。中国的教师预备课程非常强调学科训练，包括数学（Li，Zhao，Huang & Ma，2008）。因此，学校和学区提供的专业发展侧重于提高教师的数学教学知识。在本研究中，两位老师在师傅的帮助下获得了改革思想与传统视角相结合的优秀数学教学知识和技能。

在课例研究和公开课活动中，向陆老师提出应给予学生更多的机会提出并讨论自己的数学思想，这是课程改革的重点之一。良好的板书设计被认为是优秀数学教学的一部分（Nan & Yin，2003；Peng，2005；Qiu & Ren，1995，Wu，

2010)。在准备和进行公开课的过程中，陆老师掌握了设计优秀板书的技巧。苏老师努力建立清晰的课堂结构，以促进学生学习，并采用多样化的教学方法。在杨老师的指导下，苏老师不断磨练自己的技能，为课堂制定清晰的教学顺序。

　　许多研究（例如 Cohen，1991；Cohen & Hill(2001)揭示了数学教师在以改革为导向的方式中学习教数学时遇到的困难。中国教师也不例外。考虑到教师教育项目对教育学的重视程度有限，培养新教师采用以改革为导向的教学方法是困难的。然而，专注于教学知识和技能与培养新教师数学知识并不冲突（Ball，Thames & Phelps，2008）。马立平（1999）提到，中国的数学教师与教研组的同事和师傅共同研究课改材料，这有助于"深刻理解基础数学"的发展。更重要的是通过师徒结对和公开课活动培养教师（Grossman & McDonald，2008）。实施教学法关注"持续探究课堂的实践方面以及如何设计精致练习"（Grossman & McDonald，2008，p.189）。数学教学的核心方面是中国传统视角和改革思想的融合，其核心是通过师徒结对进行重复练习进而完善教学。在师徒结对和刻意练习的数学公开课背后，有一些文化和制度因素使这个系统运行。

　　第一，中国的数学教师在一个长期建立在学校系统中的专业实践社群工作。校本教研组是基础设施，以确保师徒结对的定期或每日进行。当教师与师傅在教研组合作时，他们会得到指导。师徒结对不仅发生在正式场合，也发生在许多非正式场合。

　　第二，将数学教学作为一种刻意的公共实践，可以让教师在特定的环境下反复、集中地完善数学教学的关键方面。师徒结对要求教师在师傅的指导下定期观摩、展示、排练和修改，才能提高教学。把数学教学作为一种刻意的实践，通过修改和预演，让教师在得到同事即时反馈的情况下磨练教学实践的基本技能。

　　第三，一些研究者（Zhang，Li & Tang，2004）观察到，中国数学教师在价值观、教学语言和教学工具方面评价优秀的数学教学和数学教师的能力有同一套标准。例如，数学教师肯定基本知识和基本技能对学生学习的重要性、认同在一节课中对知识重点和难点的处理方案、欣赏好的板书设计等等。如果没有共同的价值观、语言和工具，很难定义跨地区的学校的数学教师的能力和优秀的数学教学实践应该是什么样子的，因此也很难让教师参与促进专业发展的师徒结对和刻意练习活动（Lampert，2010）。

参考文献

Ball, D. L. , Thames, M. H. , & Phelps, G. (2008). Content knowledge for teaching: What makes it special? *Journal of Teacher Education*, 59, 389 – 407.

Chapin, S. H. , O'Connor, C. , & Anderson, N. C. (2003). *Classroom discussions: Using math talk to help students learn. Sausalito*, CA: Math Solutions Publications.

Cohen, D. K. (1991). A revolution in one classroom: The case of Mrs. Oublier. *Educational Evaluation and Policy Analysis*, 12, 311 – 330.

Cohen, D. , & Hill, H. (2001). Learning policy: *When state education reform works*. New Haven, CT: Yale University Press.

Grossman, P. , Compton, C. , Igra, D. , Ronfeldt, M. , Shahan, E. , & Williamson, P. (2009). Teaching practice: A cross-professional perspective. *Teachers College Record*, 111, 2055 – 2100.

Grossman. P. , & McDonald, M. (2008). Back to the future: Directions for research in teaching and teacher education. *American Educational Research Journal*, 45, 184 – 205.

Gu, L. , Huang, R. , & Marton, F. (2004). Teaching with variation: A Chinese way of promoting effective mathematics learning. In L. Fan, N. Wong, I. Cai. & S. Li (Eds.), *How Chinese lear mathematics: Perspectives from insiders* (pp. 309 – 347). Singapore: World Scientific.

Han. X. & Paine, L. (2010). *Teaching math as deliberate practice through public lessons Elementary School Joumal*, 110, 519 – 541.

Hu. G. (2005). Professional development of secondary EFL teachers: Lesson from China. *Teachers College Record*, 107, 654 – 705.

Lampert. M. (2001). *Teaching problems and the problems in teaching*. New Haven, CT: Yale University Press.

Lampert, M. (2010). Learning teaching in, from, and for practice: What do we mean? *Journal of Teacher Education*, 61. 21 – 34

Lampert, M. , & Graziani, F. (2009). Instructional activities as a tool for teachers' and teacher educators' learning in and for practice. *Elementary School Journal*, 109, 491 – 509.

Leavitt, M. (2010). How well-designed and well-used visuals can help students learn: An academic revicw. Unpublished manuscript.

Leung. F. K. S. (1995). The mathematics classtoom in Beiing, Hong Kong and London. *Educational Studies in Mathematics*, 29, 297 – 325.

Li. L. (2004). Comparing teaching research groups and peer coaching. *Contemporary Science of Education*, 12, 44 – 45.

Li. Y. Zhao. D. Huang, R. & Ma, Y. (2008). Mathematical preparation of elementary teachers in China: *changes and issues. Journal of Mathematics Teacher Education*, 11, 417 – 430.

Ma. L. P. (1999). *Knowing and teaching elementary mathematics*. New Jersey: Lawrence Erlbaum.

Mayer, R. E. (2009). *Multimedia learning* (2nd ed). New York: Cambridge University Press.

Ministry of Education. (2001). *Mathematics Curriculum Standards* (1 – 9). Beijing: Beijing Normal University Press.

Ministry of Education. (20041). *Understanding Mathematics Curriculum Standards*. Beijing: Beijing Normal University Press.

Morris, A. K, & Hiebert, J. (2009). Introduction: Building knowledge bases and improving systems of practice. *Elementary School Journal*, 109, 429 – 441.

Nan, J., & Yin, C. (2003). The features of excellent lesson plans. *Education Science*, 19 (2), 27 – 28.

Paine. L. W. (1990). The teachers as virtuoso: A Chinese model for teaching. *Teachers College Record*, 92(1), 49 – 81.

Paine, L. , Fang, Y. , & Wilson, S. (2003). Entering a culture of teaching: Teacher induction in Shanghai. In E. Britton, L. Paine, D. Pimm, & S. Raizen (Eds.), *Comprehensive teacher induction: Systems for early career learning*. Boston: Kluwer Academic Publishers and West ED. .

Paine, L. , & Ma, L. (1993). Teachers working together: A dialogue on organizational and cultural perspectives of Chinese teachers. *International Journal of Educational Research*, 19, 667 – 778.

Peng, X. (2005). The design of whiteboard for instruction. *Education Review*, 6, 69 – 72.

Qiu, D. . & Ren. P. (1995). Skills of designing a whiteboard for instruction. *People's Education*, 6, 38 – 40.

Shi, L (2002). Review on school-based teacher training in China. *Adult Higher Education*, 5.

Stevenson. H. W. . & Lee. S. Y. (1995). The East Asian version of whole-class teaching. Education Policy. 9. 152 – 168.

Vacc. N. (1993). Questioning in the mathematics classroom. *The Arithmetic Teacher*, 41, 88 – 91.

Wang, J. (2002). Learning to teach with mentors in contrived contexts of curriculum and teaching organization: Experiences of two Chinese novice teachers and their mentors. *Journal of In-service Education*, 28(3), 134 – 337.

Wang, J. , & Paine, L. W. (2001). Mentoring as assisted performance: A pair of Chinese teachers working together. *The Elementary School Journal*, 102, 157 – 181.

Wang, J. , & Paine, L. W. (2003). Learning to teach with mandated curriculum and public examination of teaching as contexts. *Teaching and Teacher Education*, 19(1),75 – 94.

Wang, J., Strong, M., & Odell, S. J. (2004). Mentor-novice conversations about teaching: A comparison of two US and two Chinese cases, *Teachers College Record*, 106,775 – 813.

Wenger, E. (1998). Communities of practice: Learning, meaning and identity. Cambridge: Cambridge University Press.

Wu. L. (2010). The new understanding about the nature of whiteboard design for instruction. *Instruction and Management*, 5,3 – 5.

Wu, W. (2006). Learning activities of elementary teachers. Curriculum, *Teaching and Method*, 26(7),83 – 88.

Wu, X., & Wu, L. (2007). Training teachers through public lessons. *Instruction*, 2,5 – 8.

Yu, P. (2002). Double functions of public lessons. Shanghai Education and Research, 1, 31 – 34.

Zhang, D., Li, S., & Tang, R. (2004). The "two basics": Mathematics teaching and learning in Mainland China. In L. Fan, N. Wong, I. Cai, & S. Li (Eds.), *How Chinese learn mathematics: Perspectives from insiders* (pp. 189 – 201). Singapore: World Scientific.

第 12 章　在中国,通过开展示范课改进数学教学

黄荣金[①]　李业平[②]　苏洪雨[③]

1　前言

在中国,教师专业发展的方式多种多样,其中一个共同的特点就是在多层次的专业学习社群中开展公开课以供讨论(Huang, Pang, Wang & Li, 2010)。开展示范课是实施新课程的一种新方法,侧重于有效地讲授重要的主题或实施以改革为导向的教学策略(Huang & Bao, 2006; Zhang et al. , 2008)。示范课与公开课类似,字面上是指教师模仿和学习的课堂。通常是由有经验的教师通过校本教研活动或研究项目来开展示范课(Huang et al. 2010)。它被认为是中国教师专业成长的有力典范(Huang & Bao, 2006; Huang & Li, 2009)。除了在活动结构上与日本的课例研究有一些相似之处,中国模式还注重"内容和教学知识与技能,以及一个开放的以学习者为中心的实施要素"(Lerman & Zehetmeier, 2008, p. 139)。

在中国,教师是如何通过参与校本教研活动的公开课(包括示范课或比赛)来提高教学质量的已成为近期研究的一个热点话题(Han & Paine, 2010; Yang, 2009)。例如,杨玉东(2009)阐述了教师如何向其他人学习、如何从自我反省中学习、如何深刻理解某一个主题,以及教师如何在校本教研组同事的支持下,通过对同一主题内容设计三个课堂来学习教学理论。韩雪和潘恩(Paine, 2010)也揭示了中国数学教师是如何在教研组成员的帮助下,通过开展公开课来提高三种类型的教学技能的: 为学生设计合适的数学任务、讲授有难度的数学思想、使用数学和

---

① 黄荣金,美国中田纳西州立大学。
② 李业平,美国得克萨斯农工大学。
③ 苏洪雨,华南师范大学。

教育学上合适的语言。

然而,很少有研究对教师如何通过设计示范课改进他们的教学进行考察。

开展示范课在中国极具潜力并日益流行,深入考察中国教师如何通过开展示范课提高教学的研究不仅可以有助于理解中国教师的专业发展,也为在其他教育制度下的数学教育工作者反思自己的实践和改善教学提供了一个参考。特别地,我们的目标是采取个案研究法,把重点放在某教师在国家研究项目上设计示范课的经历。本研究旨在解决以下三个问题。

(1) 教师开展示范课后有什么样的变化?

(2) 示范课有哪些特点?

(3) 通过开展示范课帮助教师持续改进教学的因素有哪些?

2 理论思考

教学是一种文化活动(Stigler & Hiebert,1999)。课堂教学评价与良好课堂的文化价值观念有关。因此,我们首先讨论在中国什么是有效的数学教学。在此基础上,以"刻意练习"为视角,抓住开展示范课的关键特征,从而探讨通过开展示范课追求卓越教学时,教师的变化有哪些。

2.1 数学教学有效的文化价值

对于什么是有效的数学教学没有统一的共识(例如,Krainer,2005;Li & Shimizu,2009)。现有的研究为我们提供了中国有效教学实践的若干迹象。特别是对数学课堂教学的一些比较研究,揭示了中国数学教学的几个关键特征。例如,施蒂格勒(Stigler)和佩里(Perry)(1988)发现,与美国课堂不同,中国学生更多地参与老师布置的数学任务。此外,中国的数学课比美国的数学教学更加完善和更具结构化(Stevenson & Lee,1995)。近年来,中国数学课堂教学呈现出以下特点:以全班课堂讲授为主;教师细致地解释新内容;构建一个连贯的课程;强调数学推理;强调问题与变式练习之间的数学联系(如 Chen & Li,2010;Huang,Mok,Leung,2006,Leung,2005)。

因为中国使用课程集中管理体系,课程标准对教师课堂教学的整体影响较大

(Liu & Li，2010；park & Leung，2006)。根据新课程标准,课堂教学应建立在学生已有的知识、经验和认知发展水平之上。运用自主探索、合作、交流等多种教学方法引导学生积极主动地学习。课堂教学需要培养学生的数学应用意识和创新能力、数学能力和对数学的积极态度,为学生的进一步学习打下深厚的基础(教育部,2001,2003)。一直以来,一些研究表明,中国教师重视这种课堂管理理念:具有全面、可行的教学目标;连贯性发展知识;让学生参与教学过程;培养学生的数学思维和数学能力;确定难点和提供处理难点的恰当方法(Huang，Li & He，2010；Zhao & Ma，2007)。

把这些调查结果和建议放在一起,我们得出结论,即在中国,数学教学倾向于强调:

(a) 确定并实现全面和可行的教学目标;

(b) 培养学生的数学知识和数学推理能力;

(c) 强调知识联系和连贯教学;

(d) 通过系统的变式问题巩固学生获得的新知识;

(e) 努力在教师指导与学生自主探索之间取得平衡;

(f) 适时总结要点。

中国有效教学的这些特点将作为本研究分析教学改进的参考。

2.2　通过刻意练习改进课堂教学

在课堂教学中追求卓越的一种常见方法是辨认专家课堂教学的特点,并找出与他们教学水平提高相关的因素(Berliner，2001；Li & Kaiser，2011)。认知科学家发现,参与专门活动是持续改进和达到专家行为的一个重要因素,这有助于确定和检验最佳教学表现。(Ericsson，2008；Ericsson Krampe & Tesch-Romer，1993)。艾利克森(Ericsson)和他的同事(1993)将专门活动定义为针对个人的活动,并将刻意练习定义为有专家反馈的个人重复进行的活动。刻意练习包含良好定义的特定目标,有足够的动力根据得到的反馈,进行足够次数的重复练习,进而逐步改进表现(Ericsson，2008；Ericsson et al.，1993)。韩雪和潘恩(Paine)(2010)考察了中国教师如何通过在开展公开课过程中进行刻意练习来培养教学能力。

在本研究中，开展示范课的过程包括"刻意练习"的主要方面，如目标明确的教学设计、即时的专家反馈、广泛重复的教学实验、反思和修订（Zhang et al.，2008）。在本研究中，很多共同特点让我们有机会从"刻意练习"的角度来分析和解释课堂教学改进。

3 方法

3.1 课题、教师和主题

3.1.1 课题

这项研究的数据来自于一项全国范围的纵向研究课题，该课题于 2006 年年底启动，名为"中学数学核心概念的建构与实践"（后面简称 SMCCSS）。该课题的参与人员来自中国大陆 11 个省，团队成员超过 300 名，包括 5 名大学的数学教育者、6 名数学课程设计者、128 名初中教师和 207 名高中教师。

该课题旨在帮助参与教师深入理解选定的数学核心概念，并探索如何有效地进行教学。核心概念具有以下特点：对数学学科而言重要、对学生的数学认知结构重要、属于数学概念逻辑链条上的"自然的一环"，并且与学生的思维发展水平相适应。例如，将相似三角形、直线斜率和函数的零点作为核心概念。该课题确定核心概念的教学指导：准确理解数学概念、准确定位教学目标、深入分析学生在理解概念时的难点、设计以问题为引导的教学过程、知识训练的有效性和及时性、教学目标达成度的有效检测（Zhang 等人，2008）。

核心概念教学的示范课通常包括以下步骤：通过合作进行教学设计、教学实践，并对教学设计进行反思和改进。在得到满意的设计之前，可以进行若干次修正—实践—反思的循环，最后，构建并出版了有关各个核心概念教学的案例研究（包括课堂录像、教学设计、专家意见、示范课设计过程的反思），供全国交流使用，并作为培训教师使用以改革为导向的教材的补充文件。章建跃（2008a）在对 18 名参与教师的调查中发现，参与教师认为自己得到的帮助及其价值的评价可归结为以下几个方面：多角度的观点交流与碰撞；"教学观摩—点评"活动；专家指导和理论提升。他们在数学理解课程教材理解和对课堂进行教学反思等方面取得了进步。然而，他们经历的具体变化以及与教学改进相关的因素在很大程度上是未知的。

3.1.2 教师

我们将重点研究孔老师开展示范课的过程。孔老师是华东一所重点中学的高级数学老师和数学组组长。他获得了理学学士学位,并完成了几项教师培训,曾获得了"省级优秀青年教师"、"新课程使用优秀讲师"等多个奖项。他发表过几篇期刊文章,为以改革为导向的数学教材和数学辅助材料撰写了不同的章节。作为奥林匹克数学竞赛的教练,他带领的学生曾获得全国金牌。

3.1.3 主题

孔老师讲授的是十年级的"线与面垂直关系的定义与判定"。本节课为第 1 课时(共 3 课时)(每节课 45 分钟),这一课时是"直线与平面垂直关系的判定和性质"。在这之前,学生们已经学习了"三维空间中的点、线、平面之间的位置关系"(大约 3 节课),以及"线与平面平行关系的判定和性质"(大约 3 节课)。

3.2 数据源

数据主要来源于以下两个课堂教学设计:一个是在 2008 年全国研讨会活动项目中的示范教学(初始课堂设计课,以下简称 ILD),另一个是与 2009 年以改革为导向的教材有关的用于录像课的补充材料(最后的课堂设计,以下简称 FLD)。示范课的第一阶段(ILD)包含了令当地团队满意的教学特点,而示范课的第二阶段(FLD)呈现了国家团队所欣赏的教学特点。这些数据用来回答第一个研究问题。

为了回答接下来的两个研究问题,我们还收集了其他专家对 FLD 的评价。特别邀请了一名负责教研活动、教师专业发展和市级学生成绩的教研员和另一省某个市的 5 名专家型教师评价 FLD(录像)。这些专家教师没有参与 SMCCSS 项目,也不认识讲授示范课程的老师,所以他们对 FLD 的评价更加客观。所有的专家教师都有高级职称,有 10 到 21 年的教学经验。我们向这些专家老师提供了 FLD,并请他们根据以下问题对课堂进行评价:

(a) 教案的主要特点是什么?

(b) 你认为这堂课在哪些方面堪称典范? 为什么?

(c) 如果有的话,你对这节课有什么改进建议?

5 位专家都给我们发来了他们的评价。

为了了解是什么因素促进或限制了教师开展示范课的学习,我们在 2010 年秋季进行了书面调查,并在 2011 年春季对教师进行了电话采访。调查包括以下问题:

(1) 参与开展示范课的主要收获是什么?

(2) 对于研究团队(校级、市级和国家级),在开展示范课的过程中,哪些因素对您的专业发展起到了最大的促进或制约作用?

(3) 在完成了示范课的各项活动之后,你认为你所获得的技能会影响日常教学吗?

没有时间限制,以下列问题为提纲进行网络电话采访,时间持续了约 45 分钟:

(a) 关于教研员针对您的教案如何改进的分析,您有何看法?

(b) 做出这些变化的主要原因和方法是什么?

(c) 您从开展示范课中学到的东西,对您有什么长期影响?

3.2.1 数据分析

数据分析包括几个步骤。首先,我们仔细阅读两篇课堂教学设计,以便对这些教学设计获得全面的理解。然后我们通过比较这两个教学设计的组成部分,包括对教材、学生学习、教学目标、难点和重点、教学方法和工具、教学过程、板书设计的分析以及设计意图来考察可能有哪些改进。最后,我们确定了 5 个改进要点,类别和说明的例子如表 12.1 所示。

表 12.1　教学设计中改进的类别和说明

类别	例　　子	
	ILD	FLD
Ⅰ　准确、全面地发展概念和定理	1. 分别介绍定义和判定定理; 2. 利用折纸活动验证判定定理	1. 整体性看待定义和判定定理; 2. 利用折纸活动发现定理的条件是充分必要的
Ⅱ　有效地开展对难点的教学处理	1. 通过观察特定的图片形成概念	1. 请学生举例说明日常生活情境以及数学内容中的新关系; 2. 将以往的学习经验转化为新的学习情况

类别	例　子	
	ILD	FLD
Ⅲ　熟练地组织和编排问题	1. 提出 3 个问题,利用折纸活动验证判定定理	1. 提出 7 个精炼的问题,对判定定理进行探索
Ⅳ　确定并提出全面可行的教学目标	1. 知识与技能; 2. 使用一些教学辅助工具	1. 知识与技能; 2. 过程与方法; 3. 情感态度价值观; 4. 运用教学辅助工具采用"引导发现"的方法
Ⅴ　对学生思维的敏感性	1. 使用教科书建议的一种方法	1. 用两种方法证明从教学实验中得到的定理

我们根据一位教研员(以下简称 TR)和 5 名专家教师(以下简称 T1～T5)对 FLD 的评价,考察并确定了该示范课的特点,他们都认为这是一个很好的课堂设计,会推荐给他们的同事。他们认为示范课有以下几个优点:发展概念和定理、实施创新思想、将数学和情境联系起来、使用多重表征、使用精心选择的问题、发展数学思维方法和能力。并且,他们对 ILD 的改进提出了以下建议:问题安排、时间管理和多媒体使用。在之前的研究中,黄荣金和李业平(2009)认为示范课有以下特征:

(1) 引导学生循序渐进地发展和建构数学概念;

(2) 实现三维教学目标;

(3) 注重核心概念和相关的数学思维的形成;

(4) 恰当地使用和深刻理解教材;

(5) 平衡教师的引导和学生的参与。

在这项研究中,黄荣金和李业平(2009)详细阐述了不同的特征。

此外,我们对孔老师在教学设计中的自我反思报告进行了逐行分析,以了解教学设计是如何修改的及其修改的原因。后续调查和电话访谈的目的在于确定教师多年来所取得的成绩和得到的收获,以及促进或限制其专业学习的因素。使用科尔宾(Corbin)和斯特劳斯(Strauss)(2008)的分析工具和编码程序来分析和比较书面调查及电话访谈中的数据。在电话访谈中,教师不仅根据教案和反思报告证实了我们的分析,还分享了教学改进的相关细节。同时,我们也发现了与提高教师教学水平相关的主要因素(见"结果")。

4　结果

本案例分为四个部分。首先,对 FLD 进行简要描述。其次,确定了从 ILD 到 FLD 教学设计的改进。第三,从专家教师的角度分析了示范课的主要特点。最后,总结了影响教师从开展示范课中学习的相关因素。

4.1　FLD 的简要说明

FLD 包括五个主要部分:视觉上体验直线与平面的垂直关系;确定直线与平面的垂直关系;对直线与平面垂直关系的判定定理进行操作验证;初步应用;总结和作业。

这堂课,首先让我们回想一条直线和一个平面之间的三种位置关系中的两种,即平面上的一条直线和与一个平面平行的一条直线。老师要求学生给出第三种关系,即一条直线与一个平面相交的日常生活例子。然后,展示了几个垂直的模型(旗帜、跨栏和地面的照片),并要求学生们找到在三维几何实体(如立方体、圆柱和圆锥)中直线和平面之间有垂直关系的例子。因此,在学习新内容方面,提供了数学化和情境化的相关经验。

基于之前对垂直关系的视觉体验,类比学习平行关系(定义、判定和性质)中的经验,引导学生们研究垂直关系。通过探究"旗杆和它的阴影之间的位置关系",学生们发现如果一条直线垂直于一个平面,那么它就垂直于平面上的所有直线。通过演示一条直线(一支铅笔)和一个平面(一本书的封面)的关系探索进一步的问题:"如果一条直线垂直于平面上的所有直线,你能判定这条直线是否垂直于平面吗?"在这些讨论的基础上,老师给出了一条直线和一个平面垂直关系的正式定义:如果一条直线垂直于一个平面中的所有直线,那么这条直线就垂直于这个平面。在那之后,老师提出了一个问题:"如果一条直线垂直于平面上无数条直线,那么它垂直于平面吗?"通过使用铅笔和书的封面举反例,学生们确信定义中的"所有直线"条件不能被"无数条直线"所取代。

一旦学生们学会了这个定义,通过研究如何判定一个跨栏是否垂直于地面(日常生活情况),他们就会被引导去探索如何判定一条直线是否垂直于一个平面。然后,给学生布置了一个折纸活动,进行探索:

使用预先准备好的三角形卡纸△ABC,从顶点 A 折叠卡纸,折痕为 AD,将折叠好的卡纸放在桌子上,这样 BD 和 DC 的两边都在桌子上。讨论以下问题:(1)折痕 AD 与桌面垂直吗?(2)如何折叠卡纸,以确保折痕 AD 垂直于桌面?

基于之前的实验,学生们被引导去发现垂直关系的判定定理:如果一条直线垂直于平面上两条相交的直线,那么这条直线就垂直于平面。立刻,学生们需解决如下问题:如果一条直线垂直于梯形的两边,那么这条直线垂直于梯形所在的平面吗?这使定理变得清晰。在此之后,学生们将完成与所学知识有关的三道应用题(来自课本)。

最后,通过提问和讨论,总结出重点和数学思想/学习方法,并将三个问题(其中一个是老师自创的)作为家庭作业。

4.2　这两个教学设计的主要变化

在教学设计和教师自我反思报告的基础上,我们发现了两个教学设计之间的主要变化:确定和提出更全面、更可行的教学目标;注重如何准确、整体地讲授概念;有效地处理教学难点;熟练地组织和编排问题;对学生思维和方法的敏感性。从教师的角度出发分析教学设计变化的原因。

4.2.1　教师确定和提出了更全面、更可行的教学目标

教师在自己的 FLD 中制定了更全面的教学目标和教学策略。除了知识和技能目标之外,他还扩展了教学目标的三个维度:知识和技能、过程和方法、情感和价值观。过程和方法维度包括:培养和发展学生的三维想象力、类比推理能力、初步演绎能力和经验,以及对数学转化思维方法的洞察。情感和价值观维度包括:让学生体验学习数学的过程、体验探究数学的乐趣、增强学习数学的兴趣和信心。

4.2.2　准确、全面地发展概念和定理

基于他的教育背景和教学成就,孔老师有扎实的数学知识和教学知识。然而,通过参与开展示范课,他仍然取得了显著的进步。

孔老师在一次国家级的研讨会上授课后,教材开发和数学教育方面的专家认为教师对概念理解肤浅和概念表述不严谨。专家们认为,"直线与平面之间的垂直关系"应该从两个方面来理解：一是一般属性；二是基本属性。在孔老师的反思报告中,他写道:

首先,它是直线与平面垂直关系的一般性质,即"如果一条直线垂直于平面,那么它就垂直于平面上的所有直线"。另一方面,它是区分于其他概念的基本特征,即"如果一条直线垂直于平面上的任何一条直线,那么它就垂直于平面。"

在 ILD,他通过调查日常情况和观察旗杆和它的影子之间的关系,成功地解决了第一个方面。在他的 FLD 中,他通过几个精心设计的引导问题来探讨旗杆和它影子之间的关系,并构造反例引导学生探究理解第二个方面。

但是,在他的 ILD 设计中,定义和判定都是分别一步一步地处理的。然而国家团队的专家建议,应该以互补的方式看待定义和判定。他也接受了这个建议并做出了适当的调整。在他的反思报告中,他写道:"作为定义的一种变式,判定定理与定义是内在联系的。通过折纸项目中的操作推理活动,帮助学生理解'判定定理源于定义'。它不仅强化了学生对判定定理的证明,而且加深了学生对定义的理解。因此,定义和判定定理应该是不可分离的。正是对定义和判定定理的深刻理解,帮助教师制定出有效的应对难点的策略。"

4.2.3 对难点内容进行有效的教学处理

教师确定了两个难点：一个是基于视觉经验的定义形成；另一个是对判定定理的探索。在全国示范教学研讨会之后,他得到国家团队专家的反馈和建议,并进一步改进了教学设计,概念形成如下：回顾研究一条直线与一个平面平行关系的方法和应用这个方法学习垂直关系；提供丰富的日常生活情境和多种包括垂直关系的数学对象(如立方体、圆柱体、圆锥等)；通过一系列相互关联的问题来探究"旗杆与影子之间的关系"。

在示范课的课后讨论期间,专家和参与者提出了如下几个发现和验证判定定理的核心问题：跨栏和其他实物模型太具体以至于难以总结出垂直关系的基本属性；通过折纸活动验证猜想降低了学生的认知要求；本文的折叠活动并不是用来进行推测和合理论证的。根据这些意见和自我反省,他进一步改进,包括以实物模型作为背景提出如何判定一条直线垂直于一个平面的问题,通过刻意地、广泛地使用折纸活动，帮助学生感知、形成和理解判定定理。

4.2.4　熟练地组织和编排问题

如前几节所示，教师运用精心设计的问题或难题帮助学生发展相关概念，并有效地处理难点以帮助定理学习。孔老师也逐渐改进了新知的设计。在他的ILD中，他举了三个例子：

（1）如果一条直线垂直于三角形的两条边，那么它就垂直于第三条边。

（2）已知直线 a//直线 b，$a \perp$ 平面 α，证明 $b \perp$ 平面 α。

（3）已知一个棱柱 $ABCD - A'B'C'D'$，$A'C \perp B'D'$ 的条件是什么？

在FLD中，他保留了前面的例2，但替换了其他例题。在ILD中，只有使用判定定理的证明才能解决教材中的例2；而在FLD中，则建议同时使用定义和判定定理。在FLD中，例1包含三个子问题，需要使用判定定理、定义或同时使用判定定理和定义，实现ILD教学设计中例1和例3的设计意图。FLD中的例3要求学生在构建辅助平面时同时使用判定定理和定义。FLD包括更连贯和更全面的练习题。

关于家庭作业，在ILD中，他布置了5个问题，在FLD中，他布置了3个问题。而ILD中省略了最具挑战性的一个问题。这可能反映了教师对学生知识和认知发展的思考。

4.2.5　对学生思维和方法的敏感性

在有效处理学生学习难点方面，孔老师通过精心设置问题和难题不断改进设计。这些尝试反映了孔老师关注如何处理学生学习难点。通过实验教学，教师也从学生的思维中学习。在例2（已知直线 a//直线 b，$a \perp$ 平面 α，证明 $b \perp$ 平面 α）中，教材中只提供了使用判定定理的证明。然而，他发现学生们通过使用定义（在最后一课）自动得到了另一个证明，这个证明更自然、更简单。在他的反思报告中，他写道：

这个例子可以用定义来证明。在我的试讲中，我问我的学生为什么不直接用定义来证明它。学生们回答说，根据他们的学习经验，很难用定义判定一条直线是否与平面垂直（所以他们也相信用定义来证明这个关系是困难的）。这就是为什么我们需要学习判定定理，所以判定定理应该是判定一条直线和一个平面之间的垂直关系的最常用的方法。但是，在这种情况下，定义和判定定理都可以用来

209

证明命题。教师不需要问学生一个引导问题:"你能用判定定理证明 $b\perp$ 平面 α 吗?"相反,在用判定定理给出证明之后,教师应该问:"你能用定义证明 $b\perp$ 平面 α 吗?"我们应该遵循学生的想法。

在他最终的教学设计中,他不仅要求学生使用两种方法来完成"已知直线 $a/\!/$ 直线 b, $a\perp$ 平面 α,证明 $b\perp$ 平面 α"的证明,还布置了一份作业,要求学生同时使用判定定理和定义。

《课程标准》(教育部,2003)建议:"通过直观感知、操作确认、思辨论证,认识和理解空间中线面平行、垂直的有关性质与判定"(第20页)。在降低几何证明难度的同时提出发展类比推理能力。同时,注重空间观念的培养和知识形成过程。研究人员探索了对此内容进行有效教学的方法(Kong,2011;Zhang,2008b;Dao & Zhang,2007)。例如,章建跃(2008b)认为关键是应该根据学生现有的知识(垂直同一个平面的两条直线之间的位置关系)形成概念和通过操作行为发展新概念(把垂直关系从平面转变到空间、从一条直线和一个平面的关系转变到一条直线和平面上任何一条直线之间的关系)。因此,上述改进符合课程建议和研究成果。

4.3 示范课的主要特点

示范课的主要优点和最终教学设计的改进建议总结在表12.2中。黄荣金和李业平(2009)的调查结果在这里将不再阐述。正如前面数据分析中所指出的,优点包括:实现创新的思想、将数学和情境联系起来、发展多种表征,以及使用精心选择的问题。同时,专家教师建议改进问题组织、时间分配和多媒体使用。

表 12.2 专家教师对教案的评价

类别	专家教师
优势	
发展概念和理论	TR、T2、T3、T4 和 T5
实施创新想法	TR、T2、T3 和 T5
将数学和情境联系起来	TR、T2、T3 和 T4
多种表征	T3、T4 和 T5
使用精心选择的问题	TR、T1、T4 和 T5

续表

类别	专家教师
发展数学思想方法和能力	TR、T3、T4 和 T5
改进建议	
问题安排	T1 和 T4
时间安排	T2
多媒体使用	T2

4.3.1　实施创新的想法

总的来说,4 位专家(TR、T2、T3 和 T5)提到了该教学设计在实施新课程标准所倡导的创新思想方面的成功。例如,T3 很欣赏孔老师对"线与面垂直关系的判定和性质"的具体内容的深入理解。教学手册建议遵循"直观感知、操作确认、思辨论证、度量计算"。这个教学设计符合了"重要原则"。

4.3.2　将数学和情境联系起来

3 位专家(T2、T3、T4)赞赏了课程设计中将数学背景与学生在日常生活中的经验联系起来的做法。例如,T2 认识到"与现实紧密联系和通过许多日常生活中的例子帮助学生理解概念和定理是该课堂的显著特点"。

4.3.3　使用精心挑选的问题

4 名专家(TR、T1、T4 和 T5)重视使用精心选择的问题来拓展、阐明和应用知识的重要性。例如,T1 将这一课程设计的成功归功于"利用 11 个精心选择的问题来激发学生的学习积极性,激发学生的学习意愿,激发学生的学习热情,让学生体验学习的快乐,增强学生学习数学的信心"。此外,T5 还对使用渐进式问题巩固所学知识表示赞赏:

在练习中,问题 1 是判定定理的一个简单应用。在家庭作业中,增加了一个基本的应用问题(问题 1)和开放式问题(问题 3)。从而帮助学生培养发散性思维,熟悉不同实体内直线与平面的垂直关系,培养空间想象能力和逻辑推理能力。

4.3.4　发展多种表征

3 位专家(T3、T4 和 T5)列举了同时发展多种表征的优点。T4 和 T5 对培养学生在三种数学表达(语言、图形和符号)之间转换的能力表示赞赏。T3 和 T5 重视教师尝试用图像表征来培养学生的沟通和推理能力。

4.3.5 改进建议

除了上述优势,3 位专家还提出了改进教案的建议。T1 建议应该重新组织问题 3,以帮助学生更容易地跟上,"辨析问题 1"在总结后能更好地呈现出来。T4 认为练习 3 可能太难了,可以放到下一节课。另外,T2 认为"在概念和定理的形成上花费了太多的时间,更应该强调对定理的理解和应用"。此外,他还担心在本课中使用多种媒体的有效性。

4.4 促进或制约教学改进的因素

在书面调查和电话访谈中,找出了促进或制约教师学习的因素。这些要点包括:从外部专家的反馈中学习(如课程设计人员、数学教育者)、自学教材、实践教学合作,以及对教学实践的自我反思;通过督导新教师进行学习迁移,在教学科研活动中发挥主导作用;发展可持续的专业观。此外,孔老师也提出了一些开展示范课的阻碍因素。

4.4.1 从钻研教学资料和教学实践中学习

提高他教学水平的主要因素是专家的批评意见、对教材和教学材料的自学、与学校教研组的同事的合作工作(教案、课堂观察和汇报)以及对教学实践的自我反思。例如,他写道:"由于缺乏理论思考和以经验为导向的设计,我们无法对教学内容进行整体的把握,无法充分理解教材的意图,无法创造性地运用教材。"在电话采访中,他进一步解释了实施专家建议的漫长经历。他解释道:

专家们指出了问题,并给出了改进的方向,但是他们没有给出具体的方法来解决这些问题。我向我们的教研组报告了我们设计的优点和存在的问题,并讨论了改进教学设计的方法。在同事的建议下,我通过进一步研究教材和教学参考资料来理解教材的意图,并提出了具体的问题来改进教学设计。之后我进一步修改了教学设计,并发给了张博士(项目的主要调查员),他给了我进一步的修改建议。在他的指导下,经过几轮修改,我设计出了最终的方案。然后,我在学校里预演了几次,以便在录像之前熟悉学生的学习情况。花了半年多的时间来修改和完善教学设计。

4.4.2　通过帮助其他教师进行学习迁移

孔老师是他所在的学校和城市的骨干教师。他在帮助其他老师方面起了许多作用。在指导初任教师时，他总是告诉他们："要对整个教材和知识结构有一个整体的理解。在你设计一节课之前，你应该通读整个课本，然后从相关知识整体结构的角度准备一节课。"(访谈)他分享了一个帮助初任教师备课的故事，该课被评为省级一等奖(见 Li & Li，2009，课堂内容信息)。

4.4.3　发展长远的专业观

他提出了教案应该建立在良好的数学理解的基础上，应该考虑知识结构和发展、学生的知识准备和认知状况，而不是主要基于以往的教学经验。他认为显著的变化包括"教学永远不会仅仅基于经验"。他"注重对数学本质的理解，结合相关知识的整体结构，编排一节课"。同时，他还"注重学生推理能力的培养，激发学生的主动探索，帮助学生学习数学思维"。

4.4.4　参与开展示范课的主要障碍

他参与开展示范课的主要障碍包括：工作量大、理论能力弱、对新课程内容的理解不够。此外，教师还要注意帮助学生在高考中取得高分。他生动地描述了"教学是一门以考试(成绩)为导向的课程，教师们在学习舞蹈(做一些项目)的同时还要戴上枷锁(备考)"。

5　讨论和结论

本研究表明，专家教师可以通过参与开展示范课来持续改进教学。特别地，专家教师在以下几个方面改进了他的教学：确定和提出全面和可行的教学目标；通过课堂教学，连贯性发展知识；有效开展难点教学处理，熟练地组织和编排问题；对学生思维的敏感性。他改进教学的主要因素包括专家的批评意见、教材和教学材料的研究、合作教学和教学反思。此外，教师对教与学产生了新的专业观，引导他监督青年教师和提高自己的日常教学水平。

5.1　追求卓越是接纳一种有文化价值的有效数学教学

大部分的教学改进体现了中国教师追求具有文化价值的有效数学教学所做

的努力。例如,有研究表明,中国的数学课堂教学强调通过探究精心设计和相互关联的问题,以及系统的变式问题来掌握知识,从而实现数学知识和数学思维方法的连贯发展(Chen & Li, 2010；Huang, et al., 2006)。结果表明,从数学教学的这些特点出发,教师从整体上追求优秀的教学。更具体地说,在示范课中,孔老师通过直观感知、操作确认和新课程中推荐的思辨论证,成功地探索几何图形及其性质。此外,孔老师对教学有了长远的专业观,这进一步影响了他的日常教学和对其他教师的监督。

5.2　以刻意练习的方式追求卓越

本个案研究亦显示,开发示范课为参与的教师提供"刻意练习",以持续改进其教学。中国数学有效教学理念和新课程标准为教师设计示范课提供了具体的目标。设计、教学和反思的循环为参与的教师提供了重复的教学实践(包括对修改后的教学设计进行教学实践)和来自同事或其他专家的即时反馈,特别是来自教材编写人员和国家团队的数学教育工作者的反馈。通过对教材、教学材料的学习和反复的教学和反思,教师可以不断提高教学质量。本研究阐述了改进教学的特点及这些年促进教学改进的相关因素。这项研究的发现也是对开展作为一种"刻意练习"的示范课的支持,这可以帮助参与者持续改进课堂教学。

5.3　限制

在本章中,我们关注的是一位直接设计并讲授示范课的老师。然而,不同水平的参与教师,包括开展示范课的外围参与者(讨论教案、观察课程并评论课程的老师)和参加公开示范或研讨会的老师,可能有不同的学习经验。本个案研究的结果可能不适用于那些没有直接参与示范课教学的人。考察参与课题的教师如何从开展和/或观看示范课中学习非常有必要。此外,本研究主要基于孔老师的教学作品(教案和课程录像)、自我反思报告和访谈。这种方法限制了我们对不同参与者和他们学习过程之间的相互作用的理解。然而,本研究对于教师如何在此情境下,通过开展示范课不断地改进课堂教学和发展专业观,提供了一些新的视角。

参考文献

Berliner, D. C. (2001). Learning about and learning from expert teachers. *International Journal of Educational Research*, 35, 463 – 482.

Chen, X. , & Li, Y. (2010). Instructional coherence in Chinese mathematics classroom — a case study of lesson on fraction division. *International Journal of Science and Mathematics Education*, 8, 711 – 735.

Corbin, J. , & Strauss, A. (2008). *Basic of qualitative research* (3rd edition). Los Angeles: Sage.

Ericsson, K, A. (2008). Deliberate practice and acquisition of expert performance: A general overview. *Academic Emergency Medicine*, 15. 988 – 994.

Ericsson KA. , Krampe, R. , & Tesch-Romer. C. (1993). The role of deliberate practice in the acquisition of expert performance. *Psycholocical Review*, 100, 363 – 406.

Han. X. & Paine, L. (2010). Teaching mathematics as deliberate practice through public lessons *The Elementany School Journal* 110. 519 – 541.

Huang, R. & Bao. J. (2006). Towards a model for teacher professional development in China: Introducing Keli. *Journal of Mathematics Teacher Education*. 9, 129 – 156.

Huang R. . & Li. Y (2009). Pursuing excellence in mathematics classroom instruction through exemplary lesson development in China: a case study. *ZDM-International Journal on Mathematics Education*, 41. 297 – 309.

Huang. R. . Li. Y. . & He, X. (2010). *What constitutes effective mathematics instruction*: A comparison of Chinese expert and novice teachers' views. *Canadian Journal of Science*, *Mathematics and Technology Education*. 10. 293 – 306.

Huang, R. Mok. L. & Leung. F. K. S. (2006). Repetition or variation: "Practice" in the mathematics classrooms in China. In D. I. Clarke. C. Keitel & Y. Shimizu (Eds.). *Mathematics classrooms in twelve countries*: *The insider's perspective* (pp. 263 – 274). Rotterdam: Sense.

Huang, R. Peng, S. . Wang. L. & Li. Y. (2010). Secondary mathematics teacher professional development in China. In F. K. S. Leung & Y. Li (Eds.), *Reforms and issues in school mathematics in East Asia* (pp. 129 – 52). Rotterdam: Sense.

Kong. X. (2011). The instructional design and explanation of "definition and judgment of the relationship between a line and a plane. " *Mathematics Communication*, 12, 13 – 17.

Krainer. K. (2005). What is "good" mathematics teaching, and how can research inform practice and policy? (Editorial). *Journal of Mathematics Teacher Education*, 8, 75 – 81.

Lerman. S. . & Zchetmeier. S. (2008). Face-to-face communities and networks of practicing mathematics teacher. In K. Krainer & T. Wood (Eds), *Participants in mathematics teacher education: Individuals, teams, communities and networks* (pp.133 – 155). Rotterdam: Sense.

Leung. E. K. S (2005). Some characteristics of East Asian mathematics classrooms based on data from the TIMSS 1999 Video Study. *Educational Studies in Mathematics*, 60, 199 – 215.

Li. Y., & Kaiser, G. (Eds.) (2011). *Expertise in mathematics instruction: An international perspective.* New York: Springer.

Li. Y., & Li, J. (2009). Mathematics classroom instruction excellence through the platform of teaching contests. ZDM-International Journal on Mathematics Education, 41, 263 – 277.

Li. Y., & Shimizu. Y (Eds.) (2009). Exemplary mathematics instruction and its development in East Asia. *ZDM-International Journal on Mathematics Education*, 41, 257 – 395.

Liu, J. & Li, Y. (2010). Mathematics curriculum reform in the Chinese mainland: Changes and challenges. In F. K. S. Leung & Y. Li (Eds.), *Reforms and issues in school mathematics in East Asia — Sharing and understanding mathematics education policies and practices* (pp.9 – 31. Rotterdam: Sense.

Ministry of Education. P. R. China (2001). *Mathematics curriculum standard for compulsory education stage (experimental version).* Beijing. China: Being Normal University Press.

Ministry of Education, P. R China. (2003). *Mathematics curriculum standard for high schools.* Beijing, China: People's Education Press.

Park, K., & Leung. F. K. S. (2006). A comparative study of the mathematics textbooks of China, England, Japan, Korea, and the United States. In F. K. S. Leung, K. D. Graf, & F. J. Lopez-Real (Eds.). *Mathematics education in different cultural traditions: A comparative study of East Asia and the West.* The 13th ICMI study. New York Springer.

Stevenson, H. W., & Lee. S. (1995). The East Asian version of whole class teaching. *Educational Policy*, 9,152 – 168.

Stigler, J. W., & Hiebert, J. (1999). *The teaching gap: Best ideas from the world's teachers for improving education in the classroom.* New York: The Free Press.

Stigler, J. W., & Perry, M. (1988). Mathematics learning in Japanese, Chinese, and American classrooms, *New Directions for Child Development*, 41,27 – 54.

Tao, W., & Zhang, J. (2007). Teaching design of and reflection on the teaching of perpendicular relationship between a line and a plane. *Teaching Materials of Second Mathematics*, 9,1 – 4.

Yang, Y. (2009). How a Chinese teacher improved classroom teaching in teaching research group: A case study on Pythagoras theorem teaching in Shanghai. *ZDM-*

International Journal on Mathematics Educations, 41,279 - 296.

Zhao, D.. & Ma, Y. (2007). A qualitative research on evaluating primary mathematics lessons. *Journal of Mathematics Education*, 16(2),71 - 76.

Zhang, J. (2008a). Structuring mathematics with core concepts at secondary school level and its experimental implementation: Intermediate report. *Mathematics Teaching in Middle Schools*, 7,1 - 4;8,1 - 3;9,1 - 3;10,1 - 3.

Zhang, J. (2008b). Examining mathematics instruction design from the perspective of effective instruction. *Mathematical Bullet*, 47(4),18 - 23.

Zhang, J., Huang, R., Li, Y., Qian, P., & Li, X. (2008). *Improving mathematics instruction with a focus on core concepts in secondary school mathematics: introducing a new nation-wide effort in China*. Paper presented at eleventh International Congress on Mathematical Education, Monterrey, Mexico.

第13章 教学比赛是改进中国优秀课堂教学的一项专业发展活动

李俊①　李业平②

1　背景介绍

在过去的 20 年里,考察和理解中国数学教师和他们的教学越来越受到人们的关注。这种研究兴趣通常是由中国学生在学校取得的成绩所推动的,相关的研究已经用了不同的研究方法涵盖了一系列的课题。有的研究考察了来自中国的教师与来自另一个国家,尤其是美国教师之间的异同(Cai & Wang,2010;Ma,1999;Schleppenbach et al.,2007);有的研究集中在中国教师的课堂教学,或中国数学教师的培养和专业发展上,比如中国教师如何在他们的课上使用变式,以促进学生的有效学习(Gu,Huang & Marton,2004),一个新手教师如何在师傅的指导下学习教学(Wang & Paine,2001),以及中国教师如何通过参与教研组活动提高课堂教学水平(Yang,2009)。不间断的研究发展帮助我们更好地理解中国数学教师及其教学实践。然而,在中国以外的教育者看来,仍然有许多新颖的做法,例如名师工作坊(Li,Tang & Gong,2011)、教研组和教学比赛(Groves,2009)。对于中国这些独特做法以及这种做法对教师学习和专业发展的影响还有待进一步的研究。

在我们之前对市级教学比赛进行研究(Li & Li,2009)的基础上,本章我们将进一步探讨国家级的教学比赛。特别地,我们收集和分析数据以考察教学比赛的目的和过程、它对教师专业发展可能带来的优缺点以及全国教学比赛折射出的优质课的特点。

---

① 李俊,华东师范大学。
② 李业平,美国得克萨斯农工大学。

2　教学比赛是中国的一项专业发展活动

2.1　借助集体智慧改进教学是一个终身学习的过程

在中国,数学教师,尤其是高中数学教师,通常毕业于师范院校的数学系。他们从上大学的第一天起就知道他们将成为数学老师。很长一段时间以来,培养中学数学教师的课程计划都偏重于数学内容的训练,包括解析几何与高等代数、偏微分方程和复变函数论在内的 10 多门大学数学课程都是未来的中学数学教师的必修课程(Li, Huang & Shin, 2008)。整体而言,职前教师的准备强调学科内容的培训,而教学技能的培养则被边缘化了。这导致职前教师无法在毕业时快速适应课堂。

中国高校教师和学校教师普遍认为,4 年的职前培训是不够的,特别是对于教学实践知识的学习。因此,从他们教学生涯的第一天开始,所有的新教师都被要求通过常见的拜师建立师徒关系以及参加学校教研组和备课组组织的活动来继续他们的专业学习。

与许多其他国家不同的是,中国的数学教学被视为一项可以公开接受大家仔细观察和评论的专业活动。教师坐在别人的教室里,在听课笔记上做笔记是很常见的。毫无例外,新教师和他们的师傅也会互相开放他们的课堂,以接受反馈、树立榜样,并且通过反思和讨论进行学习。对许多教师来说,进行公开的示范课是一种极大的荣誉。教师愿意花大量时间准备公开课,尝试新的教学理念,或与同事一起解决新的教学难题。在中国,举办公开课和课后讨论教学被认为是一项合适和有效的专业发展活动。这种教学研究活动也由相应的教学研究机构在县、市、省一级组织(Yang, 2009)。中国教师认为改进教学是一个终身学习的过程,它需要集体的智慧。他们可以并且也确实通过向榜样学习、自我反思和与其他教师的交流来不断改进他们的教学。

2.2　教学比赛作为一个正式的专业发展活动在中国不同的行政级别组织

在中国,为教师提供的各种专业发展活动中,教学比赛是一种独特的活动,它跨越学校或地区界限进行公开的评课和讨论。这是一种与西方习惯形成鲜明对

比的实践,在西方,教学是一种更为私密和封闭的职业活动(例如,Kaiser &
Vollstedt,2007)。在中国,教学比赛作为一项受到重视的教学研究活动,其目的
是多方面的(Li & Li,2009),包括遴选和推进优质课堂教学、激励教师参与、促进
教师专业发展。

教学比赛作为一种专业活动,通常由不同的行政级别组织和提供,并具有不
同的侧重点。例如,在广州(中国南方的一个大城市),每3年举办一次教学比赛,
参赛者仅限于40岁以下的教师,赛前提供比赛的一般规则及流程,比赛的重点是
课堂教学技巧,组织比赛是为了甄选该市10位最好的初中数学老师和10位最好
的高中数学老师。参赛者必须在另外两项相关的比赛或评比中,即数学教师问题
解决比赛和数学教师论文评比中,至少获得二等奖。一般来说,大约选20名选手
参加下一阶段的比赛。然后,教学比赛将分别产生初中学校和高中学校的前10
名优胜者。该市也不定期地组织其他各种各样的比赛,例如,这个城市组织过新
数学课程的课堂教学和课堂反思比赛,参赛者仅限从区级优胜者或推荐选手中
产生。

2.3 中国全国优质课教学比赛简史

全国教学比赛在中国出现的历史不长。1982年,中国教育学会成立了中学数
学教学专业委员会,全国各省级教研室和重点师范大学都是该专业委员会的成
员。专业委员会的目的是在国家层面指导教学研究活动,在不同地区选择最佳教
师,为该区域的其他教师提供教学培训。起初,委员会每两年组织一次全国会议,
会议程序的主要部分是大会报告和论文交流,有时,当地组织者也会准备并提供
一到两节公开课。大家发现会议与会者对观察和讨论优质课有特别的兴趣。
1996年,委员会成功举办了首届全国初中40岁以下数学教师的优质课比赛。4
年后,第一届全国高中教师优质课比赛拉开帷幕。自2004年以来,委员会每隔一
年就组织一次这样的专业活动,一年举办全国数学教师论文比赛,下一年就分别
进行初中教师与高中教师的教学比赛。2010年举办了第七届全国初中教师优质
课比赛和第五届全国高中教师优质课比赛。

需要指出的是,全国教学比赛的主要目的不是排名,每个省份推荐的前两名
选手只要在比赛中没有出现重大错误,就可以在全国比赛中获得一等奖。主办单

位希望把全国教学比赛作为一个平台,展示一线教师的优质课堂教学、学习如何教学、研究教学、交流如何理解和实施新课程经验、找出需要进一步做教学研究的新的教学难点,因此,全国教学比赛被称为是展示全国优秀课的比赛。

3　研究问题

在本研究中,我们以国家级数学教学比赛为研究对象。在之前的一项研究中(Li & Li, 2009),我们关注的是在区级和市级组织和实施的教学比赛,通过对某中学一节获一等奖的数学课的个案研究,考察了中国受到认可的优秀数学教学的特点。在本研究中,我们将把研究扩展到国家级的教学比赛,回答以下问题:

(1) 举办国家级数学优质课比赛的一般过程是什么?

(2) 国家级数学优质课教学的特点是什么?

(3) 中国的教学比赛有哪些可能的优点和不足?

4　方法

4.1　参与者和数据源

在这项研究中,我们收集了 2010 年全国优质课比赛的第一手资料。本章第一作者曾在全国教学比赛担任评委多年,她的经验和人脉使得她很容易获得获奖课堂的视频,并从比赛组织者、其他评委、比赛获胜者和其他与会教师那里收集数据。

由于对高中数学教师及其教学的研究非常有限,因此高中阶段数学优质课教学的特点仍有待研究。因此,本研究仅从全国高中教师优质课比赛中收集数据。

全国高中数学教师优质课比赛于 2010 年 10 月 16 日至 18 日在郑州举行。总共有 65 名选手和 500 多名教师从全国各地赶来参加这次比赛。为了尽量减少与参与教师工作时间的冲突,全国优质课比赛在周末举行(即星期六、星期日和下一个星期一的上午)。在头两天,四个阶梯教室同时举行了课程展示,每一个教室都有 16 名选手和一个由 6 个成员组成的评委小组。

4.2 数据收集

在比赛期间,评委每天从上午 8:30 工作至晚上 9:30。在有限的时间内,很明显我们无法通过现场面对面的访谈收集到所有的数据,只能做笔记,并邀请特定的人参与这项研究。因为我们的研究参与者来自全国各地,所以我们决定使用邮件调查,在我们之前的研究中邮件调查被证明是实际而有效的(Li & Li,2009)。

本研究设计并且使用以下四个邮件调查来回答这三个研究问题。

(1) 对比赛组织者的邮件调查。我们调查了中国教育学会中学数学教学专业委员会的两名负责人。其中一位是该委员会的副主席,他于 1982 年加入该委员会。另一位是委员会秘书长,他在比赛的闭幕式上发表了主题演讲。两人都是评委会副主席和两个评委小组的负责人。问了他们 5 个问题,包括为什么以及什么时候开始举办全国教学比赛的、这些年来在比赛组织和参赛者的教学方面主要各发生了什么变化、比赛可能有的长处与不足是什么、导致国家级优质课质量有差异的可能因素有哪些。

(2) 评委小组成员邮件调查。邀请了两名评委小组成员参加此次调查,他们是不同省份的教研员,都参与委员会组织的专业活动多年。问了他们 6 个问题,包括在他们的省份和其他省或直辖市,是如何组织产生参赛者的,参赛者在参赛之前会得到什么样的帮助(以来自他们省的那两个年轻教师为例),这些年来在比赛组织和参赛者的教学方面主要各发生了什么变化,比赛可能有的长处与不足是什么,他们听到或看到的关于教学比赛给参赛者、参赛者的同事和其他观摩者带来的影响。

(3) 比赛获胜者邮件调查。所有 65 名选手在 2010 年全国高中数学优质课比赛中获得了一等奖。由第一作者所在小组评审的获奖者中有 3 位被邀请参加了这项研究。他们来自不同的省市。问了他们 4 个问题:"你是如何被推荐为国家级选手的"、"比赛前你主要在哪些方面得到了他人的帮助"、"参加不同级别的教学比赛会给参赛者、参赛者的同事以及观摩者带来什么影响",以及"教学比赛可能有哪些长处与不足"。

(4) 普通观摩教师邮件调查。来自全国各地的 500 多名高中教师观摩了比赛。我们挑选了两名来自不同省份的老师来完成邮件调查。询问了 4 个问题:是否有参与地方级或国家级比赛的经历,在比赛之前他们主要在哪些方面得到了他人的帮助,学校、区或市的教学比赛如何影响参赛者、参赛者的同事以及观摩者,这些年来参选的优秀课有哪些重要变化,比赛可能有什么长处与不足。

比赛结束后,这些调查通过电子邮件发送给被选中的参与者。我们告知所有参与者:收集的数据仅用于研究,并要求他们在两周后完成并寄回调查邮件。虽然有些参与者推迟了几天回复邮件,但所有的参与者都填写并寄回了调查邮件。

为了回答第二个研究问题,我们试图找出和考察国家级比赛重视和推广的数学优质课教学的一些特点。因此,除了邮件调查外,还对评委会的各次会议和总结了该年优质课特点的闭幕式的主题演讲做了详细的笔记。此外,为了说明优质课被认可的具体特征,我们选取了王老师(王老师为化名)的优质课作为案例分析。虽然比赛中展示的不同的优质课有着不同的内容主题,采用了不同的教学方法,但这里描述的王老师课的特点在比赛中的许多其他优质课中也可以看到。我们也记录和分析了王老师 35 分钟的教学展示和说课后的评论和讨论。

4.3　数据分析

本研究的所有数据都是用中文进行分析的,但选择要用的数据被翻译成了英文,以便在本章后面的章节中提供证据。为了回应我们的三个研究问题,我们分析了四组不同参与者的邮件调查,相同的观点以及个别的独特观点都得到了重视。由于邮件调查设计的问题与本研究的研究问题相对应,为研究不同的问题,我们整体考察了调查数据。两名研究人员对这些分析进行了交叉检验和验证。

为了回答我们的第二个研究问题,我们对王老师的课的录像进行了笔录,连同还记录了一些背景信息。然后对课程进行整体和分析性的考察。整体的方法用来概述优质数学课上发生的事情(见第 6 章),分析方法将我们的分析和其他人的评论和评价进行交互论证。

下面的章节是按照三个研究问题来组织的。首先,我们根据从邮件调查中收集的信息,概述了全国优质课比赛。然后,我们概述了王老师的课程,并全面描述了比赛中展示的优质课可能具有的特点。然后,我们报告了在比赛中是如何评审这一课的,并总结了 2010 年比赛展示的优质课的特色。在此基础上,我们分析和报告了中国教学比赛作为专业发展活动的优缺点。在最后一节中,我们综合了我们的发现并讨论了可能的影响。

5　全国优质课比赛

根据组织者的说法,全国的优质课比赛是在"重在参与、重在过程、重在交流、重在研究"的宗旨下进行的。因此,为了推进追求卓越的国家级教学,展示和讨论比任何可能的排名都更重要。

一般来说,全国优质课比赛的参赛者是从一系列自下而上的由不同行政级别组织的比赛中选出的。比赛的顺序通常是从地区层面开始的,选拔获胜者参加县或市级的教学比赛。获胜的选手将进入下一阶段的比赛。每个省或自治区的前两名最终将是国家级的选手。虽然在中国绝大多数省份,这一遴选程序得到了可靠的实施,但参与调查的评委指出,并非所有省份都这样做,各省之间的具体步骤也存在差异。

在过去的两届国家级教学比赛中,有三种展示形式并存:"说课"、"现场展示公开课"、"录像课展示与自述"。说课是向别人讲述你如何设计一节课,以及你为什么这样设计它(Pang,2007)。例如,要求参赛者清楚地说明这节课的重点是什么、为什么它们是重要的,以及如何确保学生学好它们。在学校里,当老师们一起备课时,通常会使用说课。老师们认为,要想上好一节课,就必须能够清楚地、有道理地解释你的课。在教学比赛中,说课的优势主要是在于省时间,一节 45 分钟的课只需要花上 15 到 20 分钟来说课。此外,无需真正的上课,就可以通过与同事的讨论来改进教案。然而,在教学过程中也确实会发生许多意想不到的事情,不是每件事都是能在实际教学之前被预测和解释的。因此,"说课"在 21 世纪初如此流行,近年来热度却急剧下降,在 2010 年的比赛中,只有 32 名选手(每个省或直辖市的一名选手)被安排以"说课"的形式展示他们的课程。

几乎所有的老师都喜欢观察现场授课的优质课,而不是听说课和评说课。在展示过程中,可以看到课的整个过程,发挥实际教学的优点。通过现场教学,观摩老师可以学到他们可能看重的各种技能,可能会产生新的教学理念或问题,但现场教学有局限性,也有技术难题需要解决。例如,老师和学生通常是不认识的,因为他们来自不同的学校,甚至是不同的城市,老师和学生之间的互动可能不会像人们计划和期望的那样有效。因此,虽然"现场示范公开课"最初是作为唯一的形式使用的,但它已不再是国家级比赛的形式,而是作为在比赛结束时一种分享和讨论示范教学的形式。近年来,只有一位当地组织者推荐的选手在现场授课。

人们普遍认为,"录像课展示与自述"更适合全国的教学比赛。参赛者必须在35分钟内展示45分钟的课,其中30分钟用于播放课程教学的视频片段,5分钟用于说课。说课和播放视频是结合在一起且互为补充的。通过介绍,其他参与的教师对真实的课有大致的了解。这种形式的缺陷与它的成本有关。对参赛者和他们的学校来说,制作一个高质量的录像课常常是一种负担。尽管如此,"录像课展示与自述"在全国比赛中还是很受欢迎的,在2010年的比赛中,32名参赛者(每个省或直辖市的一名参赛者)以这一形式展示了他们的课。

每一省或直辖市推荐的两名参赛者,必须在比赛前对他们的课进行录像,并向组织方提交他们的视频。由于时间限制,一名选手有35分钟的时间来展示和自述他/她的课,另一名来自同一省份或直辖市的选手只有20分钟的时间来"说课"。每个省或市自行决定对所选选手的时限分配。在每位选手的演讲结束后,其他参赛者和评委将有大约15分钟的时间自由提问、讨论和评论。

全国优质课比赛的最后一天包括了现场展示优质课和闭幕式。在闭幕式上,45分钟的主题演讲将总结评委会的意见,然后宣布获奖名单并给所有获奖者颁奖。

6　国家级数学优质课比赛的特点

6.1　王老师数学优质课的概述：解决简单的线性规划问题

王老师这节课的主题是"解决简单的线性规划问题",这是2004年高中课程标准中引入的一个新的内容主题。本节课的主要内容包括一些新概念,如目标函数、可行解和求解简单线性规划问题的步骤。教材将本节课安排在十一年级的"二元一次不等式(组)与平面区域"之后。

教材使用以下问题引入课题:"某工厂用A、B两种配件生产甲、乙两种产品,每生产一件甲产品使用4个A配件耗时$1\,h$,每生产一件乙产品使用4个B配件耗时$2\,h$,该厂每天最多可从配件厂获得16个A配件和12个B配件,按每天工作$8\,h$计算,该厂所有可能的日生产安排是什么?"然后,教材中还提出了进一步的问题:"若生产一件甲产品获利2万元,生产一件乙产品获利3万元,采用哪种生产安排利润最大?"它还通过改变数据给出了几个类似的问题。

在展示时,王老师解释说:"……我想在课的一开始就创造一个有趣的学习氛围。因此,我以要求学生们参与一个选盒子的游戏开始了我的这节课。所有的盒子都放在棋盘的网格点上。每次你只能选其中的一个盒子,每个盒子对应一个分值,即为你的得分,而且该分值与盒子所在的行数和列数有关,且每次的关系式在变化,现在,如果给出的函数是'你的分数 $b=x+y$',你会选择哪个盒子来最大化你的得分?"然后他改变了函数和棋盘的形状以增加难度。在最后一个问题中,学生们几乎不可能在几秒钟内解决问题。

为了帮助学生找到导入中所提出问题的解决方案,当函数为"你的分数 $b=2x+y$"时,王老师首先向全班提出一个问题:"b 是否可能等于6? 并求出 x 和 y 的所有解。"然后他要求他们观察这三点的位置:"你发现了什么? 直线的方程是什么? 对于方程中给出的6,在图中是什么意思?"在学生回答完这些问题后,王老师通过点击课前制作的按钮,一步一步地在大屏幕上显示三点、直线和方程。他解释说,这个补充是为了帮助学生认识到所有坐标 (x,y) 满足不定式 $2x+y=6$ 的点都共线,b 的值就是该直线的纵截距。然后,他将所有的学生进行分组,解决导入中提出的最后一个问题。学生运用了两种方法:为了使 b 分值最大化,一些学生画了 $2x+y=6$ 的平行线,直到这条线不仅与该区域有共同点,而且还达到了纵截距的最大值。或者,其他学生预测最大值一定大于6,所以从直线 $y=-2x+6$ 开始,他们在右上角画它的平行线,直到到达距原点最远的顶点。王老师用几何画板展示了第一种解法,在大屏幕上显示了平行线纵截距的动态值。他还赞扬了第二种方法,因为这种方法也是正确的,但强调第一种方法更好。事实上,教材只包含了第一种方法。

在接下来的部分,王老师安排了另外两个问题(分别为 $b=3x+4y$,$b=3x-4y$)来检查和拓展学生的学习。通过改变目标函数的形式,他为学生提供了实践他们刚学到的知识的机会,阐明了解决问题的步骤,即画(区域)—作(参考线)—移(参考线)—求(答案),并注意到 y 的系数。当 y 的系数是正数但不是1时,最高得分不等于纵截距的最大值;当 y 的系数是负数时,最高得分等于纵截距的最小值。虽然王老师没有直接给学生提供这些提示,但他总是要求学生觉察出这些变化并解释他们的原因。

然后王老师从课本中挑了一个习题来做,它涉及如何在电视节目中控制广告时间,以达到收视率的最大化。他让一个学生在黑板上写,其他学生在他们自己的作业纸上解答。这个学生还被要求一步一步地向全班解释她的解法。王老师重复了那些关键步骤,并写下了一些必要的句子或词,以使解法形式化。回到学生的解法,他引入了目标函数、约束、可行解、可行域、最佳解、线性规划问题等新术语,并参照具体对象,利用新术语再次回顾了求解过程。之后,他提供了表 13.1 所示的资料,说明代数与几何、符号与图形之间的对应关系。

表 13.1　代数与几何间的对应

代数 ←——————————— 转化 ———————————→ 几何	
线性目标函数 $z=60x+20y$	直线 $y=-3x+\dfrac{z}{20}$
线性目标函数的函数值	直线的纵截距
线性约束条件(二元一次不等式(组)的解集)	可行域
线性目标函数的最值	直线的纵截距的最值

王老师展示了第二个来自教材的例子,要求所有学生在他们自己的活页练习纸上解决这个问题。然后,他在投影仪(OHP)上放了两个学生给出的解法,供全班讨论。一种解法是正确的,另一种是错误的(由于画线导致的小错误)。他要求学生找出错误,并讨论预防这一错误的方法。

然后,王老师与学生一起,总结了这节课上所学的知识,并布置了家庭作业。

6.2　在教学比赛中对王老师优质课特点的评价

王老师展示后,3 名高中教师在所有观众面前分享了他们的看法。来自河南的一位老师首先表扬了王老师,他说他非常喜欢这堂课的引入,也非常喜欢目标函数的变化形式,因为它们设计得非常仔细。但他认为,王老师不应该这么快地把这两个实际问题转化成数学问题。根据他的经验,许多学生在建模上有困难。来自湖北省的第二位教师提出,教材中没有提供的替代方法不仅应该得到承认,教师还应该鼓励学生用多种方法解决问题。第三位来自河北省的老师评论说,王老师的教学语言给人的印象非常深刻,既不快也不慢,清晰而简单。然而,他担心在第一课时解决两个实际问题对普通学生来说可能太多了。王老师解释说,他的学校是所在城市的一所好学校,他们刚刚完成了"二元一次不等式(组)和平面区域"的教学,他坚持认为教学时间是适合学生的。

王老师表示他花了很多时间来设计他的课的导入。好的导入不仅需要有趣,而且还能有效地引导教学进一步深入主题。显然,王老师的设计质量得到了认可。玩游戏比解决教材上的工厂问题更有吸引力,同时也强调了目标函数的使用。

在公开讨论后,那位被分配在比赛前仔细观看王老师视频的评委小组成员做了点评,他的意见和建议如下:

王老师在课堂导入、选择或改编例题等方面做了大量的创造性工作。在我看来,这是一堂高质量的课。本节课贯彻了新课程标准的理念,教学过程十分清晰:定向、指导、拓展、应用、小结。从学生在大屏幕上展示的作业和课堂上学生的其他反馈来看,教学效果似乎是令人满意的。尤其在他的教学中,我发现了六个亮点:

(1)他总是从头到尾吸引所有学生的注意力。老师和学生都对这一节课做出了很大的贡献。(2)他选择了新的内容作为课题,这给我们带来了新的思考。我们可以模仿他的教学设计,也可以加以改编以适应我们自己的教学意图。(3)在解决问题的过程中,他总结了四个步骤,每个步骤只有一个字,以突出过程,并在练习中和课结束时再次重复。"双基"在今天仍然很重要。(4)他不放过学生的错误。他在黑板上为学生的解决方案添加了必要的词语解释,使其完整且规范。(5)他的教学语言优美、吸引人,非常好。(6)他恰当地使用了几何画板,使教学生动、高效。

我还想和王老师以及大家讨论两个问题:(1)这样的设计对于普通学校的学生来说可能太难了。事实上,我们的大多数学生都害怕解决有实际背景的问题。(2)在我看来,你没有给你的学生足够的时间去做建模。你推进得太快了。

在评委小组的一次会议上,所有6名成员都认为这是一节出色的课。

6.3 评审委员会确定的优质课的一般特征

比赛中展示了60多节优质课。毫无疑问,课堂教学有许多不同之处。然而,我们关注的重点是这些课的教学之间可能存在的相似之处,每个评委小组都总结了展示课的一些特征。这些总结也在评审委员会的一次全体会议上得到交流,闭幕式上发表的主题演讲就是基于本次会议的交流。通过对我们收集到的所有数据的比较和综合,我们认为 2010 年展示的优质课具有以下特点。

6.3.1　参赛选手对新课程标准有了更深的理解

在过去的几年里,参赛选手试图在他们的教学上做很多改变,但是这些改变主要是表面的。现在,参赛者们首先认真思考为什么要改变。王老师在他的课上做了很多改变。例如,他完全替换了导入问题、将一个练习问题变成了例题,并突出了数形结合,他在展示过程中解释了他做出这些改变的原因。然而,评审委员会指出,在书写教案中的教学目标以及在课后进行小结时仍然存在形式主义,建议参赛者将他们的教学目标具体化并且应注意可测性。

6.3.2　许多参赛者自信地承担了新的或难的课题的挑战

数学概念教学是困难的,但超过一半的参赛者接受了该挑战,展示了他们的教学智慧和教学能力。展示这些课可以满足许多教师的需要,并为他们树立榜样。共同探讨如何教授这些课题,对教学研究的发展也有一定的意义。

6.3.3　参赛选手在教学前尽最大努力研究教学内容

他们认真对待重点概念的教学。例如,他们仔细考虑过如何将教学内容转化成学生更容易理解的形式。他们强调了一些在教材中没有清楚地写出来的重要的数学概念。评审委员会指出,要想成为一名好老师,刻意地提高内容知识是必不可少的,青年教师应加深对数学的理解。

6.3.4　教学材料贴近学生实际

选手们开始意识到学生们自己就是数学学习的主人。学生经常参与由设计良好的问题所驱动的探索。教学目标明确。精心设计学习活动,许多不同的教学方法被展示出来。然而,评审委员会建议参赛者改进提问技巧,除了从提问中得到学生的回答之外,教师的问题也应该帮助学生学习如何自己提出问题。

6.3.5　参赛者根据学生的认知发展水平组织授课

在概念教学中,很多参赛者会先给学生举例,然后总结,最后再正式定义,让学生经历概念形成的过程。参赛者帮助他们的学生逐渐从日常语言转向数字或图形语言,最后转向形式的数学语言。互动在课堂教学中经常发生。评审委员会坦承,像印在新课程标准中那样说教师是数学学习的组织者、促进者和合作者是容易的,但在探索的一些关键步骤中发现,一些参赛者会忘记这一点,更喜欢直接告诉他们的学生。

6.3.6 大多数参赛者都能恰当地运用新技术,帮助学生更好地理解

除了像王老师那样在教学中使用黑板,参赛者也用幻灯片呈现有大量文字的材料、把学生的解决方案投影供全班讨论、使用几何画板显示复杂的图表和方程式、在尝试证明之前做动画或猜想。评审委员会还指出,即使在今天,数学本身的力量、板书和使用真实模型的能力也不应被低估。

7 教学比赛对教师专业发展利弊的分析

基于我们收集的数据,国家级优质课教学比赛可能具有以下四个方面的长处。

7.1 促进课程发展和教师专业发展

正如上面所说,优质课展示了使文件或教材中的抽象原则生动起来的方法。一些优质课的导入和例题已经在教师中广泛地分享和传播,并成为其他人学习的榜样。在新课程之前,中国只有一套主要的高中数学教材,现在,大约有七套不同的教材在使用。新教师的比例近年来也有所上升。这表明了开展教学研究、提供交流平台的必要性和重要性。我们调查的一名普通与会者认为:"全国优质课教学比赛可以起到示范作用。作为观摩者,我们有机会在两天内观摩到这么多精彩的课,它们展示了许多不同内容主题的不一样的教学处理。观课和比较开阔了我们的视野。"

7.2 帮助"生产"大量的年轻的榜样老师

根据我们调查的比赛组织者和评委小组成员(两位也是教研员)的反馈,绝大多数在国家级和省级层面的获奖者都已经在当地成了骨干教师,受邀培训其他的数学教师。王老师告诉我们,他回到学校时受到了热烈的欢迎,并被邀请给全校老师做报告。他和他们分享了他从准备和参加比赛中学到的东西。

7.3　帮助在全国范围内进一步推动教学研究活动

准备好一节优质课不仅仅是选手自己的努力，它是许多人集体设计并不断加以改进得到的。在一定程度上，它代表了该地区的教学研究水平。

总的来说，我们调查的 3 名获奖者都提到了类似的备课过程。首先，他们需要选择一个课题，此时，他们的师傅给了他们很多帮助。在那之后，他们独立地备课。然后，他们邀请他们的同事坐进教室观课或者听他们的说课。他们的同事会对教学提出意见或建议，有些同事甚至会提供非常具体的帮助，例如，教参赛者如何用几何画板创作动画。这轮修改之后，他们可能会邀请校外同事，如省级教研员、特级教师或过去教学比赛的获胜者，来听他们的课并提供反馈。通常，主要的变化发生在这个阶段。为了让一堂课更精彩，年轻的参赛者可能在他们的课程中加入了太多的"好东西"，因此，校外专家通常会提醒他们"洗课"，扔掉那些不必要的"装饰品"。例如，王老师最初把所有的内容都和一个非常受欢迎的电视节目主持人联系在一起，包括他的电视节目、他节目中广告的最佳安排，以及他最好的食物营养方案。一个校外专家不喜欢这样的设计，建议他突出数学和教材。如上所述，王老师通过玩游戏改变了他的导入，很快地引导学生去注意目标函数，他的最终方案得到了广泛的好评。各种教学研究活动可以在备课过程中进行，这些活动不仅影响年轻的参赛者，也影响了其他参与备课的教师。

7.4　为优秀的年轻教师提供了一个很好的机会来提高和展示他们的教学技能

我们调查的所有人都提到了这一点。下面摘录我们调查的获奖者的一些回答：

参加全国优质课比赛对我来说是一个很难得的机会。我对教材的理解比以前更深入了一步。我经常自己备课，通过自我反思来提高我的教学。有时我也会和同事讨论，但通常是因为我在教学中遇到了问题，希望通过与他人的讨论得到帮助。准备全国教学比赛的经验则完全不同，我所有的同事都很重视，他们坐在我的教室里听课，还和我一起讨论课，希望能让每一个细节都变得完美。平时上课，受各方面的限制，你没有时间去考虑每一个细节。但是要准备一节公开的优质课,你必须深入钻研教材、研究你的学生、查材料、问问题、反复修改你的教案。这样一次难忘的经历不仅让我对数学知识有了更深的理解,也让我看到了自己教学中存在的不足之处。(获奖者 A)

经历不同层次的教学比赛是一个人教学生涯中的一笔丰厚财富。一次比赛结束后,参赛者的心理承受能力、教学设计能力、课件制作水平、合作能力、应变能力等将得到极大的提高。虽然在我的日常教学中不可能注意到每一个细节,但是现在我想要有意识地去考虑学生的需求和优秀教学的要求了。我不同意有人说优质课比赛"劳民伤财",醉过,方知酒浓;爱过,方知情重。我想说的是,只有认真上过优质课,才知对提高业务水平真有用!(获奖者 B)

王老师在调查中也告诉我们,他认为选手是在教学比赛中获益最多的人。他承认,他从评委小组的意见和主题演讲中获益匪浅。然后他将自己的收获分为五个方面:(1)如何定位教学目标、重点和难点;(2)如何创设问题情境来开始教学和学习;(3)如何组织学生探究;(4)如何充分利用教材;(5)如何做课堂小结。

关于教学比赛可能存在的不足,邮件调查提供了以下主要方面:

(1) 对每节课的讨论时间太少。有人建议取消国家层面的"说课"形式,留出更多时间给"录像课展示与自述"。

(2) 评价不是量化的而是高度依赖于评委小组成员的主观评价标准。需要评价优秀教师的专业标准。

(3) 如何选择课题仍需慎重考虑。在全国的教学比赛中,由于大多数教师对一些比较难而且重要的课题(如"向量的运算"和"样本概念")的教学自信心不足,因此,它们的教学应该通过全国教学比赛得到更多的关注和研究。例如,可以安排几位选手准备相同课题(困难的课题)的教学,以便比赛能够展示各种不同的教学方法,并引起更多的交流。

8 结束语

教师在中国不是一个小群体。2006 年教育部公报的统计数据显示,全国共有 16 200 所高中,教师 1 387 200 人。我们的经验告诉我们,自上而下的培训模式并不是那么有效。在骨干教师的指导下进行的直接关系到实际教学问题的教研活动才是有效的并且受到了教师的欢迎。教学比赛就是这样一种活动。这是在中国发展起来的一种有文化价值的实践,受到各级政府行政部门和专业组织的大力支持。我们常常在我们学生的学习中提倡合作学习、项目学习、自我反思和建构主义的价值,其实,这些概念也适用于描述通过参与教学比赛的教师的学习。

全国优质课比赛为追求卓越教学的教师提供了一个大舞台,可以展示、讨论、探索和与他人分享数学教学。组织者希望倡导新的教学模式,通过教师在准备公开展示课中创造性和合作性的工作,展示各种不同教学的可能性。他们还希望优质课的展示能促使更多的教师参与教研活动。所有的参赛者都很年轻,但他们尽力表现得和大师一样,他们热爱教学,热爱学生,他们努力理解数学、教学和作为学习者的学生。为了形成一个既有趣又与课程内容主题紧密相关的好的引入,他们一遍又一遍地钻研教材,以加深他们的理解。他们还在课前花了大量的时间来确定内容的重点和难点,寻找有效的教学方法来强调重点,帮助学习者突破难点,例如,他们会利用学生的错误和误解作为教学要点。在课堂教学中,他们评估学生的学习进度,并根据学生的学习情况调整自己的教学步伐或方法,他们善于利用新技术来帮助教学。课后,他们经常反思自己的教学实践,并与其他同事商讨他们可能遇到的任何教学问题。

优质课比赛深植于中国教学文化之中,它有助于教师的学习,尤其是初级教师的专业发展,许多老师喜欢这样的活动。但它也有自己的弱点,对于边远和发展中地区来说,派参赛者或观摩者参加国家级的比赛活动会花费太多的钱。年复一年,我们注意到全国教学比赛的组织者已经做出了巨大的努力不断改进,然而,即使是在中国文献中,关于教学比赛的研究也很匮乏。我们认为,进一步的研究可以帮助我们发现和考察教学实践中的热点问题,发现中国数学教育者真正重视的东西,研究优秀青年教师的知识和实践等等。毕竟,这样的研究应该为了解中国教师如何教数学和改进教学提供一个独特的窗口。

致谢

感谢接受了我们调查的 2010 年全国教学比赛的组织者、评委小组成员、比赛优胜者和普通观摩者,感谢他们付出的时间和提供的详细答复。

注释

1. 文中所用的名字都是化名。

参考文献

CAI, J. , & Wang, T. (2010). Conceptions of effective mathematics teaching within a cultural context: perspectives of teachers from China and the United States. *Journal of Mathematics Teacher Education*, 13,265 - 287.

Groves, S. (2009). Exemplary mathematics lessons: a view from the West. *ZDM-International Journal on Mathematics Education*, 41,385 - 391.

Gu, L. , Huang, R. , & Marton, F. (2004). Teaching with variation: A Chinese way of promoting effective mathematics learning. In L. Fan, N. Y. Wong, J. Cai, & S. Li (Eds.), *How Chinese learn mathematics: Perspectives from insiders* (pp.309 - 347). Singapore: World Scientific.

Kaiser, G. , & Vollstedt, M (2007). Teachers' views on effective mathematics teaching: Commentaries from a European perspective. *ZDM-International Journal on Mathematics Education*, 39,341 - 348.

Li, S. , Huang, R. , & Shin, H (2008). Discipline knowledge preparation for prospective secondary mathematics teachers: an East Asian perspective. In P. Sullivan & T. Wood (Eds.), *Knowledge and beliefs in mathematics teaching and teaching development* (pp.63 - 86). Rotterdam: Sense.

Li, Y. , & Li, J. (2009). Mathematics classroom instruction excellence through the platform of teaching contests. *ZDM-International Journal on Mathematics Education*, 41,263 - 277.

Li, Y. , Tang, C. , & Gong, Z. (2011). Improving teacher expertise through master teacher work stations: a case study. *ZDM-International Journal on Mathematics Education*, 43,763 - 776.

Ma, L. (1999). *Knowing and teaching elementary mathematics: Teachers' understanding of fundamental mathematics in China and the United States*. Mahwah,

NJ：Erlbaum.

Pang，A.（2007）. Knowledge growth of mathematics teachers during professional activity based on the task of lesson explaining. *Journal of Mathematics Teacher Education*，10，289 - 299.

Schleppenbach，M.，Flevares，L.，Sims，L.，& Perry，M.（2007）. Teachers' responses to student mistakes in Chinese and U. S. mathematics classrooms. *The Elementary School Journal*，108，131 - 147.

Wang，J.，& Paine，L.（2001）. Mentoring as Assisted Performance：A Pair of Chinese Teachers Working. *The Elementary School Journal*，102，157 - 181.

Yang，Y.（2009）. How a Chinese teacher improved classroom teaching in Teaching Research Group：a case study on Pythagoras theorem teaching in Shanghai. *ZDM-International Journal on Mathematics Education*，41，279 - 296.

第五部分

评　论

第 14 章　这本书告诉我们

詹姆斯·斯蒂格勒(James Stigler)[1]

贝琳达·汤普森(Belinda Thompson)[2]　Xueying Ji[3]

我们 3 人从不同角度阅读了本书各个章节,然后共同撰写了本评论章节。我们其中一人(Stigler)于 1976 年夏天开始学习中文,当时的中国几乎不对外国人开放。

　　JS:我非常希望我可以说是因为我对中国以及华人非常感兴趣致使我决定学习中文,然而,促使我学习这门语言真正的原因是我需要更多的学分才能申请研究生,并且在那年夏天,我当时的女朋友正在明德学院学习中文。

　　之后事情变得更有趣了。我开始喜欢学习这门语言,除了做教育学和心理学的研究,我还一边继续学习中文。我在密歇根大学开始我的研究生学习,并且我与哈罗德·史蒂文逊(Harold Stevenson)结识纯属偶然。哈罗德在台湾和日本开展了一个项目,而我是唯一一个懂中文的心理学研究生。因此,他将我派往台湾,在 1979 年和 1980 年,我大部分时间都居住于台湾,并为这个项目收集数据。

　　巧合的是,哈罗德在四人帮倒台后到了中国大陆,并在中国大陆开辟了一条新道路。最终,中国开始向西方敞开大门,哈罗德是第一批走进中国的外国人之一。他问他是否可以与一些心理学家见面,后来他们还邀请一些中国大陆的心理学家到美国访问,这些心理学家在文革期间,都曾在农村作为厨师和木匠工作了一些年月。1980 年 12 月,我相信那是第一批来到美国的

---

① 詹姆斯·斯蒂格勒,加州大学洛杉矶分校。

② 贝琳达·汤普森,加州大学洛杉矶分校。

③ Xueying Ji,密歇根州立大学。

华人心理学家代表团,而我是他们的导游!我带他们到全国各地游览,听他们讲述他们的故事,互相成为了朋友。同时,我也开始阅读他们写的文章,好奇华人眼里的心理学和教育学会是什么样子。

这让我想到了这个故事背后的深意:如本书所体现的,中国学者们目前在研究的工作与过去相比,已经得到飞速的发展。那时候,所有的文章都充斥着浮躁,研究方法和发现既不新奇也不有趣,就如美国心理学一样,这些文章并不是我所希望的,而且这些文章还没有美国心理学理论上有趣或方法上成熟呢。相比之下,当阅读本书或与我年轻的合作撰稿者讨论时,我感到非常高兴。最后,经过美国和中国研究者多年的相互交流,我曾希望找到的书已经出现了!本书中的每一个章节都非常有趣,内容丰富,令人着迷;我认为,它们让我们进入一个极其精彩并与我们今天最感兴趣的教育问题直接相关的世界。这本书让我感到惊喜万分!

另一个作者(Thompson)曾在美国作为一名教师接受培训,并做了10年的数学教师,最终获得了"国家委员会资格证书",后来在美国多所学校进行指导,促进数学教师的专业发展。

BT:我抱着极大的兴趣读完了本书,因为我很好奇其他教师的课堂是什么样子的。老实说,我在每个我所拜访过的课堂中,都学到了一些有关教与学的知识。然而,拜访别人的课堂所付出的代价是我不得不离开授课教师的岗位,因此,我无法将自认为学到的东西付诸实践。目前,我作为一名研究生,并学习成为一名研究者这个经历,让我更清楚地看到了教与学的研究与教与学行为之间的脱节。我不仅从一名对中国数学教与学充满兴趣的教师的角度来阅读本书,同时,作为一名研究者,书中对教学改进过程和事例的描述也让我陷入了沉思。

Xueying Ji 出生在中国,并在中国长大。她于中国华东师范大学数学教育系获得理学学士学位。

XJ：我曾在上海担任过一年七年级全职数学教师，以及一个学期兼职双语微积分教师。在我的学生时代，从一年级到高三所学的都是传统课程中的数学。但当我2006年成为一名教师时，课程改革已经开始实施。在我执教的一年里，作为新教师一年试用期工作的一部分，我和其他教七年级的教师都参加了区里有关改革后课程的培训。此外，我还参加过校级和区级的教研活动。2007年，我辞掉了教师这份工作，成为了一名关注数学教育的研究生。此后，我常常访问各个学校，从一名数学教育研究者的角度仔细观察每一堂数学课。

必须指出，本书中那些吸引美国人的东西在中国并不新鲜。就如于1952年开始建立的教研组，几乎每一位教师都参与过。而与过去不同的是，今天的华人研究者，他们大多数人都有在美国学习的经历，或者曾与来自世界各地的研究者有过合作，如今他们终于明白中国对于其他国家的人来说为什么如此富有吸引力了。在这之前，华人研究者并不确定西方人对他们的教育系统、教与学理论或他们的研究，到底发现了什么有趣的东西。毫无疑问，华人的研究促进了中国的发展，但却未能与世界上其他国家相联系。而现在与过去大不相同，经过这些年的工作、旅行、合作和交流，华人学者现在已经成为全球教育研究者共同体中的正式成员。他们了解我们，并且我们对他们的认识也日益增加。这本书展示了我们到底可以从中国学到多少东西，特别是数学的教与学方面。这些内容不仅深深地吸引着我们，并让我们想了解更多的东西。

接下来，我们想谈谈本书中一些我们觉得非常感兴趣、非常重要并且与提高美国数学教与学有关的主题。对于每一个主题，我们都会对它吸引我们的理由以及它与美国的关系做出解释。

主题1：中国古代教与学的思想

让我们想想，该怎么说呢？孔子是一位绝顶聪明的人。说真的，我们对认知和学习了解得越多，就越能体会到他的思想。并且，作为一种文化学习模式，儒家思想已经被证明具有很强的适应性。以下是一句影响深远的孔子语录：

子曰："不愤不启,不悱不发。举一隅而不以三隅反,则不复也。"

(引自第 2 章)

这句话非常值得考究。但最让我们眼前一亮的是这句话直接把学习责任归于学习者自身。我们觉得这是中国文化达成的一项重大成就,并且也是我们要努力在美国实现的目标。

早在 20 世纪 90 年代初,哈罗德·史蒂文逊在这方面提供了一些非常有趣的数据。他询问了日本、中国台湾和美国的学生样本,让他们选择对他们在学校学习数学影响最大的四个因素。两个最常见的回答是"拥有一个好教师"和"努力学习"。结果如图 14.1 所示。大多数美国学生认为拥有一位好老师是最关键的因素,而日本和中国台湾的亚洲学生,绝大部分都认为"努力学习"才是最关键的因素。

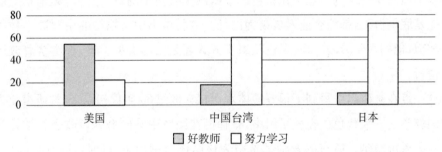

图 14.1 　三种文化背景下的学生关于数学成就的影响因素调查中,选择"拥有一个好教师"和"努力学习"的对比(From Stevens on, Chen, & Lee, 1993.)

认为努力是学习最重要的因素,无论正确与否,对学校来说都非常适用。这种想法根植于中国文化,对数学教学具有十分重要的指导意义。中国教师认为学生会对有难度的问题深入思考,如果有可能,他们还会选择挑战难度更大的问题(see, e.g., Heine et al., 2001)。如此一来,我们认为即使有一个不太称职的教师,中国学生也能学到更多的东西。美国教师常常被困于如何使数学学习变得轻松有趣,这恰恰限制了他们给学生布置任务的范围;而中国教师却没有这个烦恼(cf., Hess & Azuma, 1991)。在中国课堂里,学生和教师共同承担学习的责任,这使得教学工作变得更轻松且更令人满意。

虽然中华文化博大精深,本书并不能覆盖中华文化的所有内容,但华人数学教学(至少可以追溯到 20 世纪 50 年代)也受到了一些外来思想的影响。例如凯洛夫的工作对华人数学教学产生了重大影响,它是"双基"教学的起源,"双基"这个概念已经深深融于今天的中国数学教学中(本书中有介绍)。此外,"五个平衡"作为 2001 年开展的数学教学改革的依据,其思想基础也来源于西方。我们可以感受到这些发展都具有强烈的连续性。在美国,新思想的诞生往往成为抛弃旧思想的动力。但在中国,新旧交融,互相辉映,因此我们可以看到一个更加有机、更为成熟的成长和改进过程。

主题 2: 关于改进的文化

迈克·鲁斯(Mike Rother)在他的畅销书《丰田套路》(2009)中,描述了汽车制造商丰田汽车公司的企业文化特色。丰田汽车公司中的每一个人,无论是上层领导还是底层员工,都将企业发展视为己任。这与本书中所描绘的中国数学教师非常相似,他们大部分的工作,无论从组织方式还是活动类型上看,都围绕着改进教学进行。

这一点在教研组中得到了很好地体现,自 20 世纪 50 年代初以来,教研组成为了中国教学的一大特色。在教研组中,教师们在团队中共同努力以改进教学并为教学知识做出贡献。所有的教师都希望为该团体贡献力量,同时,这个团体设立的目的也是为了改进教学。但并不是希望教研组的工作能迅速成功,相反,我们希望经过长期进行精致的教学研究和参与改革的过程,能慢慢改进教学。从本书中可以看出,中国学校的数学教学在不同的时期有所改变,但对改进教学的关注却一如既往。

XJ:中国有句古话:"教学相长"。不断改进是在教学过程中学习的一个重要方面。俗话说:"水涨船高。"教研组的水平提高了,当然这个教研组的每一位教师的能力也随之提高。所有的教师都要参加教研活动,作为教师专业发展的一部分。中国的教研体系是全国性的四级教研体系,四级包括省/市、区/县、学校和年级。对一名新教师来说,学校和年级的教研活动是最有帮助的,因为这些教研活动都将针对我们自己的学生进行研讨。在我看来,教研组最重要的特征是沟通与分享。无论是在哪一级别的教研组中,教师都不仅会分享他们成功的经验,也会从别人做得不好的地方汲取教训。无论是成功的经验还是失败的教训,对新教师来说都是非常缺乏的。因此,教研组为新教师提供了一个积累经验的平台。

教研组也不是唯一能改进教学的地方。在中国,各级教育部门都非常关注和期待教学质量的日益提高。本书所述的结构和计划都是由教育部门为改进教学而制定的。在学校中,改进教学是教研组的任务,但在教师个人层面也体现了对更高教学质量的追求。例如在第 12 章中,我们可以了解到一位教师多年来为追求卓越教学所付出的努力,他不断地从他人的课堂、自己的教学以及他的学生中进行学习和反思。在准备和改进示范课时,始终秉持"双基"教学原则,并在同事的帮助下将其不断完善。不断改进教学已经作为教师常规工作的一部分(作者称之为有目的的实践)。

BT:根据我的教学经验和在专业发展环境中与其他教师的合作,我觉得在美国教育系统中,"改进"这一概念非常模糊。而在中国教育系统中,"改进"是非常清晰而明确的。美国设立专业学习社区的新趋势,以及为这些群体组织活动发放津贴,可能是朝着中国教师从职业生涯伊始就参与的合作改进教学迈出的一步。然而,我们也不应期望这一形式能在美国得到迅速发展,所能做的是维持这一形式的稳定。本书所述的研究和案例对于如何看待教学的改进提出了见解,同时,也收集了改进教学的有效方法。

主题 3:作为一种公开活动的教学

在中国,教学是一项公开活动;大家似乎非常享受教室里有其他人,甚至上课过程被录像。事实上,在第 4 章中,我们可以了解到一堂课被选为公开课是一种荣誉。这种与美国教学文化形成鲜明对比的教学文化特征,非常有利于改进教学。试想一下,如果教师有机会听别的教师的课,也可以给别的教师听自己的课,同时还可以与众多教师共同探讨某一节课,并学会用共同的语言描述问题和可能的解决方案,改进教学还会是一件困难的事吗?而美国教学的私人性成为了我们改进教学的主要障碍。

第11章对教师入职的描述体现了中国教学的公开性,强调了师傅与职业生涯初期的新教师之间的互动。事实上,韩雪认为准备公开课的过程是师徒结对的"关键"。让我们印象非常深刻的是教师在职业生涯的早期就被要求参与公开课的开发和展示,这并不是要求新教师要达到经验丰富的教师那样的水平,只是将新教师与其他教师一视同仁,要求其与所有的同事一起分享教学经验。对于初出茅庐的新教师来说,见证甚至参与自己师傅改进教学的过程是多么具有影响力啊!

对来自美国的我们来说,教学比赛更是让我们感到新奇(第13章)。很难想象美国教师参与教学比赛,美国教师甚至无法理解教学比赛这一概念。部分原因可能是美国教学中教师自我参与的程度。在美国文化中,对教学的批评通常被视为对教师本人的批评,但在中国似乎并非如此。从李俊和李业平的描述来看,似乎在比赛中没有真正的输家,并且赢得比赛也不是教师参与教学比赛的主要目的。相反,教师将教学比赛视为向其他教师学习并进行自我反思的机会。有趣的是,在李俊和李业平报告的调查中(第13章),教师常常抱怨没有充裕的时间来讨论每一节课。讨论公开课显然是改进教学的一个重要组成部分。

> XJ:在我大学的最后一年,我在我高中所就读的学校实习。当时该学校有12个实习生,我们计划在国庆节之后再开始独立教学。然而在这之前,我的师傅让我上"平面向量的内积"这一课,这是我教师生涯中的第一节课。其他11名实习生,以及我的导师和我以前的数学教师都来听了我这一节课。在这一节课的前5分钟我非常紧张,但之后我将注意力放在教学上,紧张就被慢慢淡忘了。课后,几乎每个人都给了我反思和建议,不仅仅是关于我的教学,还有我的手势、肢体语言等,我非常享受这个过程。我发现即使是观察同一个对象,但每个人思考的角度都不尽相同,而每个独特的视角都对我的成长有所帮助。因此,在那之后我不再紧张。

在密歇根州立大学进行小学教师培训课程的工作中,我惊讶地发现我们的一些指导教师并不允许我们去听他的课。

　　BT：在我成为一名教师的本科培训期间，我听了几节数学课，并实习了一整个学期。在实习期间，我除了听合作教师的课，还了解了教学中的日常工作。非常幸运，我的合作教师给了我几个星期独立教学的机会。在我毕业之后得到的第一份工作是数学教师，但我几乎没有听过其他教师的课，也没有人来听过我的课。我的指导教师（在我工作的州所要求的）和我不属同一个专业。她是一个很好的资源，但访问彼此的课堂对我的数学教学并没有什么帮助。在我职业生涯的早期，我参加了"教师领导者"项目，在这个项目中，我将参与以数学教学和学习为重点的专业发展，然后与我所在学校的老师分享我所学到的知识。然而，却没有环境允许我这样做，并且作为一名依旧理解体制的年轻教师，我原本认为这个安排会以某种形式出现在校历中。当我没有机会看到其他教学案例，也没有时间或地点与其他数学老师讨论我的教学时，我常常感到困惑，不知道我应该如何改进教学（a disposition I innately possessed）。后来在感兴趣的教师的倡议下，才找到机会，讨论和分享才得以进行。在中国的体系中，这种讨论和分享不仅是已经安排好的，而且被整个体系所重视。

主题 4：聚焦课堂

　　读完本书，个别课堂上所体现的教师对教学细节的关注给我们留下了深刻的印象。在美国，我们倾向于用广义的或整体的特征来描述教学，比如说，我们将教学定性为"以探究为导向"或"以教师为导向"。在中国，则对课堂上的细节以及这些细节如何发展更感兴趣，其中包括课堂内容、学生如何学习这个内容以及具体如何实施。

　　第 3 章中关于勾股定理的教学案例引起了我们的注意。对来自三个不同历史时期的优质课案例的详细分析，向我们展示了如何用不同的方式来处理同一个课题，并且教师是根据当时主流的教学思想来调整自己的教学的。而美国并没有这种关于某一具体课题案例研究的文献。如果我们有这种文献供教师学习，那么他们就可以从中学习特定课题的优秀教学案例,然而,这仅仅存在于我们的想象之中。并不是说不存在教案——它们无处不在。事实上,现代技术让我们可以用前所未有的方式分享教案。但是,在美国教师可用的资料中,并没有对如何讲授特定课题的详细分析,也没有涉及如何将一整节课联系起来。

　　BT:作为一名教师,我非常希望能拥有这样的资料。但我们就是缺少关于如何上好一节课的详细描述。在美国,我们更倾向于关注一堂课的组织形式,包括组织学生或特定材料的使用。我们说"通过动手操作帮助学生理解概念",但却常常忽略了将课堂活动与数学内容联系起来,就像本书中的几个章节中所描述的那样深刻的层次。事实上,在我看来,对中国教师和研究者来说,在没有与内容明确关联的情况下讨论课堂上的活动是没有意义的。

　　对备课(见第 6 章)和对钻研教材(第 5 章)也体现了对课堂的重视。在中国与美国,对备课以及课堂的分析似乎有所不同。在美国,备课常常是一项临时活动,组织方式多种多样,但大多数都相当简略。在本书中,我们学习到使用"三点"分析课堂:重点、难点和关键点。无论是在备课还是分析课堂时,教师都要对学生的一些情况心里有数,其中包括学生需要理解的重点、什么导致了学生对知识难以理解,以及在课堂上学生在哪些地方能获得解决问题的经验。从学生的角度出发,对教学过程进行了详细的分析,将教学内容与教学方法衔接起来。

　　BT:在美国教师的日常工作中,详细的备课往往会被丢到一边,即使对那些准备充分的教师来说也是如此。我把自己也归类到这一行列中。在美国,我们非常重视个人教学风格,因此,设计一个共通的教案似乎不太可能。此外,我们进行备课的时间通常远少于对内容和教学的细节认真思考的时间。这导致了我们仅仅将这些细节保留在我们的脑海中,却无法以文字的形式记录下来。另外,我们也不将数学知识视为一个整体对其持续学习研究。当然,有些教师会这样做,但依我的经验来看,绝大多数人都没有这样做。原因之一可能是作为大学毕业生,教师已经顺利完成了 K-12(美国基础教育)的数学课程,因此没有必要对数学本身作进一步的研究。他们认为,为了成

为一名好教师,所需要的是教学方面的指导,而不是他们在孩提时代或青少年时代所学的数学。还有,谁想成为第一个承认他们并不明白为什么"0 不能做除数"呢?中国教师心里却似乎非常清楚做数学题和教数学需要不同的技能和知识(嗯,双基?),因此还需要更深入地学习。

XJ:依我的经验来看,详细的备课对新教师来说尤为重要,它有助于新教师对学生的回答和潜在的学习困难进行预判。我仍记得我给七年级学生上第一节课的情形,上课内容是代数式。那节课的目标是:给定一个数 x,如何表示比这个数 x 的 3 倍多 5 的数。这对我来说是非常简单的数学,然而我需要花 40 分钟给学生讲授!我通过设计详细的教案,参考我师傅的教案并与他交流,才学会了如何安排这 40 分钟。这第一节课给我留下了非常深刻的印象,让我明白如何做数学和如何教数学是两码事。

主题 5: 教学与研究的一致性

对课堂以及其他方面的关注,我们最后发现:本书的内容对教师极具吸引力。但据我们的经验,通常来说并不是这样的。在美国,教师和研究者都在自己的领域内各干各的。虽然教育研究者常常让教师作为他们研究的参与者,但这些研究的结果作为书籍和文章发表出来后,都是适合于同为研究者的同事阅读的,并不适合于教师。因此,美国研究者所撰写的大部分内容并不能引起教师的兴趣,也不能让他们从中直接获益,如此一来,教师就不太愿意阅读这类书籍了。

BT:作为一名受过教师教育计划培训的教师,我对研究实践和研究结果的了解有限。我们学习并采用基于研究或是传统的教学策略,但并不会对这些实践的知识提出质疑、检验或对其进行补充。现在,我正在学习成为一名研究者,对两件事感到非常惊讶:第一,有多少研究是教师完全无法接触到的;第二,有多少研究与教师培训的内容和教师手册中的建议相矛盾。奇怪的是,许多州的学区和学校坚持认为所购买或采用的项目是"基于研究的",

但没有任何机构或组织来确保教师和学校有系统地参与这一过程。我坚定地认为,在美国,将研究和实践联系起来是非常有可能的,并会受到欢迎。

正如本书所描述的,我们可以看到,中国教师与研究者所关心的事物更为一致。我们也不确定具体原因,但它可能源于我们之前所提到的重视改进教学的文化。在 20 世纪 50 年代建立校本教研制度时,教师就被推向研究的前沿和中心,希望他们在对教学的研究和改进中发挥重要作用(第 4 章)。我猜研究者也希望自己的研究能对改进教学有所帮助,而不仅仅是为了他们的个人兴趣(这更像是美国的研究文化)。

因此,在中国,教师与研究者有相同的关注点,并且无论是教师们还是研究者们,都非常清楚为什么需要对方的帮助。通过阅读本书,我们发现研究者非常尊重并且了解教师的工作,并将研究重点放在解决教师目前所面临的问题上。教师通过参加教研组,为与研究者充分合作做准备,他们意识到如果不能获得研究者提供的各种专门知识(如数学、学习论、方法论),仅依靠自己的研究是不能走得更远的。此外,各级教育部门都为教师与数学教育研究者之间的互动提供了良好的环境。

当然,教师与研究者之间总会存在差异。例如,研究者的工作比教师的工作需要花费更长时间。研究者常常需要花费数年时间开发和测试某一理论,特别是那些有关学生如何在更长的时间内掌握和理解知识。像这样的书需要数年时间才能完成,甚至可能会比研究所用的时间更长。然而,在中国,尽管教师的研究项目通常只需很短的时间,但这些通过课堂研究以及一次次课积累起来的经验,随着时间推移慢慢就成为了大量有用的知识。

本书以多种方式进行了详细阐述。这对研究做出了重要贡献。同时,这也为教师和研究者为改进数学教学和数学学习共同努力的国际共同体的发展迈出重要的一步。

参考文献

Heine, S. J., Kitayama, S., Lehman, D. R., Takata, T., Ide, E., Leung, C., Matsumoto, H. (2001). Divergent consequences of success and failure in Japan and North America: An investigation of self-improving motivations and malleable selves. *Journal of Personality and Social Psychology*, *81*(4), 599 – 615.

Hess, R. D., & Azuma, H. (1991). Cultural support for schooling: Contrasts between Japan and the United States. *Educational Researcher*, *20*(9), 2 – 12.

Rother, M. (2009). *Toyota Kata: Managing people for improvement, adaptiveness, and superior results*. New York: McGraw-Hill.

Stevenson, H. W., Chen, C. S., & Lee, S. Y. (1993). Mathematics achievement of Chinese, Japanese, and American children: Ten years later. *Science*, *259* (5091), 53 – 58.

关于作者

陈美恩，香港荔枝角天主教小学副校长，主要工作是协助校长实施学校发展规划，监察工作进度及进行学校自我评价。为促进人的全面发展和终身学习，陈美恩领导数学小组制定校本课程，以满足学生的需求。她于香港中文大学获得教育硕士学位，专注数学变式教学。

陈碧芬，中国浙江师范大学讲师。她于 2010 年在西南大学获得数学教育博士学位，研究重点是教师教育，尤其是学科教学知识（PCK）。她参与了多个省级和国家级研究项目，并在"少数民族教育研究期刊"、"数学教育期刊"和"全球教育"等杂志上发表了多篇文章。

大卫·克拉克（David Clarke），墨尔本大学教授，同时兼任澳大利亚国际课堂研究中心（ICCR）的主任。在过去的 15 年里，他的研究活动主要是通过国际课堂录像研究来捕捉课堂实践的复杂性。ICCR 为来自澳大利亚、中国、捷克共和国、德国、中国香港、以色列、日本、韩国、新西兰、挪威、菲律宾、葡萄牙、新加坡、南非、瑞典、英国和美国的研究人员提供了一个开展以课堂研究为中心的合作机会。其他重要的研究涉及教师专业学习、元认知、基于问题的学习和评估（特别是使用开放式任务进行数学评估和指导）。目前的研究活动涉及多理论研究设计、跨文化分析、国际课堂和课堂讨论、课程调整以及教育研究综合的挑战。克拉克教授撰写了关于评估和课堂研究的书籍，并在 150 多本书籍章节、期刊文章和会议论文集中发表了他的研究成果。

丁尔陞，北京师范大学教授，中国数学教育学会前副会长。他在中国著名期刊上发表了 100 多篇研究文章。

丁美霞，美国天普大学教育学院助理教授。她的研究领域包括早期代数、教科书、教师知识和比较研究。至今为止,她探讨了如何构建学习环境,以帮助学生发展对基本概念、原则和关系的深刻理解,以及小学教师如何配备必要的知识来讲授基本的数学思想。

丁锐,东北师范大学教育科学学院课程与教学系讲师。她的出版物侧重于数学课程改革和课堂环境。

范雨超,中国宁波大学研究生。他的研究重点是数学教育和教育管理。他发表了四篇关于数学学习的研究论文。

顾娟,江苏省南通市崇川区教育体育局教研室研究员。目前,她从情境学习的角度,对初等数学概念在正式和非正式环境之间的转移进行了研究。顾娟是一名优秀的小学数学教师,曾多次在教学竞赛中获得全国一等奖,并为国内提供了许多小学数学示范课。

韩雪,2007 年在密歇根州立大学获得课程、教学和教育政策博士学位。2007年至 2009 年,任新墨西哥大学(阿尔布开克)教育学院的助理教授。目前,她是美国多米尼克大学教育学院的助理教授,最近出版的刊物包括《小学学报》上的《通过开展公开课刻意练习数学教学》以及《比较与国际教育研究》上的《中国课程改革中的数学教师学习机会》。

黄荣金,美国中田纳西州立大学数学教育副教授,也是学习者视角研究的中国团队领导者之一。他的研究领域包括数学课堂研究、数学教师教育和数学比较教育。他完成了几个研究项目,发表了大量学术论文。他曾组织和主持各种国家级、区域级和国际级专业会议的活动,如 ABRA、NCTM、PME 和 ICME。

Xueying Ji,密歇根州立大学教师教育系博士生,是一名数学老师。她从事基础教育中数学教师教育和数学建模的研究。

加布里拉·凯撒(Gabriele Kaiser),1978 年毕业于卡塞尔大学,获数学和人文专业硕士学位,1979 年至 1981 年间留校任教。1986 年,她在卡塞尔大学获得了应用与建模数学教育博士学位,1997 年完成了国际比较研究教育学博士后研究工作(所谓的"能力培养")。她的博士后研究得到了德国研究协会(DFG)的资助。从 1996 年到 1998 年,加布里拉·凯撒在波茨坦大学担任客座教授。自 1998 年以来,她一直是德国汉堡大学教育学院数学教育的教授。

她的研究专长包括学校数学建模与应用教育、数学教育的国际比较、教师教育的实验研究以及数学教育的性别与文化研究。她的研究获得了德国研究协会(DFG)的大力支持。目前,她任国际数学教育杂志(ZDM,原名 Zentralblatt Fuer Didaktik der Mathematik,由 Springer 出版)主编,同时,她也是《数学教育进展》系列专著(也是由 Springer 出版)的编辑。2007 年至 2011 年,任国际数学教育委员会(ICMI)数学建模研究专题委员会(ICTMA)主席。目前,担任德国汉堡大学教育科学、心理学与体育学学院教授、博导和副院长,分管科研、人才培养与国际交流。

邝孔秀,曾任中学数学教师 12 年,现为西南大学数学教育博士生,主要研究数学课程和教学。在《数学通报》、《数学教育学报》等中文期刊上发表研究论文 10 余篇。

林智中,香港中文大学课程与教学系教授。他的研究专长包括课程改革与实施、教师信念与课程评价。

李俊,华东师范大学数学系副教授。她致力于研究学生对数学的理解,特别是在统计学和概率学领域。此外,还对课程学习、教师培训、课堂技术运用以及文化对数学教育的影响等其他一些课题感兴趣。曾任教育部 2003 年颁布的《高中数学课程标准》写作组成员,并参与了中国初中数学教材的编写。

李小宝,美国威得恩大学教育中心数学教育助理教授,他的研究目标是了解数学概念学习的难点,以及如何构建情境,使每个孩子都有途径理解数学。为了探讨这个问题,他一直在研究错误概念、操作和教科书。

李业平,美国得克萨斯农工大学数学教育教授,克劳德·H·埃弗雷特特聘教育讲座教授,并担任教学、学习和文化系主任。他的研究兴趣集中在不同教育系统下,数学课程和教师教育相关的问题以及了解与数学课程和教师相关的因素如何在形成有效的课堂教学中共同作用,这种课堂教学在不同的文化中受到重视。他曾任《数学与系统科学》副主编,国际教育研究期刊、国际数学教育杂志(ZDM,原名 Zentralblatt Fuer Didaktik der Mathematik)客座编辑。目前,他是《数学教学》系列专著的编辑,该系列专著由 Sense 出版社出版。除了合作编辑几本书和一些期刊的特刊外,他还发表了 100 多篇文章,重点关注三个相关的研究领域(即数学课程和钻研教材、教师教育和课堂教学)。他还组织并主持了许多国家级和国际级著名专业会议的小组会议,如 2004 年的 ICME - 10 会议、2008 年的ICME - 11 会议和 2012 年的 ICME - 12 会议。他在美国匹兹堡大学获得了教育认知研究专业的博士学位。

马云鹏,东北师范大学课程与教学专业教授。主要研究方向为课程实施与评价、中小学课程改革、中小学数学教育。2000 年以来,他在《课程与教学》杂志上发表论文 60 余篇,在国内出版多部专著。自 2000 年以来,他共完成、主持了 18 个研究项目,其中大部分是由中国教育部资助的。他在香港中文大学获得博士学位。

莫雅慈,香港大学教育学院副教授兼副院长。她的研究兴趣包括数学教学和教师教育。她是国际学习者视角研究的香港代表。她是《建立联系:比较世界各地的数学课堂》一书的合著者、《代数学习:学生对分配律理解的启示》一书的作者。

彭爱辉,中国西南大学的副教授。2007 年获得数学教育博士学位。在瑞典于默奥大学数学教育研究中心进行了两年的博士后研究。她还在瑞典林奈大学计算机、物理和数学学院担任了半年的客座研究员。她的研究集中在教师对学生数学错误的认识、错误分析以及不同文化对数学教学的影响。

綦春霞，北京师范大学教育学院课程与教学法研究所专职教授、副所长。兼任北京师范大学教育测量重点实验室主任、CSE 课程分委员会执委会委员。她的研究兴趣是数学课程的比较、改革与发展。2000 年以来，她担任国家数学必修课课程标准研究开发小组的核心成员，该小组是中国最新一次数学课程改革的国家级重要决策机构。綦教授获得北京师范大学数学教育学博士学位，并于 2006～2007 年获得富布赖特科学奖学金。2010～2011 年，在中国教育部的资助下，她作为访问学者访问了英国的两所中学。

托马斯·E·里克斯（Thomas E. Ricks），路易斯安那州立大学的助理教授，他对数学/科学教育进行了跨文化比较，尤其是在美国和儒家传统文化国家（如中国和日本）之间进行比较；他还研究了教育制度的复杂性，以及这些制度如何明智地应对改革的干预。在美国国家科学基金会或其他基金的支持下，他定期在国际期刊上发表文章，如《数学教师教育》。他在美国乔治亚大学获得数学教育博士学位（由 Jeremy Kilpatrick 指导），在美国杨百翰大学获得数学教育硕士和学士学位。

艾伦·H·熊菲尔德（Alan H. Schoenfeld），伊丽莎白和爱德华·康纳的教育学教授，加州大学伯克利分校的数学副教授。他是美国科学促进会的会员、美国教育研究会的创始会员，以及美国教育荣誉学会（Kappa Delta Pi）的桂冠学者荣誉获奖者。他曾担任美国教育研究协会主席和国家教育学院副院长。2009 年，他获得了 AERA 教育研究协会数学教育研究特别兴趣小组颁发的高级学者奖。

1973 年从斯坦福大学获得数学博士学位后，熊菲尔德开始关注数学思维、教学和学习的问题。他的工作主要是解决问题（是什么让人们成为好的问题解决者，以及人们如何才能更好地解决问题）、评估、教师的决策，以及公平和多样性的问题。他的最新著作《我们如何思考》（*How We Think*）提供了人类在教学等复杂情况下做出决策的详细模型。

邵光华，中国宁波大学数学教育学教授。现任宁波大学课程与教学方法研究所所长，浙江省科研与教学指导委员会委员。他的研究兴趣包括教师教育和课堂教学。他在顶级期刊上发表了 80 多篇研究论文，出版了 3 本书。获国家教学成果二等奖，省级科研优秀成果 3 项。

宋乃庆，西南大学教授，教育部西南基础教育中心主任，中国教育学会副会长，全国基础教育改革专家委员会副主任，中国数学教育协会副理事长。西南大学前常务副校长。他的研究兴趣包括数学教育和基础教育。他撰写或合著了 10 多本书和 70 篇文章，编辑了 8 套数学教科书。他曾获得 14 项国家或省级奖项。如国家杰出教师奖、教学成果一等奖、高等学校人文社会科学研究一等奖、二等奖、三等奖等。

詹姆斯·W·斯蒂格勒（James W. Stigler），加州大学洛杉矶分校的心理学教授。他是 TIMSS 视频研究的主管，从事数学教学以及学习和如何改进教学的研究。

苏洪雨，华南师范大学数学教育讲师。他的研究方向主要在高中数学课程、教师教育和数学模型。他是《中学数学教学》的编辑，曾参加过许多国家级和国际级专业会议，如 2008 年的 ICME-11 和 2010 年的 Earcome-5。他的研究项目得到了广东省政府和国家自然科学基金的资助。他在华东师范大学获得数学教育博士学位。

唐恒钧，浙江师范大学的讲师。2011 年在西南大学获得基础教育博士学位。他的研究主要聚焦在教师教育、课程和数学教学上。曾参与多项省部级或国家级科研项目，在《数学教育杂志》、《全球教育杂志》、《数学媒体》等刊物上发表 10 多篇文章。

贝琳达·汤普森（Belinda J. Thompson），加州大学洛杉矶分校教育与信息研究院的博士生。她曾担任过教师、教师教练、专业发展促进者和研究助理。她研究分数的教与学。

王瑞霖，北京师范大学教育学院课程与教学研究所博士生。她的专业是数学教育，特别关注数学教师教育和评价学生数学理解。2011 年 1 月至 5 月，她是得州农工大学的访问学生。作为发言人，她参加了马来西亚亚太教育研究会（APER2010）、2010 年京都大学教育发展论坛和 2011 年中国、日本和韩国课程改革论坛。自 2009 年以来，她一直是北京师范大学出版社出版的数学教材系列（7～9 年级）的作者。

安妮·沃森（Anne Watson），在一所富有挑战性的学校教了 13 年数学，后来成为了一名教师教育家。在那些年的大部分时间里，她都运用了基于问题的教学法。她为教师出版了大量的书籍和文章，并研究数学教学。她的研究兴趣包括运用变异理论进行任务设计、通过互动策略促进数学思维、促进关系性理解的提问方式、提高低成就学生的学习成绩以及中学教学的认知工作。她曾与各大洲的教师、教育工作者和研究者合作，从做数学和倾听他人观点中获益最多。她是牛津大学数学教育系教授。

黄毅英，香港中文大学课程与教学学系教授，现任香港中文大学本科生委员会主席及数学教育硕士课程主任。他是香港数学教育协会的创会会长。他的研究兴趣包括课堂环境、数学课程改革、数学概念、变式教学、儒家文化圈学习者的现象和课外活动。

杨玉东，自 2006 年起担任上海市教育科学研究院教师发展研究中心副教授和副主任，自 2008 年起担任上海市数学教学委员会副秘书长。他的主要研究方向为数学教师教育，尤其是在职教师在校本教学环境中的专业学习。他也是世界课例研究协会（WALS）的创始成员。在中国教育部最近资助的一个研究项目中，他着重研究了如何通过一系列本原性数学问题来推动课堂教学和学习。

赵冬臣，现任哈尔滨师范大学课程与教学系高级讲师。他的研究兴趣包括小学数学教育和教师的专业发展。他目前的研究集中在调查数学教师的教学实践和他们对课程改革的看法。

主题索引①

① 索引中的页码为英文版页码。——译者著

图书在版编目(CIP)数据

华人如何教数学和改进教学/(美)李业平,(美)黄荣金主编;谢明初等译.—上海;华东师范大学出版社,2019
ISBN 978-7-5675-9670-2

Ⅰ.①华…　Ⅱ.①李…②黄…③谢…　Ⅲ.①数学课—课堂教学—教学研究　Ⅳ.①O1-4

中国版本图书馆 CIP 数据核字(2019)第 221866 号

华人如何教数学和改进教学

主　　编　(美)李业平　(美)黄荣金
译　　者　谢明初　张琳琳　谢维锶　李利霞
责任编辑　李文革
项目编辑　平　萍
责任校对　徐素苗
装帧设计　刘怡霖

出版发行　华东师范大学出版社
社　　址　上海市中山北路 3663 号　邮编 200062
网　　址　www.ecnupress.com.cn
电　　话　021-60821666　行政传真 021-62572105
客服电话　021-62865537　门市(邮购)电话 021-62869887
地　　址　上海市中山北路 3663 号华东师范大学校内先锋路口
网　　店　http://hdsdcbs.tmall.com

印 刷 者　上海昌鑫龙印务有限公司
开　　本　787×1092　16 开
印　　张　17.5
字　　数　273 千字
版　　次　2020 年 2 月第 1 版
印　　次　2020 年 2 月第 1 次
书　　号　ISBN 978-7-5675-9670-2
定　　价　52.00 元

出 版 人　王　焰

(如发现本版图书有印订质量问题,请寄回本社客服中心调换或电话 021-62865537 联系)